创客实践丛书

# Arduino 基础与应用

黄明吉　陈　平　编著

北航科技图书

北京航空航天大学出版社

## 内 容 简 介

Arduino 是一款便捷灵活、方便上手的开源电子平台。以 Arduino 硬件为基础,搭配各种传感器和功能模块,开发者便可以凭借天马行空的想象力在 Arduino 上搭建各种创意十足的作品。本书从 Arduino 的基础知识讲起,针对拥有硬件开发兴趣的广大初学者,较为详细地介绍了如何从 Arduino 新手成长为"技术大牛"。书中以图和案例的方式,针对 Arduino 各个功能模块进行了大量的实例讲解,最后通过智能小车和 3D 打印机两个综合案例系统、完整地对全书的内容进行了实战演练。

本书对读者的基础知识要求非常低,非常适合作为学生的课外电子项目的参考书和实验教材;同时,全书内容循序渐进,智能小车和 3D 打印机两个综合案例对有一定电子基础的爱好者同样具有一定的参考价值。

**图书在版编目(CIP)数据**

Arduino 基础与应用 / 黄明吉,陈平编著. -- 北京 :
北京航空航天大学出版社,2018.11
 ISBN 978 - 7 - 5124 - 2848 - 5

Ⅰ. ①A… Ⅱ. ①黄… ②陈… Ⅲ. ①单片微型计算机
—程序设计 Ⅳ. ①TP368.1

中国版本图书馆 CIP 数据核字(2018)第 234006 号

**Arduino 基础与应用**

黄明吉 陈 平 编著

责任编辑 冯 颖

\*

北京航空航天大学出版社出版发行

北京市海淀区学院路 37 号(邮编 100191)　http://www.buaapress.com.cn
发行部电话:(010)82317024　传真:(010)82328026
读者信箱: goodtextbook@126.com　邮购电话:(010)82316936
北京九州迅驰传媒文化有限公司印装　各地书店经销

\*

开本:710×1 000　1/16　印张:20.75　字数:442 千字
2019 年 8 月第 1 版　2021 年 12 月第 3 次印刷　印数:3 001～4 000 册
ISBN 978 - 7 - 5124 - 2848 - 5　定价:59.00 元

# 前　言

在国外,Arduino 几乎就是创客和硬件创新的代名词。

21 世纪最重要的科技性事件之一——创客运动兴起的标志,就是 2005 年冬季第一块 Arduino 开发板的诞生。这款电路板,在全球范围内瞬间引发了经久不衰的创客风潮。

之后大量涌现的创客项目,包括机器人、无人机、智能家居控制、3D 打印等,都主要是以 Arduino 为原型或基础研发的;而基于 Arduino 电路及引申的产业,例如 Arduino 改进或兼容板,服务创客从 Arduino 原型到批量生产等业务,也在开源硬件大潮中异常火爆。在全球硬件创客的武器库中,Arduino 已经连续十多年独霸头把交椅。

Arduino 最大的贡献就是,给极为复杂难懂的电子制作“装上了扳机”:它把创客们最头疼的电子电路和底层驱动库都打包集成为黑箱,进而省略掉了大部分与电路和硬件驱动相关的操作,最终只剩下了简单的控制逻辑。这让创客无须学习复杂的电子基础,也能够轻松制作出精良且可靠的电子创意产品。

## 本书特色

本书的编写目的是为了向拥有硬件开发兴趣的中学生和非电子、机电专业的大学生等初学者提供系统、完善的基础知识与开发教程。同时,本书深入浅出地介绍了 Arduino 软硬件的基础知识,并结合多个案例,详细介绍 Arduino 各个功能模块与相关类库,便于读者有针对性地学习和查阅。本书体系结构清晰,内容丰富,功能模块案例和综合案例相结合,使读者能够系统学习,并进一步提高。

## 如何阅读本书

本书共 12 章,分为三部分,其中第三部分以接近实战的实例来讲解工程应用,相比于前两部分更为独立。如果读者是经验丰富的资深用户,具有一定的 Arduino 开发经验,那么可以直接阅读第三部分内容;如果读者是初学者,那么请从第一部分的基础篇开始学习。

第一部分是基础篇,内容包括第 1 章和第 2 章,这一部分简单介绍了 Arduino 的相关背景资料,然后从 Arduino 的软硬件基础开始讲解:软件方面包含开发环境的搭建、IDE 的介绍以及第一个 Arduino 程序的使用,详细介绍了 Arduino 程序结构和基本编程基础;硬件方面以 Arduino UNO 为例进行了详细介绍,同时包含基础的电路电子知识。初学者可以通过这一部分的学习为 Arduino 开发打下牢固的基础。

第二部分是进阶篇,内容包括第 3～10 章。这一部分详细介绍了 Arduino 外围模块以及相应类库的使用方法,包含数字信号、模拟信号、串口通信、显示模块、电机控制、无线通信、SD 卡扩展、GPS 定位等几大模块,每章结合几个小案例对各个模块功能进行讲解。

第三部分是综合篇,内容包括第 11 章和第 12 章。这一部分介绍了两个综合性的案例,即智能小车和 3D 打印机,这两个案例涵盖了本书的所有内容。通过这两章的学习,可以对全书内容进行系统的回顾与整理。

## 配套资源

本书配有 3 套开发套件,分别是针对 Arduino 各个功能模块的开发包以及针对两个综合案例而定制的蓝牙智能小车开发套件和 3D 打印机开发套件。读者可以根据自己的开发学习需要联系作者(E-mail:huangmingji@ustb.edu.cn)购买相应的开发套件。

本书配有实验教材电子版,仅供订购本书的教师使用,索取邮箱 goodtextbook@126.com,联系电话 010－82317036。

本书为读者免费提供程序源代码和数据,读者可扫描二维码(见扉页)关注"北航科技图书"公众号并回复"2848"获得相关下载地址。读者也可通过网址 http://www.routegis.net/arduino.php 或者百度网盘 https://pan.baidu.com/s/1J9Y7fhPLn8l606li72n-bw(提取码:iu2h)下载该资源。同时针对拥有不同开发套件的读者建立了三个 QQ 群(基础知识讨论群 868509315,智能小车开发讨论群 868513410,3D 打印机讨论群 868744040),方便有共同兴趣的读者开发交流。

## 致　谢

首先感谢 Arduino 开发团队,开源了整个项目,因为他们的无私,才有了本书的面世。同时还要感谢活跃在 Arduino 论坛上的所有开发人员,是他们的创新精神和辛勤努力才使得这么多新奇的功能得以实现,使得 Arduino 第三方类库不断完善,使得 Arduino 不断向前发展。

本书列入北京科技大学校级"十二五"规划教材建设项目,书的编写得到了北京科技大学教材建设基金的资助。

本书由北京科技大学机械工程学院的老师编写完成,其中第 1～9 章由黄明吉编写,学生任晓文、王星宇、张宗信协助;第 10～12 章由陈平编写,学生陈文斌、张宗信协助。

书中的不足与错误之处,敬请读者批评指正。

作　者

2018 年 8 月

# 目　录

# 第一部分  基础篇

基础篇包含第 1 章和第 2 章。该部分涉及的知识相对简单,主要介绍了 Arduino 的入门知识与硬件基础,还有一些 Arduino 编程基础知识。初学者可以通过这一部分的学习为以后的 Arduino 开发打下牢固的基础。

第 1 章介绍了各个型号的 Arduino 硬件以及外围模块,并以 Arduino UNO 为例介绍了其相关组成。

第 2 章介绍了 Arduino 所需的开发环境,同时针对 Arduino IDE 中自带的相关示例库进行简单介绍,接下来介绍了第三方库导入的相关方法,并讲解了 Arduino 编程规范及程序结构。

# 第 **1** 章

# 认识 Arduino

## 1.1　Arduino 的来历

Arduino 是一款便捷灵活、方便上手的开源电子原型平台,包含硬件(各种型号的 Arduino 板)和软件(Arduino IDE)。它是由一个欧洲开发团队于 2005 年冬季开发的。该开发团队的成员有 Massimo Banzi、David Cuartielles、Tom Igoe、Gianluca Martino、David Mellis 和 Nicholas Zambetti 等。

Massimo Banzi 之前是意大利 Ivrea 一家高科技设计学校的老师。他的学生们经常抱怨找不到便宜好用的微控制器。2005 年冬天,Massimo Banzi 跟 David Cuartielles 讨论了这个问题。David Cuartielles 是一个西班牙籍晶片工程师,当时在这所学校做访问学者。两人决定设计自己的电路板,并邀请 Massimo Banzi 的学生 David Mellis 为电路板设计编程语言。两天以后,David Mellis 就写出了代码。又过了三天,电路板就完工了。由于 Massimo Banzi 喜欢去一家名叫 di Re Arduino 的酒吧,该酒吧是以 1000 年前意大利国王 Arduino 的名字命名的,为了纪念这个酒吧,于是 Massimo Banzi 将这块电路板命名为 Arduino。

随后 Banzi、Cuartielles 和 Mellis 把设计图放到了网上。版权法可以监管开源软件,却很难用在硬件上。为了保持设计的开放源码理念,他们决定采用 Creative Commons(CC)的授权方式公开硬件设计图。在这样的授权下,任何人都可以生产电路板的复制品,甚至还能重新设计和销售原设计的复制品。人们不需要支付任何费用,甚至不用取得 Arduino 团队的许可。然而,如果重新发布了引用设计,就必须声明原始 Arduino 团队的贡献;如果修改了电路板,则最新设计必须使用相同或类似的 Creative Commons(CC)授权方式,以保证新版本的 Arduino 电路板也一样是自由和开放的。唯一被保留的只有 Arduino 这个名字,它被注册成了商标,在没有官方授权的情况下不可使用。

## 1.2　Arduino 的优点

Arduino 不仅适合工程师进行快速原型开发,也同样适合艺术家、设计师、电子爱好者和对"互动"有兴趣的朋友们,同时它几乎是现代创客必备的工具。使用 Arduino 进行创作开发具有很明显的优势,概括归类如下:

**(1) 跨平台开发**

Arduino IDE 可以在 Windows、Macintosh OS X、Linux 三大主流操作系统上运行,而其他的大多数控制器只能在 Windows 上开发。

**(2) 对初学者友好**

对于初学者来说,Arduino 极易掌握,同时有着足够的灵活性。学习 Arduino 单片机可以完全不需要了解其内部硬件结构和寄存器设置,仅仅知道它的端口作用即可;Arduino 软件语言仅需掌握少数几个指令即可,其可读性强,可以不懂硬件知识,只要会简单的 C 语言,就可以用 Arduino 单片机编写程序。

**(3) 开源性**

Arduino 的理念就是开源,软、硬件完全开放,技术上不做任何保留。针对周边 I/O 设备的 Arduino 编程,很多常用的 I/O 设备都已经带有库文件或者样例程序。Arduino 的硬件原理图、电路图、IDE 软件及核心库文件都是开源的,在开源协议范围内可以任意修改原始设计及相应的代码。

**(4) 社区与第三方论坛支持**

Arduino 开源,也就意味着用户可以从 Arduino 相关网站、博客、论坛里得到大量的共享资源,通过资源整合,能够加快用户创作作品的速度及效率。

**(5) 开发成本低**

相对于其他开发板,Arduino 及周边产品质优价廉,学习或创作成本低,更重要的是:烧录代码不需要烧录器,直接用 USB 线就可以完成下载。

**(6) 良好的发展前景**

Arduino 不仅仅是全球最流行的开源硬件,同时也是一个优秀的硬件开发平台,更是硬件开发的趋势。Arduino 简单的开发方式使得开发者更关注创意与实现,可以更快地完成自己的项目开发,大大节约了学习成本,缩短了开发周期。

因为 Arduino 的种种优势,越来越多的专业硬件开发者开始使用 Arduino 来开发他们的项目、产品;越来越多的软件开发者使用 Arduino 进入硬件、物联网等开发领域;大学里,自动化专业、软件专业甚至艺术专业,也纷纷开设了 Arduino 相关课程。

# 1.3　Arduino 硬件与选择

Arduino 发展至今,已有十余年的历史,推出了多种型号的控制器以及相应的衍生产品。用户在使用 Arduino 控制器完成项目制作之前,应该对各个型号有一定的了解,以便选择适合自己项目的控制器。下面列举一些使用广泛且具有特点的 Arduino 控制器,为大家做简单介绍。

### 1.3.1 认识不同型号的 Arduino

**(1) Arduino UNO**

Arduino UNO(见图 1-1)是目前使用最广泛的 Arduino 控制器,是初学者的最佳选择,本书大部分章节将使用 Arduino UNO 进行教学演示。在掌握了 Arduino UNO 的开发技巧以后,用户就可以将自己的代码轻松地移植到其他型号的控制器上。

图 1-1 Arduino UNO

**(2) Arduino MEGA**

Arduino MEGA(见图 1-2)是一个增强型的 Arduino 控制器。相对于 UNO,它提供了更多的输入/输出接口,可以控制更多的设备,并拥有更大的程序空间和内存,是完成中大型项目的较好选择。

图 1-2 Arduino MEGA

**(3) Arduino Leonardo**

Arduino Leonardo(见图 1-3)是 2012 年推出的 Arduino 控制器,使用集成 USB 功能的 AVR 单片机作为主控芯片,不仅具备其他型号 Arduino 控制器的所有功能,还可以轻松模拟出鼠标、键盘等 USB 设备。

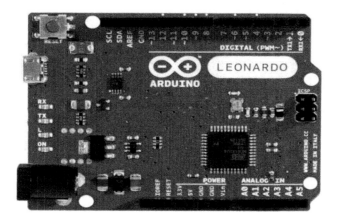

图 1 - 3　**Arduino Leonardo**

**(4) Arduino Due**

Arduino Due(见图 1 - 4)是 Arduino 官方在 2012 年推出的控制器。与以往使用 8 位 AVR 单片机的 Arduino 板不同,Arduino Due 突破性地使用了 32 位的 ARM Cortex-M3 作为主控芯片。它集成了多种外设,有着其他 Arduino 板无法比拟的性能,是目前功能最为强大的 Arduino 控制器。

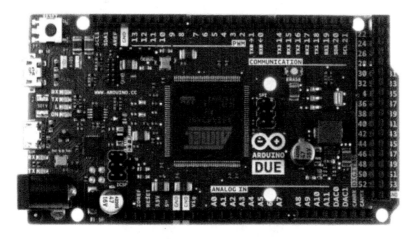

图 1 - 4　**Arduino Due**

**(5) Arduino Yún**

Arduino Yún(见图 1 - 5)具备内置以太网和 Wi - Fi 支持器、1 个 USB-A 端口、1 个微型 SD 板卡插槽、20 路数字输入/输出引脚(其中 7 路用于 PWM 输出,12 路作为模拟输入引脚)、1 个 16 MHz 晶体振荡器、1 个微型 USB 接口、1 个 ICSP 接头以及 3 个复位按钮。Yún 还可以与主板上的 Linux 系统进行通信,使其在仍具备

Arduino 轻便型特点的基础上成了一个强大的联网计算机。

图 1 - 5　　Arduino Yún

**（6）Arduino Robot**

Arduino Robot（见图 1 - 6）是 Arduino 正式发布的首款配轮产品。Robot 配有两个处理器，分别用于两块电路板。电动板驱动电动机，控制板负责读取传感器并确定操作方法。每个基于 ATmega 32U4 的装置都是完全可编程的，使用 Arduino IDE 即可进行编程。具体来说，Robot 的配置与 Leonardo 的配置程序相似，因为两款板卡的 MCU 均提供内置 USB 通信，有效避免使用辅助处理器。因此，对于联网计算机来说，Robot 就是一个虚拟（CDC）串行/CO 端口。

图 1 - 6　　Arduino Robot

**（7）Arduino Esplora**

Arduino Esplora（见图 1 - 7）是一款由 ATmega 32U4 供电的微控制器板卡，是以 Arduino Leonardo 为基础开发而成的。此款板卡专为不具备电子学应用基础且想直接使用 Arduino 的创客和 DIY 爱好者而设计。Esplora 具备板上声光输出功能,配有若干输入传感器,包括操纵杆、滑块、温度传感器、加速度传感器、话筒以及光传感器。Esplora 具备扩展潜力,还可容纳两个 Tinkerkit I/O 接头,以及适用于彩色 TFT LCD 屏幕的插座。

图 1 − 7　Arduino Esplora

**(8) Arduino Fio**

Arduino Fio(见图 1 − 8)专为无线应用而设计,是一款基于 ATmega 32U4 的微控制器板卡。另外,通过使用改良后的 USB − XBee 适配器,如 XBee Explorer USB,用户可以通过无线传输数据。此板卡未配备预安装接头,便于各类接头的使用或导线的直接焊接。

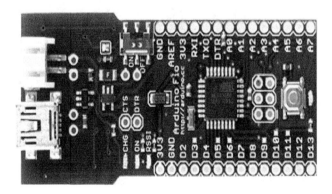

图 1 − 8　Arduino Fio

**(9) 小型化的 Arduino**

为应对特殊要求,Arduino 还有许多小型化的设计方案(见图 1 − 9)。常见的小型 Arduino 控制器有 Arduino Nano、Arduino Micro、Arduino Mini、Arduino Lilypad 等。这些小型控制器虽然在设计上精简了很多,但使用起来一样方便。其中,Arduino Mini 和 Arduino Lilypad 需要外部模块配合来完成程序下载功能。

**(10) Arduino Zero**

2014 年，Atmel 与 Arduino 合作推出 Arduino Zero 开发板，一款简洁、优雅、功能强大的 32 位平台扩展板。Arduino Zero(见图 1-10)板卡拥有最灵活的外设，以及来自 Atmel 的嵌入式调试器 EDBG，用于 SAMD21 板上的完整调试接口，无需附加硬件。除此之外，EDBG 还支持一个虚拟 COM 端口，此端口可用于设备程序设计并提供传统的 Arduino Bootloader 功能。

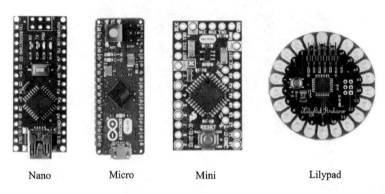

Nano　　　　Micro　　　　Mini　　　　Lilypad

图 1-9　小型化的 Arduino

图 1-10　Arduino Zero

**(11) Maple**

Maple(见图 1-11)是 Leaf Labs 公司基于意法半导体的 STM32 芯片开发的，以 ARM Cortex-M3 为核心的衍生控制器，有着与 Arduino 相似的开发方式。

**(12) chip KIT**

chip KIT(见图 1-12)是 DIGILENT 公司推出的、基于微芯公司 PIC32 芯片开发的、以 MIPS 为核心的 Arduino 衍生控制器，有着与 Arduino 相似的开发方式。

**(13) Google ADK 2012**

Google ADK 2012(见图 1-13)是 Google 公司推出的一款基于 Arduino Due 的

控制器,主要用于结合 Arduino 设备制作各种项目。ADK 2012 是 Google 在 2012
年 I/O 大会上推出的最新版本。

图 1 - 11　Maple

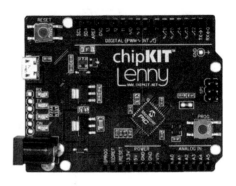

图 1 - 12　chip KIT

图 1 - 13　Google ADK 2012

## 1.3.2　Arduino 外围模块

　　Arduino 简单易用,使得更多的人能够将自己的想法变成现实;但仅仅依靠 Ar-
duino 是不够的,各种各样的外围模块也必不可少。Arduino 的外围模块主要包括
Arduino 的各类功能模块和扩展板模块。下面简单介绍 Arduino 的外围模块。

　　**(1) Arduino 的各类功能模块**

　　Arduino 可以与各种类型的传感器、通信设备、开关、显示设备等连接组合,完成
不同的功能。其中传感器包括温/湿度传感器、光线传感器、数字振动传感器、倾角传
感器、测距传感器、红外避障传感器等;通信设备包括 Wi‐Fi 模块、蓝牙模块、红外模
块、GPRS 模块等;显示设备包括 7 段数码管、液晶显示屏等设备。在后续章节中会

介绍一些常用的功能模块。图 1 - 14 展示了以 Arduino UNO 为核心的一些功能模块。

图 1 - 14　Arduino 功能模块

**（2）Arduino 扩展板**

扩展板可以堆叠接插到 Arduino 的电路板上。相对于其他的功能模块，扩展板接插方便。Arduino 针对不同的功能有不同的扩展板，开发者需根据自己的需求，选取合适的扩展板。常用的扩展板有传感器扩展板、电机驱动扩展板等。图 1 - 15 展示了 Arduino 兼容的扩展板。

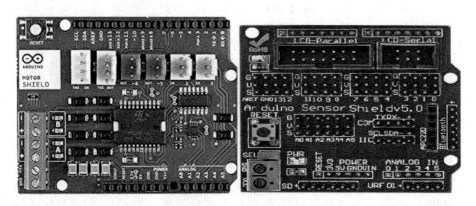

图 1 - 15　Arduino 兼容的扩展板

　　当使用 Arduino 扩展板时,不需要考虑接口位置,只需要把它们叠加到 Arduino 上即可,有些扩展板还可以叠加多个(见图 1-16),以满足不同的功能需求。

图 1-16　不同的扩展板叠加

# 1.4　Arduino 扩展模块图解

## 1.4.1　电源扩展板

　　电源扩展板(见图 1-17)的主要作用是方便在没有插座的地方供电。

　　PCB 大小:55.88 mm×68.58 mm×1.6 mm;

　　指示灯:电源指示灯;

　　供电电压:5 V(两节 AAA 7 号电池);

　　供电电流:350 mA。

　　电源扩展板可以将 3 V 的电池电压升高到 5 V 电压,达到 90% 的电能转换。自带 On/Off 开关,可以方便通断。另配备一个 USB A 接口,可以给 5 V/350 mA 的 USB 设备供电。

图 1-17　电源扩展板

## 1.4.2　SD 卡读/写扩展板

　　SD 卡读/写扩展板（见图 1-18）是兼容 Arduino Shield 接口、外形的 SD 卡读/写扩展板。可直接插在 Arduino UNO 主板、Arduino Mega 2560 或其兼容主板上，即可为用户的 Arduino 项目增加一个巨大的数据存储空间。通过文件系统（Arduino IDE 自带的 SD 卡库）即可轻松完成对 SD 卡内文件的读/写操作。SD 卡读/写扩展板广泛应用于数码相册，或是传感器长时间、高频率采集系统，以及 Txt 阅读器等需要存储大量数据的情况。

　　扩展板特点如下：

> 标准 Arduino 扩展板的接口、外形，兼容 Arduino UNO、Arduino Mega 2560 及其兼容主板；
> 板载电平转换电路，即接口电平可为 5 V 或 3.3 V；
> 通信接口为标准 SPI 接口，只支持 SD 卡 TF 卡的 SPI 模式通信；
> 支持 SD、SDHC、Micro SD、Micro SDHC 这 4 种卡，其中微型卡需要配合 TF 卡套使用；
> 供电电源为 4.5～5.5 V，板载 3.3 V 稳压电路。

**图 1-18　SD 卡读/写扩展板**

## 1.4.3　GSM 扩展板

　　图 1-19 所示为一个 GSM 扩展板，型号为 GSM/GPRS/GPS Shield (B)。该模块具有 GSM（全球移动通信系统）、GPRS（通用分组无线服务）和 GPS（全球定位系统）功能；基于 Arduino 标准接口设计，兼容 UNO、Leonardo、NUCLEO、XNUCLEO 开发板；板载 CP2102 USB 转 UART 芯片，方便进行串口调试；板载 5 个 LED 指示灯，方便查看模块运行状态；板载电平转换电路，支持 3.3 V 和 5 V 系统；板载 SIM 卡槽，支持 1.8 V 和 3 V SIM 卡；支持蓝牙 3.0，可进行蓝牙数据传输；支持通过 USB 接口对模块进行固件升级；支持 AT 命令控制（3GPP TS 27.007、3GPP TS 27.005 和 SIMCOM 增强型 AT 命令集）。

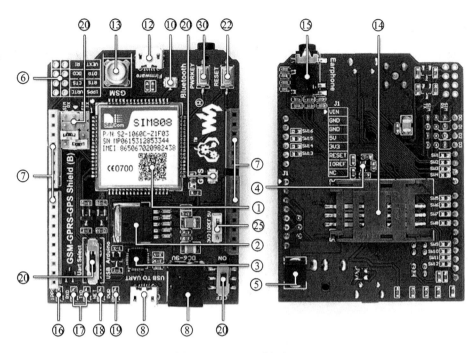

图 1 - 19　GSM 扩展板图

GSM 扩展板的接口及功能如表 1 - 1 所列。

表 1 - 1　GSM 扩展板的接口

| 序　号 | 功　　能 | 序　号 | 功　　能 |
|---|---|---|---|
| 1 | SIM808 模组 | | |
| 2 | MIC29302 电源芯片 | 14 | SIM 卡槽 |
| 3 | CP2102 USB 转 UART 芯片 | 15 | 3.5 mm 耳机/话筒接口 |
| 4 | SMF05C 瞬变抑制二极管 | 16 | GPS 状态指示灯 |
| 5 | 1N5408 整流二极管 | 17 | CP2102 串口收发指示灯 |
| 6 | SIM808 功能引脚 | 18 | NET 指示灯:模块刚启动时快闪,GSM 注册成功后慢闪 |
| 7 | Arduino 接口 | 19 | 电源指示灯 |
| 8 | USB TO UART 接口 | 20 | 电源开关 |
| 9 | DC 电源接口 | 21 | SIM808 控制按键 |
| 10 | GPS 天线接口 | 22 | 复位按键 |
| 11 | 蓝牙天线接口 | 23 | UART 选择开关 |
| 12 | 固件更新接口 | 24 | SIM808 串口设置端 |
| 13 | GSM 天线接口 | 25 | IOREF 电源选择引脚 |

## 1.4.4　电机扩展板

图 1-20 所示为 L293D 电机扩展板,它是一款常用的直流电机驱动模块,采用 L293D 芯片小电流直流电机驱动芯片;引脚被做成了兼容的,也方便了爱好者快速地基于 Arduino 进行开发。

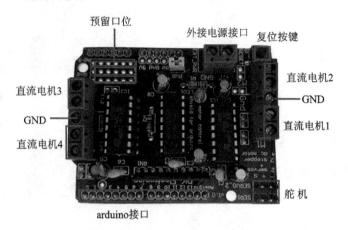

**图 1-20　L293D 电机驱动模块**

其产品特性如下:

➢ 2 个 5 V 伺服电机(舵机)端口连接到的高解析高精度的定时器;
➢ 多达 4 个双向直流电机及 4 路 PWM 调速(大约 0.5% 的解析度);
➢ 多达 2 个步进电机正/反转控制,单/双步控制,交错或微步及旋转角度控制;
➢ 4 路 H 桥:L293D 芯片每路桥提供 0.6 A(峰值 1.2 A)电流,并且带有热断电保护,4.5～36 V;
➢ 下拉电阻保证在上电时电机保持停止状态;
➢ 大终端接线端子使接线更容易;
➢ 带有复位按钮;
➢ 2 个大终端外部电源接线端子,保证逻辑和电机驱动电源分离;
➢ 通过下载使用方便的软件库快速进行项目开发。

## 1.4.5　传感器扩展板

传感器扩展板(见图 1-21)采用叠层设计,主板不仅将 Arduino 控制器的全部数字与模拟接口以电子积木线序形式扩展出来,还特设蓝牙模块通信接口、RS485 通信接口、Xbee/APC220 无线射频模块通信接口能更方便地接插用户的各种模块,快速完成设计。

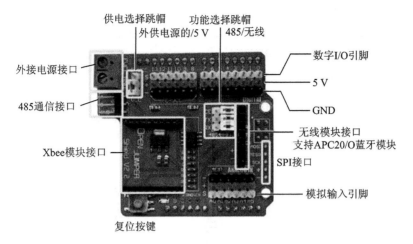

**图 1 - 21  传感器扩展板**

## 1.4.6  Wi-Fi 扩展板

图 1 - 22 所示为 EMW3162 Wi - Fi 扩展板。EMW3162 Wi - Fi 扩展板的接口如表 1 - 2 所列。

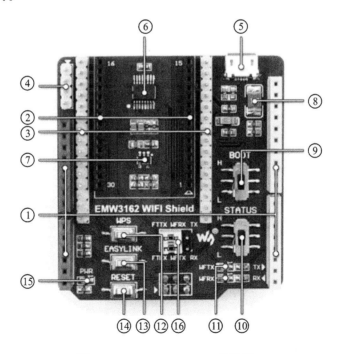

**图 1 - 22  EMW3162 Wi-Fi 扩展板**

表 1 - 2　EMW3162 Wi-Fi 扩展板的接口

| 序　号 | 功　能 | 序　号 | 功　能 |
|---|---|---|---|
| 1 | Arduino 接口:可接入 Arduino 主控板,也可接入各种 Arduino 扩展板 | 9 | BOOT 配置开关:切换到 H,BOOT 引脚上拉为 3.3 V;切换到 L,BOOT 引脚下拉为 GND |
| 2 | EMW3162 插槽,方便接入 EMW3162 Wi-Fi 模块 | 10 | STATUS 开关:切换到 H,STATUS 引脚上拉为 3.3 V;切换到 L,STATUS 引脚下拉为 GND |
| 3 | EMW3162 引脚接口,引出 EMW3162 常用引脚,方便与外设进行连接 | 11 | Wi-Fi 通信指示灯 |
| 4 | SWD 接口,方便进行下载调试 | 12 | WPS 按键:按一下,EMW3162 将进入 WPS 配对状态,长按 5 s,EMW3162 将恢复出厂配置 |
| 5 | USB TO UART 接口,便于程序的调试与更新 | 13 | EASYLINK 按键:按一下,EMW3162 将进入 EASYLINK 配对状态 |
| 6 | FT230XS:USB 转串口芯片 | 14 | RESET 按键 |
| 7 | RT9193 - 33:3.3 V 稳压芯片 | 15 | 电源指示灯 |
| 8 | 500 mA 快速自恢复保险丝 | 16 | Wi-Fi 串口配置跳线:WFRX/WFTX 分别与 FTTX/FTRX 相连,使用 USB TO UART 接口与 EMW3162 通信;WFRX/WFTX 分别与 TX/RX 相连,使用 Arduino 接口与 EMW3162 通信 |

# 1.5　从 Arduino UNO 开始

Arduino UNO 是 Arduino 入门的最佳选择,目前的最新版本为 Arduino UNO R3,本书也是基于 R3 版本来编写的。Arduino UNO 的解析图如图 1 - 23 所示。

## 1. 电　源

Arduino UNO 有以下 3 种供电方式:

① 通过 USB 接口供电,电压为 5 V;

② 通过 DC 电源输入接口供电,电压要求 7~12 V;

③ 通过电源接口处 5 V 或者 VIN 端口供电,5 V 端口处供电电压必须为 5 V,VIN 端口处供电电压为 7~12 V。

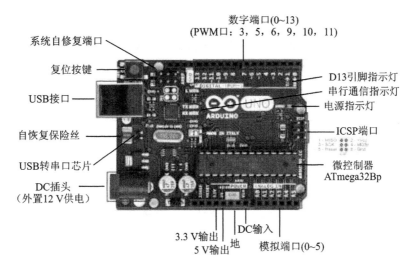

**图 1 - 23　Arduino UNO 解析图**

### 2. 指示灯

Arduino UNO 带有以下 3 种指示灯：

① 电源指示灯(ON)——当 Arduino 通电时,电源指示灯会亮。

② 串行通信指示灯——串行通信指示灯分为两个,即 TX 串口发送和 RX 串口接收,分别当 Arduino 通过串口接收和发送数据时会亮。

③ D13 引脚指示灯(L)——也叫可编程控制指示灯,该 LED 通过特殊的电路连接到 Arduino 的 13 号引脚,当 13 号引脚为高电平或高阻态时,LED 会被点亮。

### 3. 复位按键

按下该键,可以使 Arduino 重新启动,从头开始运行程序。

### 4. 存储空间

Arduino 的存储空间集成在其主控芯片上,也可以通过外设来扩展 Arduino 的存储空间。Arduino 的存储空间分为以下 3 种：

① Flash,容量为 32 KB。Flash 是用来存储 Arduino 程序的,其中的 0.5 KB 用于存储引导程序,实现通过串口下载程序的功能,另外的 31.5 KB 用于存储用户程序。

② SRAM,容量为 2 KB。SRAM 是在 CPU 运行时开辟的内存空间,在 Arduino 复位或断电后,其中的数据会丢失。

③ EEPROM,容量为 1 KB,是一种用户可更改的只读存储器,在 Arduino 复位或断电后,其中的数据不会丢失。

### 5. I/O 端口

如图 1 - 17 所示,Arduino UNO 有 14 个数字 I/O 端口,6 个模拟输入端口。其中一些带有特殊功能的端口如下：

① UART 通信——0(RX)和 1(TX)引脚，用于接收和发送串口数据。这两个引脚通过连接到 ATmega16U2 来与计算机进行串口通信。

② 外部中断——2 和 3 引脚，可用于输入外部中断信号。

③ PWM 输出——3、5、6、9、10 和 11 引脚，可用于输出 PWM 波。

④ SPI 通信——10(SS)、11(MOSI)、12(MISO)和 13(SCK)引脚，可用于 SPI 通信。

⑤ TWI 通信——A4(SDA)、A5(SCL)引脚和 TWI 接口，可用于 TWI 通信，兼容 IIC 通信。

⑥ AREF——模拟输入的参考电压输入端口，也叫作基准电压外部输入引脚。

⑦ Reset——复位端口。接低电平会使 Arduino 复位。当复位键被按下时，会使该端口接到低电平，从而使 Arduino 复位。

# 第 **2** 章

# 建立开发环境

## 2.1　项目开发流程

基于 Arduino 的项目开发一般遵循项目开发的基本流程,包括 4 个阶段:首先要设计完成系统所需要执行的程序;然后编译成扩展名为.hex 的特殊格式的程序文件,这样微处理器就看得懂了;接下来把程序上传烧录到单片机中;执行程序,测试结果是否符合预期。项目开发流程图如图 2-1 所示。

**(1)编　辑**

项目开发的第一步,产生程序代码。这一步要完成实现程序功能的所有相关代码,即 Arduino 要执行的程序代码。

**(2)编　译**

编译是将编辑好的代码转换成机器可以识别的机器码,同时编译会帮你检查程序上的错误,并提出警告。

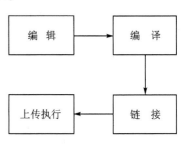

图 2-1　项目开发流程图

**(3)链　接**

链接的功能就是寻找程序当中所有用到的功能模块、内建函数库原始程序的位置,再与主程序结合成为一个可执行文件。

**(4)上传执行**

针对 Arduino 这种硬件程序的开发,上传执行测试程序是需要进行烧录的。Arduino 程序的烧录非常简单,只需要将 Arduino 主板与电脑通过 USB 连接即可进行烧录。烧录完成后即可在 Arduino 上执行程序进行测试了。

## 2.2　Arduino 开发软件

### 2.2.1　下载配置 Arduino 开发环境

开发者在使用 Arduino 之前,需要在电脑上安装 Arduino 集成开发环境(Arduino IDE)。Arduino IDE 可以在 Arduino 的官方网站下载,其下载页面为 https://

www. arduino. cc/en/Main/Software？ setlang＝cn，如图 2 - 2 所示。

图 2 - 2　Arduino IDE 下载界面

开发者可以根据自己的系统类型下载合适的 Arduino IDE 安装包，还可以根据自己的需要下载不同版本的 IDE。当前最新的 Arduino IDE 版本为 1. 8. 4，开发者可以下载最新的 beta 版，也可以在软件的旧版本中下载之前发布的开发环境。

在 Windows 系统下，可以单击 Windows 安装包下载集成开发环境，并在指定地址安装；也可以下载 zip 压缩包解压到任意位置，然后双击 Arduino. exe 进入 Arduino IDE。

在 MacOSX 系统下，下载并解压 zip 文件，双击 Arduino. app 文件进入 Arduino IDE。如果系统还没有安装过 Java 运行库，则会提示用户进行安装，安装完成后即可运行 Arduino IDE。

在 Linux 系统下，需要使用 makeinstall 命令进行安装，如果使用的是 Ubuntu 系统，则推荐使用 Ubuntu 软件中心来安装 Arduino IDE。

## 2. 2. 2　认识 Arduino IDE

2.1 节介绍了项目开发的 4 个阶段，系统开发商将这 4 个阶段整合为单一的开发环境，使这 4 个阶段的所有功能都能在同一程序里完成，这个单一的开发环境就称为 IDE。开发者双击 Arduino. exe 进入 Arduino IDE 的启动界面（见图 2 - 3）。

Arduino IDE 在经过几秒钟的启动后进入 IDE 界面（见图 2 - 4）。Arduino IDE

**图 2 - 3　Arduino IDE 启动界面**

的窗口简洁明了,由图 2 - 4 可以看出 Arduino IDE 窗口分为 4 个区域,由上至下依次为菜单栏、工具栏、代码编辑区、调试提示区。

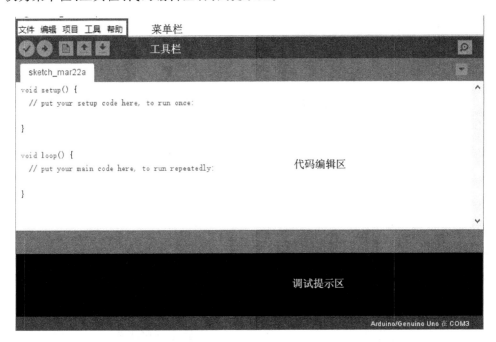

**图 2 - 4　Arduino IDE 界面**

下面依次介绍各个区域的主要功能。

在菜单栏,开发者可以打开、新建项目文件,或参考官方例程对 Arduino IDE 进行设置等。

　　工具栏提供了常用功能的快捷键,从左至右依次为验证、上传、新建、打开、保存。其中:验证按钮用来验证程序是否编写无误,若无误则开始编译该项目;上传按钮用来将编译好的程序上传到 Arduino 控制器上。图 2-5 所示的串口监视器是 IDE 自带的一个简单的串口监视器程序,通过它可以查看串口发送或接收到的数据,还可以进行波特率的调节。

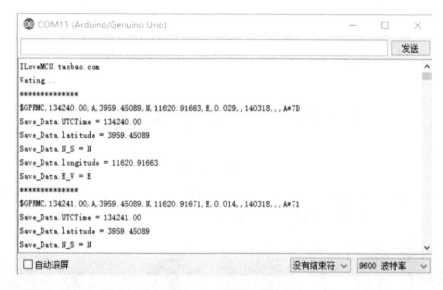

图 2-5　串口监视器

　　代码编辑区是用来对程序代码进行编辑的区域,开发者需要将实现项目功能的程序代码在该区域编辑完成。注意:代码输入时,符号和字母都要在英文输入法下输入,避免汉字符号出现。

　　调试提示区会在程序调试过程中给出相应的提示。

　　相对于 IAR、Keil 等专业硬件开发环境,Arduino 开发环境更加简单明了,省去了很多不常用的功能,使得开发者更容易上手。对于专业的开发者或者进行 Arduino 大型项目的开发者来说,Visual Studio、Eclipse 等开发环境更为专业。当然,第三方开发环境需要配置相应的 Arduino 插件(将在附录中进行详细介绍)。

## 2.2.3　安装 Arduino 驱动程序

　　安装完 Arduino 集成开发环境后,开发者若想把程序上传到 Arduino 控制器中,就必须在电脑上安装 Arduino 硬件驱动。如果用户的计算机操作系统为 MacOS 或 Linux,那么只需要使用 USB 连接线,并插上 Arduino 控制器,系统会自动安装驱动,完成安装后即可使用。Windows 系统的安装方法与前两者不同。下面以 Windows 10 系统为例,简单介绍 Arduino 驱动的安装方法。

　　在 Arduino IDE 的安装过程中,会弹出如图 2-6 所示的提示框,询问是否安装

USB 驱动。这时单击 Install 按钮，安装程序就会自动安装 Arduino 硬件驱动；如果这时没有单击该按钮进行安装，则在集成开发环境安装完成后可以再次安装。

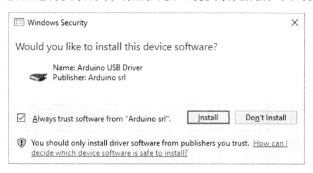

图 2-6　系统提示框

　　要检查是否成功安装 Arduino 硬件驱动，可用 USB 线将 Arduino 和计算机相连，选择"控制面板"→"设备管理器"→"端口"命令。如果界面显示如图 2-7 所示，那么恭喜你已经成功安装了 Arduino 硬件驱动；如果选择"设备管理器"→"其他设备"命令后显示未知设备（见图 2-8），那么就需要按以下步骤安装 Arduino 驱动了。

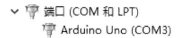

图 2-7　Arduino 驱动安装成功　　　　图 2-8　Arduino 驱动未安装

　　① 双击进入设备属性页，如图 2-9 所示。

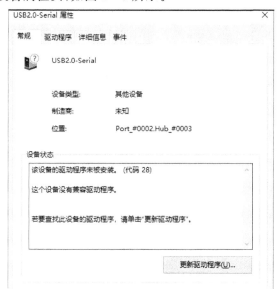

图 2-9　驱动安装 1

②　单击"更新驱动程序"按钮,在弹出的对话框中再单击"浏览我的计算机以查找驱动程序软件",如图 2-10 所示。

③　选择驱动所在的地址(即 Arduino 安装目录下的 drivers 文件夹),并单击"下一步"按钮,开始安装驱动。

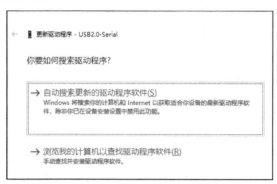

**图 2-10　驱动安装 2**

驱动安装成功后,将在设备管理器中显示,如图 2-7 所示。**记住 Arduino 的端口号,这个在后面章节马上就会用到。**

## 2.3　自带程序范例与类库介绍

### 2.3.1　Arduino 自带范例介绍

Arduino 开发环境中自带多种程序范例。要想找到这些例子,请单击 Arduino 编译环境中的"文件"→"实例"命令。自带程序范例如图 2-11 所示。

**图 2-11　Arduino IDE 自带程序范例**

这些简单的小程序展示了 Arduino 的所有基本功能,包括从 Arduino 工程的最小组成部分到数字信号(Digital)、模拟信号(Analog)的输入/输出以及传感器和显示屏的使用。

由图 2-11 可以看出,自带范例中包含 11 种类别的例子,每种类别中都有几个小程序,下面简单说明官方自带范例中的小程序功能。

### 1. Basics 基础例程

AnalogReadSerial:读取电位器的值,并打印到串口监视器。

BareMinimum:介绍 Arduino 工程的最基本的组成部分。

Blink:点亮 L13 LED,并使其闪烁的小程序。

DigitalReadSerial:读取一个数字引脚的开关状态,并将其输出到串口监视器。

Fade:使用模拟信号让 LED 亮度减弱。

ReadAnalogVoltage:读取模拟信号,并把结果打印到串口监视器。

### 2. Digital 数字引脚操作

BlinkWithoutDelay:不使用 Delay()函数,实现 LED 闪烁。

Button:用按钮控制 LED 灯。

Debounce:读取按键状态,并且滤去干扰。

DigitalInputPullup:展示 pinMode()函数 INPUT_PULLUP 常量的使用。

StateChangeDetection:按键状态监测。

toneKeybord:tone()函数,音乐键盘。

toneMelody:使用 tone()函数弹奏一段曲调。

toneMultiple:使用 tone()函数操作多个扬声器播放曲调。

tonePitchFollower:根据模拟信号通过扬声器播放一个音调。

### 3. Analog 模拟信号操作

AnalogInOutSerial:从模拟信号输入引脚读取一个值,然后用这个值控制 LED 小灯。

AnalogInput:使用电位器来控制 LED 闪烁。

AnalogWriteMega:使用 Arduino Mega 板让 12 个 LED 亮度逐个减弱。

Calibration:校准模拟信号,设置传感器输出模拟信号的最大值、最小值来达到预期效果。

Fading:使用脉宽引脚(PWM Pin)来让 LED 亮度减弱。

Smoothing:让多个模拟引脚的输入值变得均匀平滑。

### 4. Communication 通信

ASCIITable:展示 Arduino 先进的串口输出函数。

Dimmer:调光器,通过鼠标操作来改变 LED 的亮度。

Graph:数据图表,发送数据到电脑,并且使用 Processing 来绘图。

Midi：以串口发送 MIDI 音符。

MultiSerial：使用 Arduino Mega 上的两个串口。

PhysicalPixel：从 Processing 或 Max/MSP 来开关 LED。

ReadASCIIString：解析一串用逗号分隔的整数（以字符串类型传递）来让 LED 渐隐。

SerialCallResponse：用双向调用/握手连接（Handshaking）的方法发送多个变量值。

SerialCallResponseASCII：用双向调用/握手连接（Handshaking）的方法发送多个变量值，并且在转发之前将这些变量的值通过 ASCII 解码为字符串。

SerialEvent：串口事件，展示 SerialEvent() 函数的使用。

VirtualColorMixer：用 Arduino 发送多个变量的值到电脑，实现虚拟调色板功能。

## 5. Control 结构控制

Arrays：通过 for 循环使用数组。

ForLoopIteration：使用 for 循环实现对多个 LED 的控制。

IfStatementConditional：使用 if 判断语句，根据输入条件的变化改变输出条件。

switchCase：如何从一堆不连续的数字中找到需要的数字。

switchCase2：展示了如何根据串口的输入值来采取不同的操作。

WhileStatementConditional：当按钮被按下时，如何使用 while 循环来校准传感器。

## 6. Sensors 传感器

Knock：用压电元件来检测碰撞。

Ping：超声测距传感器的使用方法。

ADXL3xx：ADXL3xx 加速度计的使用。

MEMsic2125：两轴加速度计的使用。

## 7. Display 显示

barGraph：LED 显示模块的使用。

RowColumnScanning：8×8 LED 点阵的使用。

## 8. Strings 字符串

CharacterAnalysis：使用操作符（operators）来识别正在处理的字符串。

StringAdditionOperator：以多种方式将字符串连接在一起。

StringAppendOperator：使用＋＝操作符和 concat() 方法将字符串扩充。

StringCaseChanges：转换字符串大小写。

StringCharacters：获取/指定（Get/Set）字符串中的特定字符。

StringComparisonOperators：用字母表顺序比较字符串。

StringConstructors:初始化字符串对象。

StringIndexOf:获取字符串中的第一个/最后一个字符。

StringLength:获取字符串长度。

StringLengthTrim:修正字符串长度。

StringReplace:替换字符串中的字符。

StringStartWithEndsWith:检查(子)字符串是否是以给定字符开始/结尾的。

StringSubstring:在指定字符串中找到某个词组。

StringToInt:允许把字符串转换成整数类型。

## 9. USB

USB 模块提供了一些关于鼠标和键盘操作的例子,比如通过虚拟按键关闭计算机、键盘消息,通过按钮摇杆控制鼠标指针移动等。

KeyboardLogout:通过虚拟按键注销。

KeyboardMessage:当按钮按下时,发送一段含有文本的字符串。

KeyboardReprogram:自动打开 Arduino IDE 并自动给一块 Leonardo 写简单的 blink 程序。

KeyboardSerial:从串口读取一个字节,然后发回一个键按下信息。

KeyboardAndMouseControl:在一个例程中展示了鼠标和键盘命令。

ButtonMouseControl:用 5 个按钮控制鼠标指针移动。

JoystickMouseControl:当按钮按下时,用摇杆控制鼠标指针移动。

## 10. StarterKit_BasicKit

SpaceshipInterface:设计用于太空船的控制面板。

LoveOMeter:测试用户的狂热程度。

ColorMixingLamp:以光为能量来源,且能发出任何颜色光的灯。

ServoModeIndicator:状态提示,提示用户是如何做到的。

LightTheremin:创造一种通过挥手就能玩的乐器。

Keyboard:可用该键盘奏乐和制造一些噪声。

DigitalHourglass:亮灯沙漏,可提醒用户不要工作太久。

MotorizedPinwheel:一个能让用户头昏脑涨的彩色自动风车。

Zoetrope:可创建机械动画,用户可以将其正向或反向转动。

CrystalBall:水晶球,一件神秘的工具,能解决用户的所有棘手问题。

KonclLock:双击锁屏,通过输入密码开门。

TouchSensorLamp:一个能够对触摸作出回应的灯。

TweakTheArduinoLog:调整 Arduino 标志,通过 Arduino 来控制用户的个人计算机。

HackingButtons:主按钮,为用户的所有装置提供主控制。

**11. Arduino ISP**

Arduino ISP 让用户的 Arduino 转变为一个内电路编程器(in. circuit programmer),并且能够给 ATmega 芯片重新编程。它在用户想重新加载 bootloader、从 Arduino 迁移到 ATmega 和在面包板上搭建 Arduino 电路时有用。

## 2.3.2 Arduino 自带类库介绍

在官方例子中,包含了 18 个类库和第三方类库,比如对 EEPROM 进行操作的类库、SD 卡、Wi-Fi、电机、机器人控制、Ethernet、TFT 屏幕等相关类库(详见表 2-1),开发者可以根据自身需求,使用对应的类库。

表 2-1    Arduino 例库介绍

| 类　库 | 功　能 |
| --- | --- |
| Bridge | 开发板之间的桥接库,应用于开发板直接的通信 |
| Esplora | Esplora 游戏手柄库,Arduino 与 Esplora 公司联合推出的一款游戏手柄开发板 |
| Ethernet | Ethernet 以太网控制器库,通过它可用网线将用户的 Arduino 开发板联网 |
| Firmata | Arduino 与 PC 的通信协议库 |
| GSM | GSM 全球移动通信模块库 |
| LiquidCrystal | 1602、2004、12864 等液晶库 |
| Robot_Control | Robot_Control 扩展板库,一种专门用于机器人控制的开发板 |
| Robot_Motor | Robot_Motor 扩展板库,一种专门支持多种电机的开发板 |
| SoftwareSerial | 软件开发串口库 |
| SPI | 串行外设接口库,用于连接支持 SPI 的外设 |
| SD | SD 卡库,用于读取 SD 卡 |
| Servo | 舵机库,用于操作模拟舵机或数字舵机 |
| Wire | 通过 IIC 总线通信连接设备 |
| Stepper | 步进电机库,用于操作大部分的步进电机 |
| Temboo | Temboo 模块库,它能通过一站式(One. Stop)API 取用来自 Twitter、Facebook、Foursquare、FedEx、PayPal 以及其他更多网站的资料 |
| TFT | TFT 屏模块库,可以操作大部分的 TFT 液晶屏 |
| EEPROM | 对 EEPROM 内存进行操作的相关类库 |
| Wi-Fi | Wi-Fi 模块库,用于创建和连接 Wi-Fi |

对于 Arduino IDE 中自带的示例库和第三方类库,通过表 2-1 可以得到简单的了解。下面对这 18 个类库中的示例进行详细介绍。

**1. Bridge**

Bridge:如何使用 Bridge 库来桥接数字引脚和模拟引脚。

ConsoleAsciiTable：以固定的格式打印 ASCII 码表。

ConsolePixel：使用 Arduino 板子接收 Arduino YUN 的数据。

ConsoleRead：使用 Console.read()函数读取数据。

Datalogger：输出 3 个传感器的日志数据到 SD 卡。

FileWriteScript：展示如何将文件写入 YUN 的文件系统。

HttpClient：创建一个基本的 HTTP 客户端。

HttpClientConsole：使用 YUN 扩展板创建 HTTP 客户端。

MailboxReadMessage：读取邮件信息队列。

Process：使用 Arduino YUN 运行 Linux 进程。

RemoteDueBlink：LED 闪烁。

ShellCommands：使用进程类执行脚本指令。

inputOutput：发送和接收标准数据。

spacebrewBoolean：发送和接收标准的布尔变量。

spacebrewRange：发送和接收模拟信号范围值。

spacebrewString：发送和接收字符串变量。

TemperatureWebPanel：模拟信号的处理。

TimeCheck：时间解析。

WifiStatus：打印 Wi-Fi 的连接状态信息。

YunFirstConfig：完成 YUN 的初始配置。

YunSerialTerminal：用 YUN 的 32U4 处理器作为 YUN 上 Linux 端的串行终端。

## 2. EEPROM

eeprom_clear：清理 EEPROM 里面的数据。

eeprom_crc：将 EEPROM 内容里的 CRC 当作数组分析。

eeprom_get：以不同的格式从 EEPROM 中获得一个值并打印。

eeprom_iteration：用不同的 3 种循环语句遍历 EEPROM 中的内容。

eeprom_put：以不同的格式向 EEPROM 中写入一个值。

eeprom_read：每次从 EEPROM 中读取 1 B 数据并打印。

eeprom_update：每次更新 EEPROM 中的 1 B 数据。

## 3. Esplora

EsploraAccelerometer：如何读取加速度计的值。

EsploraBlink：闪烁 Esplora 开发板上的 RGB LED 灯。

EsploraJoystickMouse：通过操纵杆来移动计算机上的鼠标光标。

EsploraLedShow：控制 LED 亮度平滑变化。

EsploraLedShow2：通过麦克风使 LED 亮度平滑变化。

EsploraLightCalibrator：读取和标定光传感器。

EsploraMusic：把 Esplora 开发板变成一个简单的乐器。

EsploraSoundSensor：Esplora 开发板使用声音传感器。

EsploraTemperatureSensor：Esplora 开发板使用温度传感器。

EsploraKart：把 Esplora 开发板变成一个游戏机。

EsploraPong：通过串行进程来控制 Pong 游戏。

EsploraRemote：用来测试 Esplora 开发板的外围设备。

EsploraTable：打印传感器数据到表格中。

## 4．Ethernet

AdvancedChatServer：使用 Arduino Wiznet Ethernet 扩展板搭建高级的聊天服务器。

BarmetricPressureWebServer：为网页提供气压传感器数据服务。

ChatServer：搭建简单的聊天服务器。

DhcpAddressPrinter：通过 DHCP 扩展库获得 IP 地址并打印出来。

DhcpChatServer：接收所有已连接客户端的消息。

TelnetClient：连接 Telnet 服务器。

UdpNtpClient：从网络时间协议服务器上获取时间。

UDPSendReceiveString：使用 UDP 协议收发字符串。

WebClient：使用 Arduino Wiznet Ethernet 连接一个网站。

WebClientRepeating：连接一个网络服务器并发送一个请求。

WebServer：展示模拟信号值的网络服务器。

## 5．Firmata

AllInputsFirmata：读取所有的输入并以最快的速度发送出去。

AnalogFirmata：提供尽可能多的模拟信号端口。

EchoString：接收字符串和原始 sysex 消息，并将它们回显。

OldStandardFirmata：一个旧的 Firmata 标准库。

ServoFirmata：使用 Arduino 0017 中包含的尽可能多的 servo 库。

SimpleAnalogFirmata：模拟信号的输入和输出。

SimpleDigitalFirmata：数字信号的输入和输出。

StandardFirmata：标准的 Firmata 库。

StandardFirmataChipKit：针对 ChipKit 的 Firmata 标准库。

StandardFirmataEthernet：针对 Ethernet 的 Firmata 标准库。

StandardFirmataEthernetPlus：功能更强大的针对 Ethernet 的 Firmata 标准库。

StandardFirmataPlus：功能更强大的 Firmata 标准库。

StandardFirmataWifi：针对 Wi-Fi 的 Firmata 标准库。

firmata_test：Firmata 测试程序。

## 6．Robot_Control

R01_logo：应用 SD 卡，读取显示 logo 到屏幕。

R02_Line_Follow：机器人寻迹。

R03_Disco－Bot：机器人播放音乐并跳舞。

R04_Compass：机器人指南针模块。

R05_Inputs：使用板载电位器和按钮输入。

R06_Wheel_calibration：校正轮子，并沿直线前行。

R07_Runaway_Robot：利用超声波测距。

R08_Remote_contral：利用红外线操作机器人。

R09_Picture_Brower：显示图像。

R10_Rescue：按直线搜寻目标，直到到达目标。

R11_Hello_user：这个草图是用户启动这个机器人时看到的第一个东西，可展示机器人的一些能力。

ALLIOPorts：这个例子遍历机器人上的所有 I/O 端口，向它们读取/写入。

Beep：在机器人的扬声器上测试不同的预配置蜂鸣声。

CleanEEPROM：本示例将擦除存储在机器人外部 EEPROM 存储器芯片上的用户信息。

Compass：在机器人的 TFT 和串口上使用指南针。

IR array：读取机器人底部红外传感器的模拟值。

Keyboard Test：测试机器人键盘。

CD Debug Print：使用机器人的库函数 debugPrint()快速发送传感器读数到机器人的屏幕。

LCD Print：将传感器的读数打印到屏幕上。

LCD Write Text：使用 Robot 的库函数 text()将文本打印到机器人的屏幕上。

Line Following with Pause：机器人有两个处理器，一个用于控制电机，另一个用于照顾屏幕和用户输入。

Melody：播放存储在一个字符串中的旋律。

Motor Test：测试机器人是否可以移动和转动。

Speed by Potentiometer：使用机载电位器控制机器人的速度。

Turn Test：检查机器人是否可以旋转一定的度数。

## 7．Robot_Motor

Motor Board IR Array Test：返回机器人底部的 5 个红外传感器值。

Motor Core：将电机驱动板返回到它的默认状态。

### 8. SD

CardInfo：获取 SD 卡基本信息和 SD 卡上的文件夹和文件信息。

DataLogger：读模拟引脚 0～2 的值并记录到 SD 卡上。

DumpFile：将 SD 卡上 datalog. txt 文件中的内容读出来并发送到串口。

Files：在 SD 卡上先创建然后删除文件 example. txt。

Listfiles：递归读取 SD 卡上的文件夹，并列出文件夹中的文件和子文件夹信息。

ReadWrite：在 SD 卡上读、写文件 test. txt。

### 9. Servo

Knob：使用电位器（可变电阻器）控制舵机运动。

Sweep：实现舵机的持续往返转动，每次方向改变前舵机停止 15 ms。

### 10. SoftwareSerial

SoftwareSerialExample：软件串行多组串行测试。

TwoPortReceive：从两个软件串口接收，发送到硬件串行端口。

### 11. SPI

BarometricPressureSensor：使用 SPI 库显示压力传感器信息。

DigitalPotControl：使用 SPI 库控制 AD5206 数字电位器。

### 12. Temboo

GetYahooWeatherReport：实现天气预报功能。

ReadATweet：从用户的家庭时间线中检索最新的推文。

SendAnEmail：通过谷歌的 Gmail 账户发送电子邮件。

SendAnSMS：用 temboo 通过 twilio 发送一个 sms。

SendATweet：通过 twitter 账户发送一个 tweet。

SendDataToGoogleSpreadsheet：将一排数据添加到谷歌电子表格中。

ToxicFacilitiesSearch：用 temboo 向环境应用程序提出的请求。

UpdateFacebookStatus：发送一个使用 temboo 的 facebook 状态更新。

UploadToDropbox：使用 temboo 将文件上传到 dropbox 账户。

### 13. Wire

digital_potentiometer：通过 IIC/TWI 控制 ad5171 数字电位。

master_reader：从 IIC/TWI（从设备）读取数据。

master_writer：将数据写入 IIC/TWI（设备）。

SFRRanger_reader：使用线库读取数据。

slave_receiver：作为 IIC/TWI 从设备接收数据。

slave_sender：作为 IIC/TWI 从设备发送数据。

### 14．GSM

Web client：通过 GSM 扩展版链接到网站。

GSM Web Server：使用 GSM 屏蔽，模拟一个简单的 Web 服务器，显示输入引脚的值。

Make Voice Call：通过 Arduino GSM 扩展版，将语音呼叫的电话号码输入到串行监视器中。

SMS receiver：通过 Arduino GSM 扩展板，等待 SMS 消息并通过串行端口显示。

Receive Voice Call：通过 Arduino GSM 扩展板，接收语音呼叫，显示主叫号码，等待几秒钟然后挂断。

SMS sender：发送一个您在串行监视器中输入的 SMS 消息。

Band Management：通过 Arduino GSM 扩展板，检查调制解调器当前配置的频段，并允许更改它。

GSM Scan Networks：打印出调制解调器的 IMEI 号码，然后检查它是否连接到运营商。

Pin Management：可以更改或删除插入到 GSM 屏蔽中的 SIM 卡的 PIN 码。

Test GPRS：测试 GSM 屏蔽连接到 GPERS 网络的能力。

Test Modem：测试 GSM 扩展板的调制解调器是否工作正常。

Test Web Server：一个简单的 Web 服务器，但打印客户端的请求和服务器 IP 地址。

### 15．LiquidCrystal

Autoscroll：文本自动滚动。

Blink：显示"Hello World!"，让光标闪烁。

Cursor：显示"Hello World!"，使用 cursor() 和 noCursor() 打开或关闭光标。

CustomCharacter：显示自定义字符"I <heart> Arduino!"。

Display：显示"Hello World!"，使用 display() 和 noDisplay() 打开或关闭显示。

HellowWorld：显示"Hello World!"和时间。

Scroll：显示"Hello World!"，使用 scrollDisplayLeft() 和 scrollDisplayRight() 控制文本滚动方向。

SerialDisplay：从串行监视器发送文本到 LCD。

setCursor：设置光标的位置。

TextDirection：使用 leftToRight() 和 rightToLeft() 移动光标。

### 16．Stepper

MotorKnob：通过电位器(或其他传感器)控制步进电机转动。

oneRevolution：实现步进电机的持续往返整圈转动，每次方向改变前电机停止 500 ms。

oneStepAtATime：步进电机一步一步地缓慢运动。

speedControl：通过电位器控制电机按顺时针方向旋转的速度。

## 17. TFT

TFTBitmapLogo：从 SD 卡读取图像文件显示在屏幕上的随机位置。

TFTColorPicker：改变屏幕颜色。

TFTDisplayText：显示文本。

TFTEtchASketch：在 GLCD 上，基于 2 个电位器的值画一个白点。

TFTGraph：读取模拟传感器上的值，绘制在屏幕上。

TFTPong：读取电位器的值，移动坐标轴上的矩形平台。

EsploraTFTBitmapLogo：使用 Arduino Esplora 读取图像文件，显示在屏幕的随机位置。

EsploraTFTColorPicker：使用 Arduino Esplora 改变屏幕颜色。

EsploraTFTEtchASketch：使用 Arduino Esplora 在 GLCD 上，基于 2 个电位器的值画一个白点。

EsploraTFTGraph：使用 Arduino Esplora 读取模拟传感器上的值，绘制在屏幕上。

EsploraTFTHorizon：使用 Arduino Esplora 和 TFT 画一条与地面保持水平的线。

EsploraTFTPong：使用 Arduino Esplora 操纵杆移动坐标轴上的矩形平台。

EsploraTFTTemp：读取 Esplora 板的温度显示在 LCD 上。

## 18. Wi-Fi

ConnectNoEncryption：连接到一个没有密码的 Wi-Fi 网络并打印出该网络的相关信息。

ConnectWithWEP：连接到一个有密码的 Wi-Fi 网络并打印出该网络的相关信息。

ConnectWithWPA：连接到一个没有密码的 Wi-Fi 网络并打印出屏蔽的 MAC 地址和相关信息。

ScanNetWorks：每 10 s 打印 Wi-Fi 屏蔽的 MAC 地址。

SimpleWebServerWifi：简单的网络服务程序，可以通过网页浏览器控制 9 号引脚的灯开关。

WifiChatServer：一个简单的服务器，可将任何传入的消息分发给所有连接的客户端。

　　WifiUdpNtpClient：从网络中获取时间。

　　WifiUdpSendReceiveString：当接收一个 UDP 数据包时，一个确认包发送到客户端端口。

　　WifiWebClient：使用 Wi-Fi 模块连接到一个网站。

　　WifiWebClientRepeating：连接到一个网络服务器，并进行网络请求。

　　WifiWebServer：一个简单的网络服务器，显示模拟输入插脚的值。

# 2.4　如何导入第三方库

　　2.3 节简单介绍了 Arduino 自带的类库。在开发过程中，我们总会用到一些已经开发好的第三方类库。下面介绍如何导入第三方类库到 Arduino IDE，以供我们日常开发使用。

　　关于第三方类库的导入，操作非常简单，只需要把第三方类库的文件夹添加到 Arduino 安装目录下的 libraries 文件夹下，重新启动 Arduino IDE 即可。libraries 文件夹目录如图 2 - 12 所示。注意：添加到 libraries 文件夹下的第三方类库文件一定要是文件夹，不能以压缩包的格式添加。

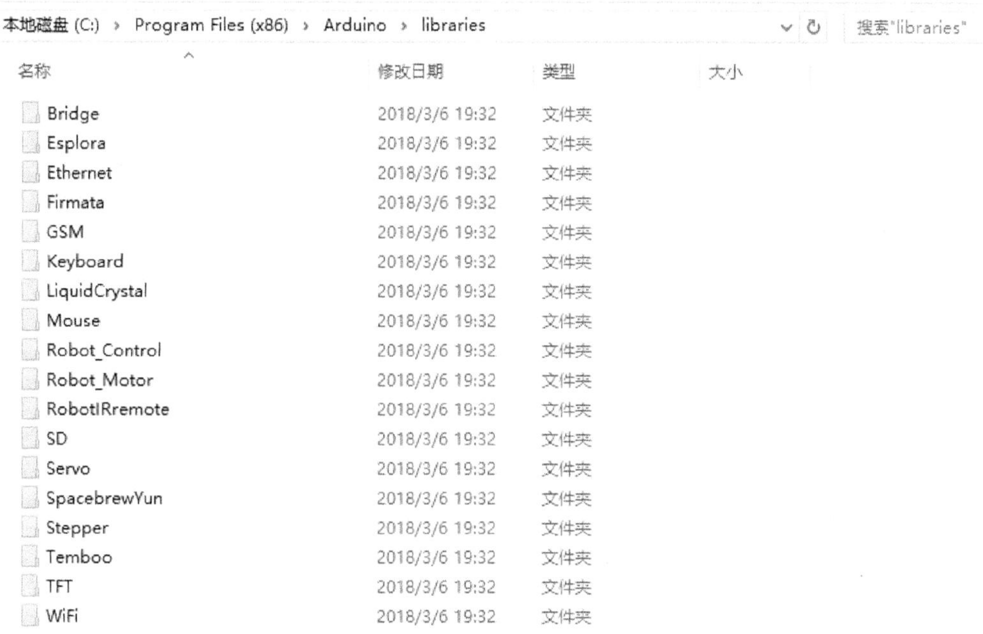

| 本地磁盘 (C:) ＞ Program Files (x86) ＞ Arduino ＞ libraries | | | ✓ ↻ | 搜索"libraries" |
|---|---|---|---|---|
| 名称 ^ | 修改日期 | 类型 | 大小 | |
| Bridge | 2018/3/6 19:32 | 文件夹 | | |
| Esplora | 2018/3/6 19:32 | 文件夹 | | |
| Ethernet | 2018/3/6 19:32 | 文件夹 | | |
| Firmata | 2018/3/6 19:32 | 文件夹 | | |
| GSM | 2018/3/6 19:32 | 文件夹 | | |
| Keyboard | 2018/3/6 19:32 | 文件夹 | | |
| LiquidCrystal | 2018/3/6 19:32 | 文件夹 | | |
| Mouse | 2018/3/6 19:32 | 文件夹 | | |
| Robot_Control | 2018/3/6 19:32 | 文件夹 | | |
| Robot_Motor | 2018/3/6 19:32 | 文件夹 | | |
| RobotIRremote | 2018/3/6 19:32 | 文件夹 | | |
| SD | 2018/3/6 19:32 | 文件夹 | | |
| Servo | 2018/3/6 19:32 | 文件夹 | | |
| SpacebrewYun | 2018/3/6 19:32 | 文件夹 | | |
| Stepper | 2018/3/6 19:32 | 文件夹 | | |
| Temboo | 2018/3/6 19:32 | 文件夹 | | |
| TFT | 2018/3/6 19:32 | 文件夹 | | |
| WiFi | 2018/3/6 19:32 | 文件夹 | | |

**图 2 - 12　libraries 文件夹目录**

# 2.5　Arduino 语言及程序结构

## 2.5.1　Arduino 语言

　　Arduino 使用 C/C++语言编写程序,虽然 C++兼容 C 语言,但是这两种语言又有所区别。C 语言是一种面向过程的编程语言,C++是一种面向对象的编程语言。早期的 Arduino 核心库使用 C 语言编写,后来引进了面向对象的思想,目前最新的 Arduino 核心库采用 C 与 C++混合编程。

　　通常所说的 Arduino 语言,是指 Arduino 核心库文件提供的各种应用程序编程接口(ApplicationProgrammingInterface,API)的集合。这些 API 是对更底层的单片机支持库进行二次封装所形成的。例如,使用 AVR 单片机的 Arduino 核心库是对AVR - Libc(基于 GCC 的 AVR 支持库)的二次封装。这些封装好的 API 使得程序中的语句更容易被理解,因此可以不用理会单片机中繁杂的寄存器配置就能直观地控制 Arduino,在增强了程序可读性的同时,也提高了开发效率。

## 2.5.2　Arduino 程序结构

　　Arduino 的程序结构与传统 C/C++的程序结构有所不同,Arduino 程序中没有 main()函数。其实并不是 Arduino 程序中没有 main()函数,而是 main()函数的定义隐藏在了 Arduino 的核心库文件中。在进行 Arduino 开发时,一般不直接操作main()函数,而是使用 setup()和 loop()这两个函数。

　　打开软件 Arduino,选择"文件"→"示例"→01. Basics→BareMinimum 菜单命令即可查看 Arduino 程序的基本结构:

```
1    void setup()
2    {
3      //本部分代码为初始设置代码,只执行一次
4    }
5    void loop()
6    {
7        //本部分为主程序,循环执行
8    }
```

### 1. Arduino 程序的基本结构

　　Arduino 程序由 setup()和 loop()两个函数组成。

　　setup()函数——Arduino 控制器通电或复位后,即开始执行 setup()函数中的程序,该程序只会执行一次;通常是在 setup()函数中完成 Arduino 的初始化设置,如指定哪一个引脚是"输出"或"输入"。

loop()函数——Setup()函数中的程序执行完毕后,Arduino 将继续执行 loop()
函数中的程序;而 loop()函数是一个死循环,其中的程序会不断地重复运行,直到电
源关闭为止;通常是在 loop()函数中完成程序的主要功能,如驱动各种模块和采集
数据等。

## 2. 设置引脚的工作模式

若要指挥 Arduino 控制的某个数字引脚的元器件,则必须把该引脚设置成"输出
(output)"模式;若要接收来自传感器的输入值,则要把引脚设置成"输入(input)"模
式。设置脚位状态的代码要放在 setup()函数里面。PinMode()函数用于设置引脚
模式,指令格式如下:

PinMode(Pin，Mode);

参数:Pin 为引脚编号(数字端口 1～13 或者模拟端口 A0～A5);Mode 为设置模
式(输入 INPUT 或输出 OUTPUT)

## 3. 输出数字信号

Arduino 的每个数字和模拟引脚都能输出"高电位"(HIGH 或 1)和"低电位"
(LOW 或 0)信号,输出数字信号的函数指令是 digitalWrite。指令格式如下:

digitalWrite(pin，value);

参数:Pin 为引脚编号(数字端口 1～13 或者模拟端口 A0～A5);value 为输出的
电压(高电位 HIGH 或低电位 LOW,或写成数字 1 或 0)。

## 4. 读取数字输入值

读取数字输入值的指令格式如下:boolean 变量名称 ＝ digitalRead(端口号)。
例如:boolean val ＝ digitalRead(2)。

## 5. 延迟与冻结时间

Arduino 具有一个延迟毫秒的函数指令,叫作 delay()。"LED 闪烁"程序需要每
隔 1 s 输出"高"或"低"信号,也就是点亮 LED 之后,持续或延迟(delay)1 s,再关闭
LED,然后再延迟 1 s。delay()函数指令格式如下:delay(延迟毫秒数)。

例如,一段完整的 LED 闪烁代码如下:

```
1    void setup()                          //参数设置函数
2    {
3        pinMode(13,OUTPUT);               //将端口 13 设置成输出模式
4    }
5    void loop()                           //循环函数
6    {
7        digitalWrite(13,HIGH);            //端口 13 输出高电平
8          delay(1000);                    //延迟 1 s
9        digitalWrite(13,LOW);             //端口 13 输出低电平
```

```
10          delay(1000);                    //延迟 1 s
11      }
```

## 2.6　从例程 Hello World 开始

Hello World 是所有编程语言的第一课,不过在 Arduino 中,Hello World 叫作 Blink。2.5 节简单介绍了 Arduino IDE 自带范例,下面从 Arduino 提供的 Blink 示例代码开始 Arduino 的学习之旅。本节内容以 Windows 平台和 Arduino UNO 开发板为例。

Blink 代码在 Arduino IDE 自带的官方例程中,打开 Arduino IDE,选择"文件"→"示例"→Basics→Blink 菜单命令,如图 2 - 13 所示。

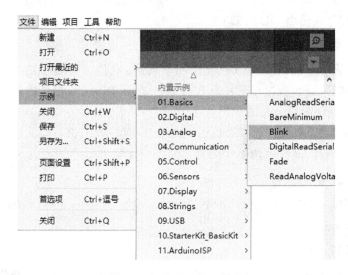

**图 2 - 13　打开 Blink 代码**

Blink 程序代码如下:

```
1    / *
2    Blink
3    LED 先通电 1 s,然后断电 1 s,重复执行
4    */
5
6    //当按下复位和电源键时,setup 部分代码只执行一次
7    void setup() {
8        //初始化数字引脚 13 作为输出
9        pinMode(13, OUTPUT);
10   }
11
```

```
12    //loop 函数会一直循环
13    void loop() {
14      digitalWrite(13, HIGH);      //打开 LED(电压为高电压)
15      delay(1000);                 //延时 1 s
16      digitalWrite(13, LOW);       //关闭 LED(电压为低电平)
17      delay(1000);                 //延时 1 s
18    }
```

　　将 Blink 程序代码下载到 Arduino 控制器中,通过 USB 连接线连接 Arduino UNO 与计算机,选择正确的开发板,如图 2-14 所示。单击"工具"→"开发板"命令选择 Arduino/Genuino UNO。修改端口为对应的硬件端口,端口号在设备管理器中可以查询到,单击"工具"→"端口"菜单命令,选择对应的端口号,如图 2-15 所示。

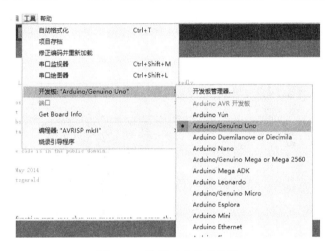

图 2-14　选择对应的开发板

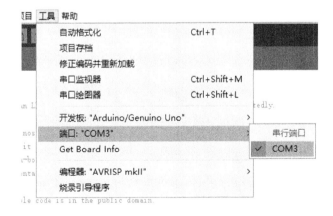

图 2-15　选择对应的端口号

　　这个时候已经完成了 Arduino 与计算机的连接,单击工具栏的验证按钮,对代码进行编译,编译完成效果见图 2 - 16。没有问题后,单击工具栏的"上传"按钮,这时调试提示区会显示"编译程序中",很快提示又会变成"下载中",此时 Arduino 控制器上的 TX、RX 两个 LED 会快速闪烁,这表明当前程序正在被写入 Arduino 控制器中。上传成功后,IDE 会提示操作完成,如图 2 - 17 所示。

图 2 - 16　编译完成

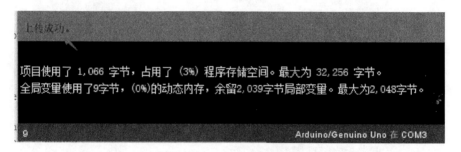

图 2 - 17　上传成功

　　此时,就可以看到该段程序的效果了——Arduino 主板上标有 L 的 LED 在按照设定的时间间隔闪烁。

# 第二部分　进阶篇

　　进阶篇包括第3~10章。这一部分详细介绍了 Arduino 外围模块以及相应类库的使用方法,包含数字信号、模拟信号、串口通信、显示模块、电机控制、无线通信、SD卡扩展、GPS 定位等几大模块,每章结合几个小案例对各个模块功能进行讲解。

　　第3章是关于数字信号的相关知识,提供了 LED、8×8 点阵、跑马灯、7 段数码管、指拨开关等几个相关案例。

　　第4章是关于模拟信号的相关知识,提供了压力传感器、光敏电阻、温度传感器、可变电阻等几个相关案例。

　　第5章是 Arduino 与外设通信的相关知识,Arduino 集成了串口通信、SPI 总线通信、IIC 总线通信这三种通信方式,并详细介绍了每种通信方式及其使用方法。

　　第6章是关于液晶屏幕显示的相关知识,针对 LCD 显示器进行了详细介绍并且提供相关的屏幕显示案例。

　　第7章是电机驱动的相关知识,包括舵机、直流电机、步进电机的驱动知识和相关案例。

　　第8章是无线通信的相关知识,主要包括蓝牙通信、Wi-Fi 通信、红外通信、超声波、RF 等无线通信方式及相关案例。

　　第9章是关于存储的相关知识,包括对内存 EEPROM 的操作和对扩展 SD 卡的操作。

　　第10章是关于 GPS 的相关知识,并提供了一个实时定位的解决方案。

　　读者可以结合针对各个功能模块的开发套件学习开发。

# 第 **3** 章

# 数字信号及应用案例

## 3.1　数字信号简介

数字信号(Digital Signal)是离散时间信号(Discrete Time Signal)的数字化表示,通常可由模拟信号(Analog Signal)获得。在计算机中,数字信号的大小常用有限位的二进制数表示。例如,字长为 2 位的二进制数可表示 4 种大小的数字信号,它们是 00、01、10 和 11。由于数字信号是用两种物理状态来表示 0 和 1 的,故其抵抗材料本身干扰和环境干扰的能力都比模拟信号强很多。在 0 与 1 之间的转换其实就是高、低电位的转换,0 表示电压在低电位,电压为 0 V,1 表示电压在高电位,具体电压值与系统的工作电压相关(Arduino 为 5 V)。

## 3.2　LED 及应用案例

### 3.2.1　心形 LED 闪烁案例

**案例实现的功能:**

利用 8×8 点阵显示心形 LED,如图 3-1 所示。

**工作原理:**

8×8 点阵共由 64 个发光二极管组成,每个发光二极管放置在行线和列线的交叉点上。若对应的某一行置 1 电平,某一列置 0 电平,则相应的二极管就被点亮;如要将第一个二极管点亮,则 9 脚接高电平 13 脚接低电平,则第一个灯就被点亮了。运行结果如图 3-2 所示。

**需要的元器件:**

8×8 点阵 1 个(见图 3-3)、面包板 2 个、面包板跳线 16 根。

**器件之间的连线:**

引脚接线圈如图 3-4 所示,实际接线图如图 3-5 所示。Arduino 接线对应引脚如表 3-1 所列。

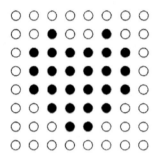

图 3-1　心形 LED 草图

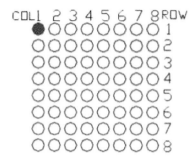

图 3-2　8×8 点阵测试图

图 3-3　心形 LED 闪烁元器件准备

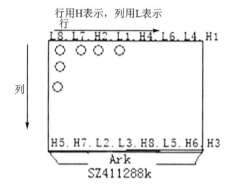

图 3-4　引脚图

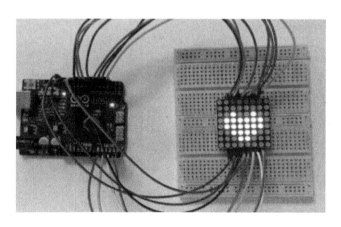

图 3-5　实际接线图

表 3 - 1　Arduino 接线对应引脚

| 行 | 引　脚 | 列 | 引　脚 |
|----|------|----|------|
| H1 | 2 | L1 | 6 |
| H2 | 7 | L2 | 11 |
| H3 | A5 | L3 | 10 |
| H4 | 5 | L4 | 3 |
| H5 | 13 | L5 | A3 |
| H6 | A4 | L6 | 4 |
| H7 | 12 | L7 | 8 |
| H8 | A2 | L8 | 9 |

**程序：**

```
1    int R[] = {2, 7, A5, 5, 13, A4, 12, A2};        //行端口号数组
2    int C[] = {6, 11, 10, 3, A3, 4, 8, 9};          //列端口号数组
3    unsigned char biglove[8][8] =                   //大"心形"的数据
4    {
5      0,0,0,0,0,0,0,0,
6      0,1,1,0,0,1,1,0,
7      1,1,1,1,1,1,1,1,
8      1,1,1,1,1,1,1,1,
9      1,1,1,1,1,1,1,1,
10     0,1,1,1,1,1,1,0,
11     0,0,1,1,1,1,0,0,
12     0,0,0,1,1,0,0,0,
13   };
14   unsigned char smalllove[8][8] =                 //小"心形"的数据
15   {
16     0,0,0,0,0,0,0,0,
17     0,0,0,0,0,0,0,0,
18     0,0,1,0,0,1,0,0,
19     0,1,1,1,1,1,1,0,
20     0,1,1,1,1,1,1,0,
21     0,0,1,1,1,1,0,0,
22     0,0,0,1,1,0,0,0,
23     0,0,0,0,0,0,0,0,
24   };
25   void Clear()                                    //清空显示
26   {
27     for(int i = 0; i < 8;i++)
28     {
29       digitalWrite(R[i],LOW);
30       digitalWrite(C[i],HIGH);
```

```
31        }
32    }
33    void Display(unsigned char dat[8][8])            //显示函数
34    {
35      for(int c = 0; c < 8; c++)
36      {
37        digitalWrite(C[c], LOW);                     //选通第 c 列
38        for(int r = 0; r < 8; r++)
39        digitalWrite(R[r], dat[r][c]);
40        delay(1);
41        Clear();                                     //清空显示
42      }
43    }
44    void setup()
45    {
46    //循环定义行列 PIN 为输出模式
47      for(int i = 0; i < 8; i++)
48      {
49        pinMode(R[i],OUTPUT);
50        pinMode (C[i],OUTPUT);
51      }
52    }
53    void loop()
54    {
55      for(int i = 0 ; i < 100 ; i++)                 //循环显示 100 次
56      Display( biglove );                            //显示大"心形"
57      for(int i = 0 ; i < 50 ; i++)                  //循环显示 50 次
58      Display( smalllove );                          //显示小"心形"
59    }
```

**案例结果:**

心形图案最终显示效果见图 3 - 6。

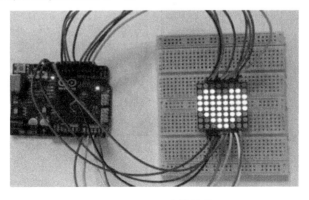

**图 3 - 6　心形图案最终结果**

最后的延时决定了图案闪烁的频率,延时越短,闪烁速度越快。同时也可以搭配模拟信号元件,如光敏电阻,当光线越暗时,心形图案闪烁得越快。

## 3.2.2　跑马灯案例

**案例实现的功能:**

LED 灯循环点亮。

**工作原理:**

各个位置的 LED 灯依次接收高电平,循环点亮、熄灭。

**需要的元器件:**

直插 LED 灯 6 个、220 Ω 的直插电阻 6 个、面包板 1 个、面包板跳线 14 根。

**器件之间的连线:**

按照二极管的接线方法,将 6 个 LED 灯依次接到数字 1~6 引脚上。

接线原理图如图 3-7 所示。

接线实物图如图 3-8 所示。

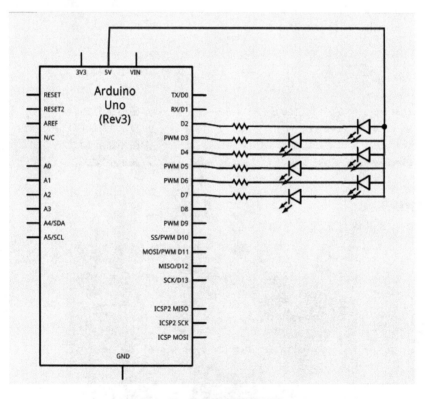

图 3-7　跑马灯接线原理图

**图 3 - 8　跑马灯接线示意图**

**程序:**

```
1    int BASE = 2 ;                 //第 1 个 LED 接的 I/O 脚
2    int NUM = 6;                    //LED 的个数
3    void setup()
4    {
5      for (int i = BASE; i < BASE + NUM; i ++)
6      pinMode(i, OUTPUT);          //设定数字 I/O 脚为输出
7    }
8    void loop()
9    {
10     for (int i = BASE; i < BASE + NUM; i ++)
11     {
12       digitalWrite(i, LOW);      //设定数字 I/O 脚输出为"低",即逐渐关灯
13       delay(200);                //延迟
14     }
15     for (int i = BASE; i < BASE + NUM; i ++)
16     {
17       digitalWrite(i, HIGH);     //设定数字 I/O 脚输出为"高",即逐渐开灯
18       delay(200);                //延迟
19     }
20   }
```

**案例结果:**

跑马灯循环点亮熄灭。

# 3.3　指拨开关控制应用案例

**案例实现的功能：**

利用 4 位指拨开关来控制 4 个 LED 灯，每位开关对应 1 个 LED，用来观察指拨开关的功能。

**工作原理：**

指拨开关(也叫 DIP 开关、拨动开关、超频开关、地址开关、拨拉开关、数码开关、拨码开关)是一款用来操作控制的地址开关，采用的是 0/1 的二进制编码原理。通俗地说，也就是一款能用手拨动的微型开关。指拨开关有很多款型号，按照脚位来区分有直插式(DIP)和贴片式(SMD)，按照拨动方式来区分有平拨式和侧拨式，按照引脚间距来区分有 2.54 mm 和 1.27 mm，按照颜色来区分有黑色、红色和蓝色，根据状态来区分有两态和三态。

每一个键对应的背面上、下各有两个引脚，拨至 ON 一侧，这时下面两个引脚接通，反之则断开。这四个键是独立的，相互之间没有关联。此类元件多用于二进制编码。可以设接通为 1，断开为 0，则有 0000、0001、0010……1110、1111 共 16 种编码，指拨开关通常以 2 位为最小组合，也有 8 位甚至 16 位的。每位要对应单片机上的一个引脚。

**需要的元器件：**

4 位指拨开关 1 个(见图 3-9)、直插 LED 灯 4 个、面包板 1 个、面包板跳线 9 根。

**器件之间的连线：**

指拨开关与 4 个 LED 的接线图见图 3-10。

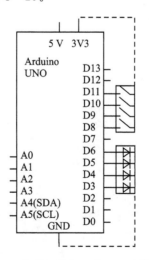

图 3-9　4 位指拨开关　　　图 3-10　指拨开关与 4 个 LED 的接线图

**程序：**

```
1     void setup ()
2     {
3        pinMode (3, OUTPUT);            //设定引脚为输出状态
4        pinMode (4, OUTPUT);            //设定引脚为输出状态
5        pinMode (5, OUTPUT);            //设定引脚为输出状态
6        pinMode (6, OUTPUT);            //设定引脚为输出状态
7        digitalWrite (3, LOW);          //先将 LED 灯关闭
8        digitalWrite (4, LOW);          //先将 LED 灯关闭
9        digitalWrite (5, LOW);          //先将 LED 灯关闭
10       digitalWrite (6, LOW);          //先将 LED 灯关闭
11       pinMode (8,INPUT);              //设定引脚为输入状态
12       pinMode (9,INPUT);              //设定引脚为输入状态
13       pinMode (10,INPUT);             //设定引脚为输入状态
14       pinMode (11,INPUT);             //设定引脚为输入状态
15    }
16    void loop ()
17    {
18       if (digitalRead (8) == HIGH)    //检测开关是否接通
19       digitalWrite(3,HIGH);           //接通亮灯
20       else
21       digitalWrite (3, LOW);          //没接通熄灯
22       if (digitalRead (9) == HIGH)    //检测开关是否接通
23       digitalWrite(4,HIGH) ;          //接通亮灯
24       else
25       digitalWrite (4, LOW);          //没接通熄灯
26       if (digitalRead (10) == HIGH)   //检测开关是否接通
27       digitalWrite(5, HIGH);          //接通亮灯
28       else
29       digitalWrite (5, LOW);          //没接通熄灯
30       if (digitalRead (11) == HIGH)   //检测开关是否接通
31       digitalWrite (6, HIGH);         //接通亮灯
32       else
33       digitalWrite (6, LOW);          //没接通熄灯
34    }
```

**案例结果：**

每一个按钮控制一个 LED 灯。

# 3.4　7 段数码显示器案例

**案例实现的功能：**

多个发光二极管封装在一起的 7 段数码显示器按其连接形式可分为共阳极显示器和共阴极显示器。

**工作原理：**

共阳极显示器的阳极连接在一起，此时对阳极提供一个正电压，通过限流电阻控制其阴极为高电平或是低电平来决定其是暗或是亮。共阴极显示器的阴极连在一起，此时可将阴极接地，通过限流电阻控制其阳极为高电平或是低电平来决定其是亮或是暗。

LED 的引脚说明如图 3 - 11 所示。

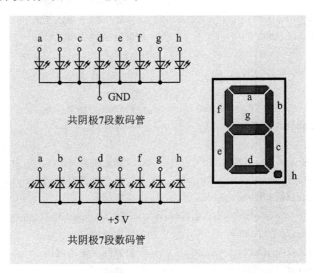

**图 3 - 11　LED 引脚说明**

实现思路为：将 Arduino 的 4～11 端口电压置为 HIGH，通过调整 4～11 端口的电位值来控制 7 段 LED 灯的亮和灭。

**需要的元器件：**

7 段数码管 1 个（见图 3 - 12）、220 Ω 直插电阻 8 个、面包板 1 个、面包板跳线 8 根。

**器件之间的连线：**

7 段数码显示器接线图见图 3 - 13。

**图 3 - 12　7 段显示器元器件**

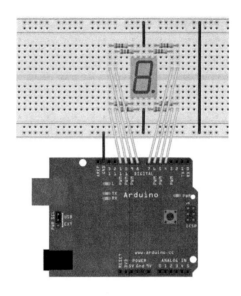

**图 3 - 13　7 段数码显示器接线图**

**程序：**

```
1                                       //设置控制各段的数字 I/O 脚
2     int a = 7;                        //定义数字接口 7 连接 a 段数码管
3     int b = 6;                        //定义数字接口 6 连接 b 段数码管
4     int c = 5;                        //定义数字接口 5 连接 c 段数码管
5     int d = 10;                       //定义数字接口 10 连接 d 段数码管
6     int e = 11;                       //定义数字接口 11 连接 e 段数码管
7     int f = 8;                        //定义数字接口 8 连接 f 段数码管
8     int g = 9 ;                       //定义数字接口 9 连接 g 段数码管
9     int dp = 4 ;                      //定义数字接口 4 连接 h 段数码管
10    void digital_0(void)              //显示数字 0
11    {
12      unsigned char j;
13      digitalWrite(a, HIGH);
14      digitalWrite(b, HIGH);
15      digitalWrite(c, HIGH);
16      digitalWrite(d, HIGH);
17      digitalWrite(e, HIGH);
18      digitalWrite(f, HIGH);
19      digitalWrite(g, LOW);
20      digitalWrite(dp, LOW);
21    }
22    void digital_1(void)              //显示数字 1
```

```
23     {
24       unsigned char j;
25       digitalWrite(c, HIGH);              //给数字接口 5 引脚接高电平,点亮 c 段
26       digitalWrite(b, HIGH);              //点亮 b 段
27       for(j = 7;j <= 11; j++)            //熄灭其余段
28       digitalWrite(j, LOW);
29       digitalWrite(dp, LOW);             //熄灭小数点 DP 段
30     }
31     void digital_2(void)                 //显示数字 2
32     {
33       unsigned char j;
34       digitalWrite(b, HIGH);
35       digitalWrite(a, HIGH);
36       for(j = 9; j <= 11; j++)
37       digitalWrite(j, HIGH);
38       digitalWrite(dp, LOW);
39       digitalWrite(c, LOW);
40       digitalWrite(f, LOW);
41     }
42     void digital_3(void)                 //显示数字 3
43     {
44       digitalWrite(g, HIGH);
45       digitalWrite(a, HIGH);
46       digitalWrite(b, HIGH);
47       digitalWrite(c, HIGH);
48       digitalWrite(d, HIGH);
49       digitalWrite(dp, LOW);
50       digitalWrite(f, LOW);
51       digitalWrite(e, LOW);
52     }
53     void digital_4(void)                 //显示数字 4
54     {
55       digitalWrite(c, HIGH);
56       digitalWrite(b, HIGH);
57       digitalWrite(f, HIGH);
58       digitalWrite(g, HIGH);
59       digitalWrite(dp, LOW);
60       digitalWrite(a, LOW);
61       digitalWrite(e, LOW);
62       digitalWrite(d, LOW);
63     }
64     void digital_5(void)                 //显示数字 5
```

```
65      {
66        unsigned char j;
67        digitalWrite(a, HIGH);
68        digitalWrite(b, LOW);
69        digitalWrite(c, HIGH);
70        digitalWrite(d, HIGH);
71        digitalWrite(e, LOW);
72        digitalWrite(f, HIGH);
73        digitalWrite(g, HIGH);
74        digitalWrite(dp, LOW);
75      }
76      void digital_6(void)              //显示数字 6
77      {
78        unsigned char j;
79        for(j = 7;j <= 11; j ++ )
80        digitalWrite(j, HIGH);
81        digitalWrite(c, HIGH);
82        digitalWrite(dp, LOW);
83        digitalWrite(b, LOW);
84      }
85      void digital_7(void)              //显示数字 7
86      {
87        unsigned char j;
88        for(j = 5;j <= 7; j ++ )
89        digitalWrite(j, HIGH);
90        digitalWrite(dp, LOW);
91        for(j = 8 ;j <= 11; j ++ )
92        digitalWrite(j, LOW);
93      }
94      void digital_8(void)              //显示数字 8
95      {
96        unsigned char j;
97        for(j = 5 ;j <= 11; j ++ )
98        digitalWrite(j, HIGH);
99        digitalWrite(dp, LOW);
100     }
101     void digital_9(void)              //显示数字 9
102     {
103       unsigned char j;
104       digitalWrite(a, HIGH);
105       digitalWrite(b, HIGH);
106       digitalWrite(c, HIGH);
```

```
107      digitalWrite(d, HIGH);
108      digitalWrite(e, LOW);
109      digitalWrite(f, HIGH);
110      digitalWrite(g, HIGH);
111      digitalWrite(dp, LOW);
112    }
113    void digital_dp(void)              //显示小数点
114    {
115      unsigned char j;
116      digitalWrite(a, LOW);
117      digitalWrite(b, LOW);
118      digitalWrite(c, LOW);
119      digitalWrite(d, LOW);
120      digitalWrite(e, LOW);
121      digitalWrite(f, LOW);
122      digitalWrite(g, LOW);
123      digitalWrite(dp, HIGH);
124    }
125    void setup()
126    {
127      int i;                           //定义变量
128      for( i = 4;i <= 11; i++)
129      pinMode(i, OUTPUT);              //设置4~11引脚为输出模式
130    }
131    void loop()
132    {
133    while(1)
134    {
135        digital_0();                   //显示数字0
136        delay(1000);                   //延时1 s
137        digital_1();                   //显示数字1
138        delay(1000);                   //延时1 s
139        digital_2();                   //显示数字2
140        delay(1000);                   //延时1 s
141        digital_3();                   //显示数字3
142        delay(1000);                   //延时1 s
143        digital_4();                   //显示数字4
144        delay(1000);                   //延时1 s
145        digital_5();                   //显示数字5
146        delay(1000);                   //延时1 s
147        digital_6();                   //显示数字6
148        delay(1000);                   //延时1 s
```

| 149 | digital_7(); | //显示数字 7 |
| 150 | delay(1000); | //延时 1 s |
| 151 | digital_8(); | //显示数字 8 |
| 152 | delay(1000); | //延时 1 s |
| 153 | digital_9(); | //显示数字 9 |
| 154 | delay(1000); | //延时 1 s |
| 155 | digital_dp(); | //显示小数点 |
| 156 | delay(1000); | //延时 1 s |
| 157 | } | |
| 158 | } | |

**案例结果：**

7 段数码显示器执行结果见图 3 - 14。

**图 3 - 14　7 段数码显示器执行结果**

# 3.5　PWM 及应用案例

**案例实现的功能：**

通过电位计调节 LED 灯的亮度。

**工作原理：**

由于计算机不能输出模拟电压，只能输出 0 V 或 5 V 的数字电压值，因此将数字信号转换成模拟信号，最常用的方法便是 PWM（脉冲宽度调制）。PWM 信号仍然是数字的，因为在给定的任何时刻，满幅值的直流供电要么是 5 V（ON），要么是 0 V（OFF）。电压或电流源是以一种通（ON）或断（OFF）的重复脉冲序列被加到模拟负载上去的。通的时候即是直流供电被加到负载上的时候，断的时候即是供电被断开的时候。只要带宽足够,任何模拟值都可以使用 PWM 进行编码。输出的电压值是通过通和断的时间进行计算的(见图 3-15),输出电压=(接通时间/脉冲时间)×最大电压值。

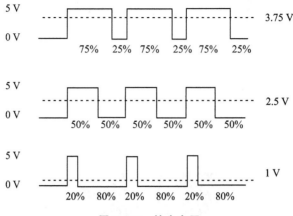

图 3-15   输出电压

PWM 产生的方式很简单,用途却相当广泛,甚至在电机控制上都有应用。PWM 就是一种对模拟信号电平进行数字编码的方法。下面介绍 PWM 的三个基本参数(见图 3-16):脉冲宽度变化幅度(最小值/最大值)、脉冲周期(1 s 内脉冲频率个数的倒数)、电压高度(例如:0 V 或 5 V)。

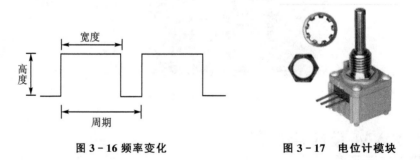

图 3-16 频率变化                     图 3-17    电位计模块

**需要的元器件:**

电位计模块 1 个(见图 3-17)、直插 LED 1 个、220 Ω 直插电阻 1 个、面包板 1 个、面包板跳线 6 根。

**器件之间的连线:**

PWM 元器件接线图见图 3-18。

**程序:**

```
1    int potpin = 0;              //定义模拟接口 0(模拟量相关知识参见 4.1 节)
2    int ledpin = 11;             //定义数字接口 11(PWM 输出)
3    int val = 0;                 //暂存来自传感器的变量数值
```

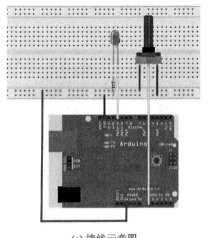
(a) 接线示意图

(b) 接线实物图

**图 3 - 18　PWM 元器件接线图**

```
4    void setup()
5    {
6      pinMode(ledpin,OUTPUT);           //定义数字接口 11 为输出
7      Serial.begin(9600);               //设置波特率为 9 600
8      //注意:模拟接口自动设置为输入
9    }
10   void loop()
11   {
12     val = analogRead( potpin );       //读取传感器的模拟值并赋值给 val
13     Serial.println( val );            //显示 val 变量
14     analogWrite(ledpin,val / 4);      //点亮 LED 并设置亮度
15     delay(10);                        //延时 0.01 s
16   }
```

**案例结果:**

旋转电位计的旋钮,即可清楚地看到面包板上 LED 小灯的亮度也在随之变化。

# 3.6　蜂鸣器案例

**案例实现的功能:**

实现蜂鸣器发声。

**工作原理:**

一般常见的蜂鸣器有压电式(见图 3 - 19)与电磁式(见图 3 - 20)两种。声音频率不同决定了声音的高低,也就是根据高、低电位与长、短时间的配合,可以让蜂鸣器模拟出近似的音阶变化(见表 3 - 2)。Arduino 音阶信号说明见表 3 - 3。

图 3 - 19　压电式蜂鸣器

图 3 - 20　电磁式蜂鸣器

表 3 - 2　音阶高低说明

| 音　阶 | Do | Re | Mi | Fa | So | La | Si |
|---|---|---|---|---|---|---|---|
| 低　音 | 261 | 294 | 329 | 349 | 392 | 440 | 493 |
| 中　音 | 523 | 587 | 659 | 698 | 784 | 880 | 988 |
| 高　音 | 1 046 | 1 175 | 1 318 | 1 397 | 1 568 | 1 760 | 1 976 |

表 3 - 3　Arduino 音阶说明(详见 Arduino 官网)

| 音　阶 | 频率/Hz | 周期/μs | 高电位时间/μs |
|---|---|---|---|
| c(Do) | 261 | 3 830 | 1 915 |
| d(Re) | 294 | 3 400 | 1 700 |
| E(Mi) | 329 | 3 038 | 1 519 |
| f(Fa) | 349 | 2 864 | 1 432 |
| g(So) | 392 | 2 550 | 1 275 |
| a(La) | 440 | 2 272 | 1 136 |
| b(Si) | 493 | 2 028 | 1 014 |
| c(Do) | 523 | 1 912 | 956 |

**需要的元器件:**

蜂鸣器 1 个(见图 3 - 21)、面包板 1 个、面包板跳
线 2 根。

**器件之间的连线:**

实际接线图见图 3 - 22。

蜂鸣器理论接线图见图 3 - 23。

图 3 - 21　蜂鸣器

图 3-22 实际接线图

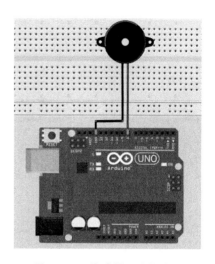

图 3-23 蜂鸣器理论接线图

**程序：**

```
1    int speakerPin = 8;                              //把压电式蜂鸣器连接到数字端口 D8
2    int length = 15;                                 //设置音调的数量,共 15 个音调
3    char notes[] = "ccggaagffeeddc ";                //曲目音阶,最后一个空格表示休止符
4    int beats[] = { 1, 1, 1, 1, 1, 1, 2, 1, 1, 1, 1, 1, 1, 2, 4};    //节拍
5    int tempo = 300;                                 //节奏
6    void playTone(int tone, int duration)
7    {
8      for (long i = 0; i < duration * 1000L; i += tone * 2)
9      {
10        digitalWrite(speakerPin, HIGH);
11        delayMicroseconds(tone);
12        digitalWrite(speakerPin, LOW);
13        delayMicroseconds(tone);
14      }
15   }
16   void playNote(char note, int duration)
17   {
18     char names[] = { 'c', 'd', 'e', 'f', 'g', 'a', 'b', 'C'};
19     int tones[] = { 1915, 1700, 1519, 1432, 1275, 1136, 1014, 956};
20     //根据音调名称演奏相应的音调,利用比位的方式来播放某一个音调
21     for (int i = 0; i < 8; i++ )
22     {
23       //将比对到的音阶高电位实际长度传送给 playTone 函数
24       if (names[i] == note)
```

```
25            playTone(tones[i], duration);
26        }
27    }
28    void setup()
29    {
30      pinMode(speakerPin, OUTPUT);              //引脚设置为输出
31    }
32    void loop()
33    {
34      for (int i = 0; i < length; i++)
35      {
36        if (notes[i] == ")
37        delay(beats[i] * tempo);               //休止符的时长
38        else
39        playNote(notes[i], beats[i] * tempo);
40        //音调间的间隔时间
41        delay(tempo / 2);
42      }
43    }
```

**案例结果：**

蜂鸣器发声，播放音乐。

# 3.7　数字输出案例

**案例实现的功能：**

利用 74HC595 芯片的数字输出功能控制 8 个 LED 灯闪烁。

**工作原理：**

74HC595 芯片具有扩展数字输出的功能（简单来说，就是具有 8 位移位寄存器和 1 个存储器）以及三态输出功能。它可以使用很少的引脚接收串行的信号，输出的部分可以变为并列输出或依旧为串行输出。

74HC595 引脚说明如图 3-24 所示，Q0～Q7 这 8 个引脚就是扩展出来的部分，其余引脚变化说明见表 3-4。

**需要的元器件：**

74HC595 直插芯片 1 个（见图 3-25）、红色 M5 直插 LED 共 4 个、绿色 M5 直插 LED 共 4 个、220 Ω 直插电阻 8 个、面包板 1 个、面包板跳线 40 根。

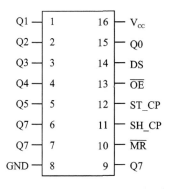

图 3 - 24　74HC595 芯片引脚说明

图 3 - 25　74HC595 直插芯片

表 3 - 4　控制引脚变化说明

| 引脚编号 | 名　称 | 功能说明 |
| --- | --- | --- |
| 1～7,15 | Q0～Q7 | 并行输出 |
| 9 | Q7' | 串行输出 |
| 8 | GND | 接地 |
| 16 | Vcc | 5 V 工作电压 |
| 10 | MR | 重置 |
| 11 | SH_CP | 移位寄存器的时钟输入 |
| 12 | ST_CP | 存储寄存器的时钟输入 |
| 13 | OE | 输出允许,高电平时禁止输出 |
| 14 | DS | 串行数据输入 |

**器件之间的连线:**

74HC595 控制 8 个 LED 接线原理图与理论接线图分别如图 3 - 26 和图 3 - 27 所示。

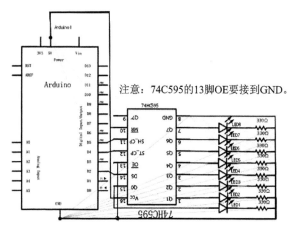

图 3 - 26　74HC595 控制 8 个 LED 接线原理图

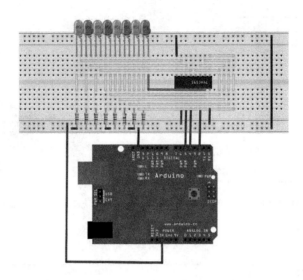

**图 3 - 27　74HC595 控制 8 个 LED 接线示意图**

**程序:**

```
1      int data = 2;                    //74HC595 的 14 脚
2      int clock = 5;                   //74HC595 的 11 脚
3      int latch = 4;                   //74HC595 的 12 脚
4      int ledState = 0;
5      const int ON = HIGH;
6      const int OFF = LOW;
7      void updateLEDs(int value)
8      {
9          digitalWrite(latch, LOW);
10         shiftOut(data, clock, MSBFIRST, ～value); //串行数据输出,高位在先 (函数定义见 5.3.5 小节)
11         digitalWrite(latch, HIGH);          //锁存
12     }
13     void setup()
14     {
15         pinMode(data, OUTPUT);
16         pinMode(clock, OUTPUT);
17         pinMode(latch, OUTPUT);
18     }
19     void loop()
20     {
21         for(int i = 0; i ＜ 256; i ++ )
22         {
23             updateLEDs( i );
```

```
24        delay(500);
25      }
26  }
```

**案例结果：**

8 个 LED 灯闪烁。

# 3.8　限位开关案例

限位开关(见图 3 - 28)又称行程开关,其工作原理是将机械的位移转变成电信号。限位开关是限定机械设备运动极限位置的电气开关,它是一种常用的小电流主流电器,可以安装在相对静止的物体(如固定架、门框等)上或者运动的物体(如滑动、移动门等)上。利用机械运动部件的碰撞使其触头动作来实现接通或断开控制电路,从而达到一定的控制目的。

机械限位开关的原理图如图 3 - 29 所示,限位开关的引脚连接如下:1 端接电源(VCC),2 端接地(GND),3 端与 2 相连(可不用),4 端接信号(SIGNAL)。

图 3 - 28　限位开关

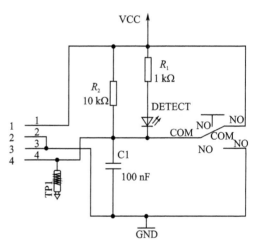

图 3 - 29　机械限位开关原理图

当碰触障碍物时,信号端与电源导通,取值为高电平(即 1);当脱离障碍物时,信号端经机械开关接通地,取值为低电平(即 0)。

限位开关控制电机案例详见 12.4.7 小节。

# 第 **4** 章

# 模拟信号及应用案例

## 4.1 可变电阻测量案例

在 Arduino 中测量模拟信号比较简单。下面先通过一个最简单的方式来测量 Arduino 板子上的电源数值大小。

所需的元器件:Arduino UNO、面包板跳线 1 根、面包板 1 个、可变电阻(电位计)1 个。

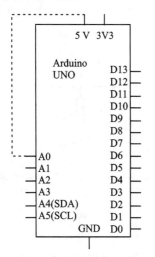

图 4-1  AD 引脚接 5 V 的线路图          图 4-2  编号为 0 的 AD 引脚接 5 V 的实物图

如图 4-1、图 4-2 所示,只需要用单芯线将 5 V 引脚与 A0 引脚连接起来,并通过下列程序测试即可:

```
1    #define ADpin  A0                    //模拟信号输入引脚
2    int sensorValue = 0;                 //存储最新测量到的数值变量
3    void setup (){
4      Serial.begin(9600);                //RS-232 计算机输出速率设定
5    }
6    void loop(){
7        //读取引脚的模拟信号数值
8      sensorValue = analogRead(ADpin);
```

```
9                //输出在端口监视器上
10        Serial.print("Value =   ");
11        Serial.println( sensorValue);
12        delay(100);                     //每读取一笔暂停 0.1 s
13     }
```

这是测量 Arduino 板上电源的程序,观察此程序的结构可知:行 1 为模拟信号输入引脚,行 4 为串口波特率设定(参考第 7 章),行 8 表示读取的值会存储在 sensorValue 这个变量中。

程序写完之后,编译程序确保无误后上传到 Arduino 中,之后启动端口监视器,如图 4-3、图 4-4 所示。

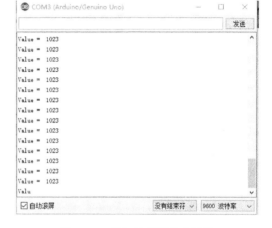

图 4-3　端口监视器启动按钮　　　图 4-4　端口监视器显示画面

得出的结果值并不是电压值,Arduino 模拟转换精度为 10 位,它是 0~1 023 之间的数值,本次的结果值为 1 023,与连接的引脚的值 5 V 不同。这是因为 Arduino 经函数读取的值需要经过换算,换算公式如下:

$$待测信号 = \frac{Value 值}{1\ 023} \times 参考电压(5\ V)$$

式中,Value 表示测量的结果值,待测信号是接线的数值。

把得到的数值 1 023 代入换算公式后,得出结果为 5 V,刚好为现在接线的正确数值。当把输入信号改为 3.3 V 时,可先按公式计算一下应该的正确数值,显示结果为 675。接下来,上传程序并启动端口监视器按钮,端口监视器显示的画面为 674 左右,与计算的结果大致相同(这个程序大家可以自行测试)。两个数值之间有差异是因为模拟信号在转换成数字信号时,会受到很多因素的影响,这些因素都造成最后的结果与实际的值有些差距,变化幅度的大小也没有一定的范围。

接下来介绍可变电阻(见图 4－5),可变电阻是可以改变电阻值的一种装置,常见于一些旋钮,或用于阻抗匹配。可变电阻的最低阻值接近 0 Ω,最高阻值则根据选择购买的规格而有所不同。图 4－6 所示为最常见的一种可变电阻引脚图,左、右两边是电流进出的两个引脚,因为电阻没有极性,因此可以反接;中间的引脚则是要读取的引脚。

图 4－5　可变电阻图　　　　　　　　　图 4－6　可变电阻引脚图

确认好三个引脚的作用之后,将可变电阻与 Arduino 结合,原理图与实际接线图分别如图 4－7 和图 4－8 所示。

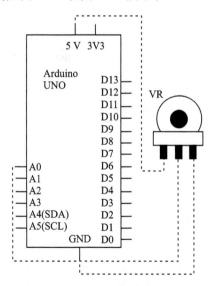 

图 4－7　可变电阻电路示意图　　　　图 4－8　可变电阻与 Arduino 的实际连接图

确定连接正确后,上面的程序不用修改,打开端口监视器观察数值的变化,转动可变电阻上的旋钮:当旋钮左转到底时,读到的应该是最小的数值;当旋钮右转到底时,读到的数值应为 1 023,数值越大,表示电阻越小。这时候右转电阻值会逐渐变小,左转则电阻值逐渐增大。

# 4.2　光敏电阻测量案例

　　在日常生活中,每到夜晚,道路两旁的路灯便会亮起来;在建筑工地周围的警示灯也会点亮。这些路灯和警示灯并不是人为打开或关闭的,而是它们中的传感器可以自动判断天色是否已经达到了开启路灯及警示灯的条件,这种传感器便是光敏电阻。光敏电阻是一种特殊的电阻,它是利用半导体的光电效应制成的一种电阻值随入射光的强弱而改变的电阻器。光线越亮,阻值越小;反之,光线越暗,电阻值越大。

　　由图 4-9 可以看出,光敏电阻除大小不同以外,其内部感应线路的密度也不同,光敏电路对光线的感应程度也有所差异。当光敏电阻阻值太大时,读取的数值可能没有任何变化。这时可以加上另一个电阻,组成一个简单的分压电路,如图 4-10 所示。

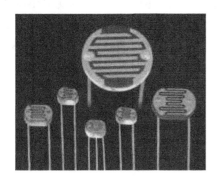

图 4-9　几种光敏电阻

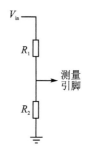

图 4-10　分压电路

　　测到的电压可按以下公式计算:

$$V = V_{in} \times \frac{R_2}{R_1 + R_2}$$

式中,$V$ 是测量的电压;$V_{in}$ 表示输入的电压,在这个案例中为 5 V;$R_2$ 是光敏电阻;$R_1$ 是分压电路的电阻。

　　图 4-10 中,将光敏电阻放在 $R_2$ 的位置,$R_1$ 选择 1 kΩ 的电阻,适当选择两者之间的比例,便可以得到比较明显的信号变化值,便于观察;通过控制射向光敏电阻的光线来控制 LED 灯的亮灭。

　　所需的元器件:Arduino UNO、面包板 1 个、面包板跳线 3 根、1 kΩ 电阻 1 个、光敏电阻 1 个。接线图与实物图分别如图 4-11 和图 4-12 所示。

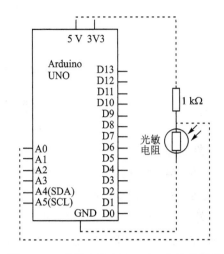

图 4 - 11　分压电路在 Arduino 上的接线图　　图 4 - 12　测量光敏电阻在 Arduino 上的实物图

　　在准备好硬件及连接好线路之后,因为光敏电阻的程序与前面可变电阻的程序类似,故可读取可变电阻的程序中,添加一些减少误差的方式:与前一次读取的数值相加取平均;通过控制射向光敏电阻的光线来控制 Arduino 板上 LED 光的强弱,如图 4 - 13 所示。

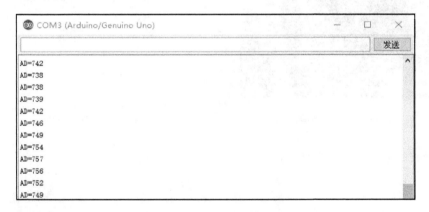

图 4 - 13　光敏电阻信号变化

　　修改后的程序如下:

```
1    #define ADpin 0              //模拟信号输入引脚
2    #define LED 13
3    int sensorValue = 0;
4    void setup()
5    {
6      pinMode(LED,OUTPUT);
7      Serial.begin(9600);
```

```
8      }
9      void loop(){
10       sensorValue = 0.5 * sensorValue + 0.5 * analogRead(ADpin);//与前一次的读取数值相加
11                                                    //取平均,来减小误差
12       Serial.print("Value = ");           //对获得的模拟信号值进行判断
13       Serial.println(sensorValue);
14       if(sensorValue > 800)               //模拟值大于800,灯亮
15          digitalWrite(LED,HIGH);
16       else
17          digitalWrite(LED,LOW);           //模拟值小于800,灯灭
18       delay(100);
19      }
```

　　与前一次读取的数值相加取平均,来减小误差。模拟信号的数值不断地变化,对数值进行了判断,一般数值都小于 800,LED 处于关闭状态。当挡住光敏电阻的光线时,模拟信号数值大于 800,将引脚电平拉高,LED 点亮。模拟信号数值小于 800,将引脚电平拉低,LED 关闭。

　　结果显示:当光线亮度不同时,得到的电压信号数值也会发生改变;当遮住光敏电阻的光线时,LED 会打开,反之会关闭。

# 4.3　温度感测案例

　　光敏电阻是能感受光线并转换成输出信号的传感器。与光敏电阻类似,温度传感器(Temperature Transducer)是指能感受温度并转换成输出信号的传感器。温度传感器是各种传感器中最为常用的一种,外形非常小(见图 4-14),广泛应用于生产实践的各个领域,为人们的生活提供了极大的便利。

　　使用温度传感器时,需要把读取的模拟值转换成实际的温度。所需的元器件:Arduino UNO、面包板 1 个、面包板跳线 5 根、温度传感器 1 个。温度传感器各引脚连接如表 4-1 所列,实物如图 4-15 所示。

图 4-14　温度传感器

图 4-15　连接实物图

**表 4 - 1　温度传感器各引脚连接**

| 温度传感器引脚 | Arduino |
|:---:|:---:|
| 1 | 5 V |
| 2 | A0 |
| 3 | GND |

连接好硬件后,可用下面的程序进行测试:

```
1    int potPin = 0;                  //定义模拟接口 0 连接温度传感器
2    void setup(){
3      Serial.begin(9600);            //RS - 232 计算机输出速率设定
4    }
5    void loop() {
6    //读取引脚的模拟信号数值
7      int val;                       //定义变量
8      int data;                      //定义变量
9      val = analogRead(0);           //读取传感器的模拟值并赋值给 val
10     data = val/1023 * 5 * 100;     //温度计算公式
11     Serial.print("Tep:");          //原样输出显示 Tep 字符串代表温度
12     Serial.print(data);            //输出显示 data 的值
13     Serial.println("C");           //原样输出显示"C"字符串
14     delay(500);                    //延时 0.5 s
15   }
```

val = analogRead(potPin)读取传感器的模拟值并且把数值赋给 val;data = val/1023 * 5 * 100 是温度的计算公式;可以将模拟值利用公式转换成实际的数值。运行以上程序之后,可以得到周围环境的温度。结果如图 4 - 16 所示。

**图 4 - 16　端口监视器**

# 4.4  压力感测案例

在测量可变电阻、光敏电阻的案例中,你会发现这些测量其实都是在读取电压值的变化,A/D 转换的分辨率越高,得到的数值就越接近原始信号的测量值。

压力传感器(见图 4 - 17)的传感面积比较小,是输出阻值随着有效表面上压力增大而减小的一种高分子薄膜。本案例与 4.2 节的光敏电路相类似,也是结合另一个电阻组成分压电路来测量的,如图 4 - 18 所示。

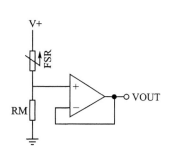

图 4 - 17  压力传感器      图 4 - 18  分压电路范例

在分压电路范例中,FSR 表示压力传感器的符号,RM 表示与传感器相匹配的分压电阻(在这个范例中分压电阻阻值为 10 kΩ)。

所需的元器件:Arduino UNO、面包板 1 个、面包板跳线 5 根、1 kΩ 电阻 1 个、压力传感器 1 个。压力传感器应用中,将压力转变成可以输出的信号,电路连接如图 4 - 19 所示,实物连接如图 4 - 20 所示。

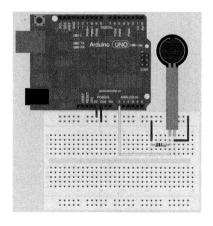

图 4 - 19  电路连接图      图 4 - 20  实物连接图

连接好硬件后,使用下面的程序进行测试:

```
1    int FsrPin = A0;                    //定义模拟接口 0 连接压力传感器
2    int FsrRead;                        //定义变量
3    void setup(){                       //RS-232 计算机输出速率设定
4       Serial.begin(9600);
5    }
6    void loop() {
7       FsrRead = analogRead(FsrPin);    //读取传感器的模拟值并赋值给 val
8       Serial.println("Analog reading = ");
9       Serial.print(FsrRead);
10      if (FsrRead < 10) {              //对输出的模拟信号数值大小进行判断
11         Serial.println("-No pressure");   //数值小于 10 时,显示"-No pressure"
12      }
13      else if (FsrRead < 200){
14         Serial.println("-Light touch");   //数值 10<FsrRead<200 时,显示"-Light touch"
15      }
16      else if (FsrRead < 500){
17         Serial.println("-Light squeeze");  //数值 200<FsrRead<500 时,显示"-Light squeeze"
18      }
19      else if (FsrRead < 800) {
20         Serial.println("-Medium squeeze");  //数值 500<FsrRead<800 时,显示"-Medium squeeze"
21      }
22      else{
23         Serial.println("-Big squeeze");  //数值 FsrRead>800 时,显示"-Bigsqueeze"
24      }
25      delay(1000);
26   }
```

编译正确后上传到 Arduino,启动端口监视器。程序中对模拟信号的数值大小进行了判断,通过控制压力传感器的压力,可以显示不同的信号。结果如图 4 - 21 所示。

图 4 - 21　端口监视器

# 第 **5** 章

# Arduino 与外设通信

机器之间需要传递信息,它们内部的传感器及控制模块之间也都需要通过数据交换来实现某些功能,比如:摄像头告诉计算机,它看到了什么并显示在桌面上;键盘告诉计算机,用户按下了哪些键;计算机告诉耳机应该播放什么音乐。机器之间的数据交换除了无线通信外,都需要通过一条或多条线路相互连接,数据由数字信号 0 与 1(也就是电压变化)的组合排列来代表不同的意义。这些线路比如网线、并行端口、串行端口、USB 等,都有自己独特的通信协议来传递数据。

通信主要包含串行通信和并行通信两种通信方式,其中,并行通信数据传输速率快,传输效率高,但是不适合长距离传输,而串行通信成本低,数据传输距离远,但传输速率低。本章主要介绍 Arduino 串行通信,并通过实际案例详细介绍了三种 Arduino 与外设的通信方式。

Arduino 硬件集成了串口、IIC、SPI 三种常见的串行通信方式,其中串口是非常通用的设备通信方式。串口通信简单,能够实现远距离通信,但通信速度慢;IIC 是两根线通过复杂的逻辑关系传输数据,通信速度慢,程序复杂,支持多机通信,适合近距离、非经常性数据通信;SPI 通信原理简单,以主从方式工作,这种模式通常有一个主设备和一个或多个从设备,SPI 的数据输入线和输出线独立,允许同时完成数据的输入和输出,一般用于同步串行高速数据通信。

## 5.1  串口通信

本节介绍串行端口通信方式(见图 5 - 1)。

最简易的办法就是通过 USB 或 DB - 9 接头连接传递数据(方法 1 和方法 2),但许多计算机已不支持 DB - 9 接口。

复杂方法如方法 3 和方法 4(不常用),USB 线连接 Arduino 引脚 Tx 和 Rx,即计算机通过 USB 接口经由 Arduino 上的 USB 转串口芯片后变成 TTL 信号,与第 0 和第 1 两个数字引脚连接,这两个数字引脚分别是 Rx 与 Tx(见图 5 - 2)。值得注意的是,在计算机和 Arduino 通过 USB 连接通信时,Tx 和 Rx 引脚不能连接其他元器件。

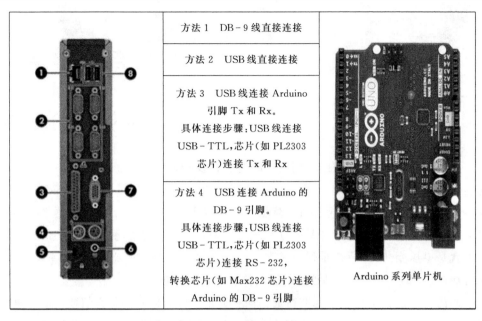

| 方法 1　DB-9 线直接连接 |
| 方法 2　USB 线直接连接 |
| 方法 3　USB 线连接 Arduino 引脚 Tx 和 Rx。具体连接步骤：USB 线连接 USB-TTL,芯片(如 PL2303 芯片)连接 Tx 和 Rx |
| 方法 4　USB 连接 Arduino 的 DB-9 引脚。具体连接步骤：USB 线连接 USB-TTL,芯片(如 PL2303 芯片)连接 RS-232,转换芯片(如 Max232 芯片)连接 Arduino 的 DB-9 引脚 |

Arduino 系列单片机

**图 5-1　计算机连接 Arduino 方式**

　　除此以外,Arduino 还可以通过串口引脚 Tx 和 Rx 连接其他的串口设备进行通信。通常情况下,每一个串口只能连接一个设备进行通信。在 Arduino UNO 及其他使用 ATmega328 芯片的 Arduino 控制器中,只有一组串口端口,即位于端口 0 (Rx)和 1(Tx)的引脚(见图 5-2)。

**图 5-2　Arduino UNO 上的 Tx 和 Rx 引脚**

## 5.1.1　其他 Arduino 上的串口位置

如图 5-3 所示,在 Arduino MEGA 和 Arduino Due 上有 4 组 UART 串口,分别对应数字引脚 0 与 1、18 与 19、16 与 17、14 与 15。串口与数字引脚顺序不能出错。程序中对应的对象分别是 Serial、Serial1、Serial2 和 Serial3,这 4 组串口都可以跟计算机通信,但只有数字 0 与 1 引脚跟 Arduino 里的 USB 转串口芯片连接,也只有 0 与 1 引脚是可以用来下载程序的,即使外接了 USB 转串口芯片转换成 TTL 信号与 0 与 1 以外的串口相连接,在 0 与 1 以外的串口只能用来通信,不能用来下载程序。

图 5-3　Arduino MEGA 串口分布

如图 5-4 所示,在 Arduino Leonardo 上,与计算机通信的串口对象为 Serial;数字 0 和 1 引脚对应的串口对象为 Serial1。

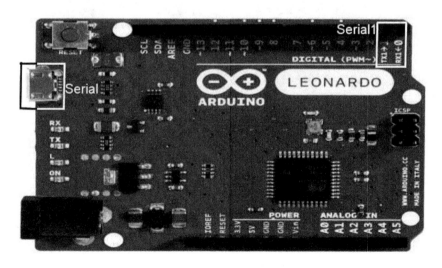

图 5-4　Arduino Leonardo 串口分布

## 5.1.2　Arduino 与电脑通信设置

在启动 Arduino 开发环境(IDE)后,可以通过菜单命令"工具"→"端口"选择目前连接的通信串口。若计算机中有多个通信串口,而第一次使用不确定串口号时,可以在计算机的设备管理器中寻找连接串口。正确连接上 Arduino 后,在列表中会显示 USB 串口号(COM 号码),括号内的号码会随计算机的不同和曾经连接过的串行端口的设备而改变,如图 5 - 5 所示。作者计算机内显示的是 COM15(见图 5 - 6),故在 Arduino IDE 中要选择 COM15 来作为程序上传或数据传输测试的通信端口。

**图 5 - 5　Arduino 通信串口界面**

如果你有两块以上不同的 Arduirio 开发板,要注意每块的通信端口号码可能会不一样,使用前必须先行确认。如果只是更换开发板上的微处理器,并不会影响 COM 的改变。通常在第一次将 Arduino 与计算机连接使用之后,开发环境会记住对应的 COM,省去每次开启都要重新设定的工作。用鼠标右击计算机管理界面的 COM 号,比如图 5 - 6 中 COM15,选择属性后即弹出图 5 - 7 所示窗口,由此可以看到 COM15 的几项设置参数。位/秒(bps)是串口波特率。两个通信设备的波特率必须保持一致,一般为 9 600 bps 和 115 200 bps,其他参数保持默认即可。单击"高级"按钮后,可以得到图 5 - 8 所示窗口,进而对 COM15 通信信息接收和传输缓冲区进行设置,还可以更改 COM 号,但是要确保更改以后的 COM 号没有被使用。在作者电脑里,可以把 COM15 更改为 COM17,不能更改为 COM10 等使用中的 COM 号。

图 5-6　计算机管理界面串口显示

图 5-7　端口属性设置

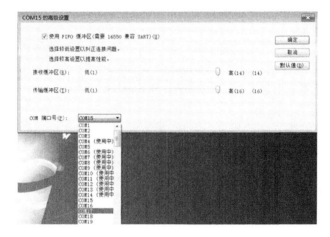

图 5-8　COM15 的高级设置

## 5.1.3　Arduino 串口通信函数

**(1) available( )**

功能：获取串口接收到的数据个数，即获取串口接收缓冲区的字节数。接收缓冲区最多可保存 64 B(即 64 字节)的数据。

语法：Serial. available( )。

参数：无。

返回值：可读取的字节数。

**(2) begin( )**

功能：初始化串口，该函数可配置串口的各项函数。

语法：Serial. begin(speed)；Serial. begin(speed,config)。

参数：speed,波特率；config,数据位、校验位、停止位配置。可以在附录 A. 5 中查找 config 的可用配置。例如 Serial. begin(9 600,SERIAL_8E2)语句设置串口波特率为 9600,数据位为 8,偶校验,停止位为 2。

**(3) end()**

功能：结束串口通信,该操作可以释放该串口的数字引脚,使其作为普通数字引脚使用。

语法：Serial. end()。

参数：无。

**(4) find()**

功能：从串口缓冲区读取数据,直至读到指定的字符串。

语法：Serial. find(target)。

参数：target,待搜索的字符串或字符。

返回值：boolean 型值。

**(5) findUntil()**

功能：从串口缓冲区读取数据,直至读到指定的字符串或指定的停止符。

语法：Serial. findUntil(target,terminal)。

参数：target,需要搜索的字符串或字；terminal,停止符。

**(6) flush()**

功能：等待正在发送的数据发送完成,需要注意的是,在早期的 Arduino 版本中(1.0 之前),该函数用作清空接收缓冲区。

语法：Serial. flush()。

**(7) parseFloat()**

功能：从串口缓冲区返回第一个有效的 float 型数据。

语法：Serial. parseFloat()。

**(8) parseInt()**

功能：从串口流中查找第一个有效的整型数据。

语法：Serial. parseInt()。

**(9) peek()**

功能：返回 1 字节的数据,但不会从接收缓冲区删除该数据。这与 read()函数不同,read()函数读取数据后,会从接收缓冲区删除该数据。

语法：Serial. peek()。

参数：无。

返回值：进入接收缓冲区第 1 字节数据；如无,返回—1。

**(10) print()**

功能：将数据输出到串口。数据会以 ASCII 码形式输出,如果以字节形式输出数据,则需要使用 write()函数。返回输出的字节数。

语法:Serial. print(val),Serial. print(val,format)。

参数:val:需要输出的数据;format:分以下两种情况:①输出的进制形式,包括 BIN(二进制)、DEC(十进制)、OCT(八进制)、HEX(十六进制);②指定输出的 float 型数据带有小数的位数(默认输出 2 位),例如 Serial. print(l. 23456)输出为"1. 23",Serial. print(l. 23456,0)输出为"1",Serial. print(l. 23456,2)输出为"1. 23",Serial. print(l. 23456,4)输出为"1.2346"。

**(11) println()**

功能:将数据输出到串口,并按回车键换行,数据会以 ASCII 码形式输出。

语法:Serial. println(val),Serial. println(val,format)。

参数:同 print()函数相同。

返回值:输出的字节数。

**(12) read()**

功能:从串口读取数据,与 peek()函数不同,read()函数每读取 1 字节,就会从接收缓冲区移除 1 字节的数据。

语法:Serial. Read()。

参数:无。

返回值:进入串口缓冲区的第 1 个字节;如无,返回−1。

**(13) readBytes()**

功能:从接收缓冲区读取指定长度的字符,并将其存入一个数组中。若等待数据时间超过设定的时间,则超时,退出该函数。

语法:Serial. readBytes(buffer,length)。

参数:buffer:用于存储数据的数组(char[]或者 byte[]);length:需要读取的字符长度。

返回值:读到的字节数;如果没有有效数据,返回 0。

**(14) readBytesUntil()**

功能:从接收缓冲区读取指定长度的字符,并将其存入一个数组中。如果读到停止符,或者等待数据时间超过设定的时间,则退出该函数。

语法:Serial. readBytesUntil(character,buffer,length)。

参数:character:停止符;buffer:用于存储数据的数组(char[]或者 byte[]);length:需要读取的字符长度。

返回值:读到的字节数;如果没有找到有效的数据,则返回 0。

**(15) setTimeout()**

功能:设置超时时间,用于设置 Serial. readBytesUntil()函数和 Serial. readBytes()函数的等待串口数据时间。

语法:Serial. setTimeout(time)。

参数：time：超时时间，单位为毫秒（ms）。

**(16) write( )**

功能：输出数据到串口，以字节形式输出到串口。

语法：Serial. write(val)、Serial. write(str)、Serial. Write(buf,len)。

参数：val：发送的数据；str：String 型的数据；buf：数组型的数据；len：缓冲区的长度。

返回值：输出的字节数。

# 5.1.4　串口通信案例

### 案例 1　Arduino 与计算机通信

首先进行简单的 Arduino 串口通信，即 Arduino 与计算机通信，Arduino 向计算机发送"Hello,Computer"。案例所用硬件：Arduino UNO、USB 数据线、计算机。

接线图如图 5-9 所示，将计算机和 Arduino UNO 通过 USB 数据线连接起来。

程序代码如下：

图 5-9　计算机和 Arduino UNO 接线

```
1    /* 5.1.4-1 */
2    void setup (){
3      Serial.begin(9 600);                //初始化串行端口,波特率 9 600
4    }
5    void loop (){
6      Serial. println("Hello, Computer");   //想要输出的字符串
7      delay(1000);
8    }
```

实验现象：Arduino UNO 上 LED 灯闪烁，表示 Arduino 正在向计算机发送信息，选择 Arduino IDE 中的"工具"→"串口监控器"菜单命令，可以看到图 5-10 所示的画面，注意右下角波特率要与程序代码初始化的速率对应，即都是 9 600；如果不对应，假设波特率为 19 200，则得到如图 5-11 所示效果。

图 5-10　波特率为 9 600

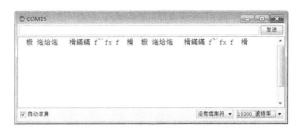

图 5 - 11　波特率为 19 200

## 案例 2　Arduino 串口通信数据

下面来看一下 Arduino 串口通信传输数据类型。Arduino 与计算机通信，以发送"66"为例，输出不同的数据类型。本案例所用硬件与接线图与案例 1 相同。程序代码如下：

```
1   /* 5.1.4-2 */
2   void setup (){
3      Serial.begin(9600);              //初始化串行端口,波特率9 600
4   }
5   void loop (){
6      int testByte = 66;
7      Serial. write(testByte);         //以 ASCII 形式输出
8      Serial. println("");             //表示换行
9      //Serial. println(testByte,Byte); //不再支持 println 函数输出 ASCII 形式
10     Serial. print("Dec:");           //以十进制形式输出
11     Serial. println(testByte,DEC);
12     Serial. print("HEX:");           //以十六进制形式输出
13     Serial. println(testByte,HEX);
14     Serial. print("BIN:");           //以二进制形式输出
15     Serial. println(testByte,BIN);
16     Serial. print("OCT:");           //以八进制形式输出
17     Serial. println(testByte,OCT);
18     delay(1000);
19   }
```

实验现象：如图 5 - 12 所示，Arduino 对计算机发送的数据是"66"，但在不同的 Serial 所预设的输出类型中，计算机接收到了不同的"66"，包括常用的十六进制、二进制等，不必担心不同表示方法的转换问题，只需要在 Serial. print()这个函数的括号之后再加上所想要转换的代号，即可将字符或字符串表示成某一特殊的样式。

表 5 - 1 对程序结果进行了说明，"66"的十进制数就是 66，ASCII 码是 B，其他进制皆以 66 为基础来进行进制转换，利用 Serial 中的函数可以显示出来。

图 5 - 12　串口通信不同数据类型

表 5 - 1　输出类型比较

| 数据类型 | ASCII 码 | 十进制 | 十六进制 | 二进制 | 八进制 |
|---|---|---|---|---|---|
| 输出结果 | B | 66 | 42 | 1000010 | 102 |

　　上面的程序是利用 ASCII 码中的码值 66 来做示范,然而 Arduino 串口通信除了传递字符数据外,还可传递数字信息来返回某些模块的测量结果,而不同的数据类型对应着不同的数字精度,因此在传递数字信息时,需要考虑精度和数据类型的关系,选择适当的数据类型。

　　Arduino 与计算机通信在传递数字信息时,输出的类型不同,所得的结果也不同,以 123.456789 为例,本案例所用硬件和接线图与案例 1 相同,如图 5 - 18 所示。

　　程序代码如下:

```
1    /*   5.1.4-3   */
2    void setup (){
3       Serial.begin(9600);              //初始化串行端口,波特率9 600
4    }
5    void loop (){
6       int testINT = 123;
7       float testFLOAT = 123.456789;
8       char testCHAR = 123;
9       Serial. print("INT:");
10      Serial. println(testINT);        //以整数形式输出
11      Serial. print("FLOAT:");
12      Serial. println(testFLOAT);      //以浮点数形式输出,默认输出小数点后两位
13      Serial. print("FLOAT:");
14      Serial. println(testFLOAT,0);    //以浮点数形式输出,不输出小数点
15      Serial. print("FLOAT:");
```

```
16      Serial. println(testFLOAT,4);        //以浮点数形式输出,输出小数点后四位
17      Serial. print("FLOAT:");
18      Serial. println(testFLOAT,6);        //以浮点数形式输出,输出全部小数点
19      delay(1000);
20    }
```

实验现象:如图 5 - 13 所示,Arduino 对计算机发送的数据是"123.456789",但在不同的 Serial 所预设的输出精度中,计算机接收到了不同的"123.456789",包括常用的整数型数据"123"、保留不同小数点位数的浮点数"123.456789"等。

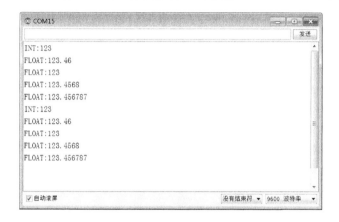

**图 5 - 13　串口通信不同数据类型**

### 案例 3　Arduino 与计算机双向通信

在之前的案例中,都是 Arduino 单方面向计算机发送信息。但 RS - 232 是一种双向通信的模式,所以除了由 Arduino 输出至计算机以外,也可以由计算机发送指令到 Arduino 中,让 Arduino 判断接收到的字符串,以此来决定该做些什么事情。输入的内容只限定于 ASCII 码,这和 Arduino 的输出一样简单,使用语句:

```
char c = Serial.read();                 //读取经由串行端口传送来的数据
```

即可很简单地把计算机输入的字符存至 C 这个变量当中。接下来看一下 Arduino 与计算机相互通信:将 Arduino 收到的字符再传送回计算机显示。本案例所用硬件和接线图与案例 1 相同,如图 5 - 9 所示。

程序代码如下:

```
1    /*   5.1.4 - 4   */
2    char c;
3    void setup (){
4        Serial.begin(9600);              //初始化串行端口,波特率9 600
5    }
6    void loop (){
```

```
7       if(Serial.available() > 0)              //判断是否有数据输入
8    {
9       c = Serial.read();                      //读取计算机经由串行端口传送的数据
10       Serial.println(c);                      //将收到的数据再回传给计算机
11      }
12   delay(1000);                               //延迟 1s 后输出
13    }
```

案例现象：打开串口监视器后，将想输入的字符或字符串输入至第一行空白文本框中后，单击右上角的"发送"按钮将数据送出。图 5－14 中，当发送 123 时，串口监视器依次显示 1，2，3，而不是显示 123。这是因为 Serial. read()在读取数据时，每次仅能读取缓冲区第 1 个字节的数据，而不是把缓冲区数据一次读完。要实现这一功能，即读取缓冲区所有字符串，可使用"＋＝"运算符将字符依次添加到字符串中。

(a) 缓存区数据一次读取

(b) 缓存区数据分次读取

图 5 - 14　Arduino 串口监视器

程序代码如下：

```
1   /*   5.1.4 - 5   */
2   String inString = "";
3   void setup (){
4      Serial.begin(9600);                    //初始化串行端口,波特率 9 600
5     }
```

```
6     void loop (){
7       while (Serial.available() > 0)        //判断是否有数据输入
8       {
9         char c;
10        c = Serial.read();                   //读取计算机经由串行端口传送的数据
11        inString += (char)c ;
12        delay(10);                           //等待输入字符完全进入字符缓冲区
13      }
14    //检查是否接收到数据,如果接收到,则输出该数据
15      if (inString ! = ""){
16        Serial. print("inString :");
17        Serial.println(inString);           //将收到的数据再回传给计算机
18        inString = "";                       //清空已输出数据
19      }
20    }
```

实验现象:如图 5 - 14 所示,输入 A,发送后,串口监视器显示 A;输入 ABC,发送后,串口监视器显示 ABC;输入 123,发送后,串口监视器显示 123。实现了 Arduino 读取串口缓冲区字符串的功能。

以上介绍了硬件串口通信 HardwareSerial 类库的使用。除了这个类库,Arduino 还提供了 SoftwareSerial 类库,可以将其他数字引脚通过程序来模拟成串口通信引脚。Arduino 自带的串口成为硬件串口,使用 SoftwareSerial 类库模拟成的串口成为软件模拟串口。串口通信是 Arduino 与计算机及其他设备数据交换的重要途径,之后的章节里可以看到许多模块都是使用此协议来传输数据,因此学好本章很重要。

# 5.2  IIC 总线通信

IIC 即 Inter-Integrated Circuit(集成电路总线),这种总线类型是由飞利浦半导体公司在 20 世纪 80 年代初设计出来的一种简单、双向、二线制、同步串行总线,主要用来连接整体电路(ICS)。IIC 是一种多向控制总线,也就是说多个芯片可以连接到同一总线结构下,同时每个芯片都可以作为实时数据传输的控制源。如图 5 - 15 所示,使用 IIC 协议可以通过两根双向的总线(数据线 SDA 和时钟线 SCL)使 Arduino 最多可以连接 128 个从机设备。

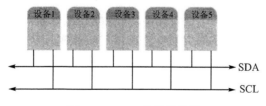

图 5 - 15  IIC 总线示意图

## 5.2.1　IIC 主机、从机和引脚

　　与串口的一对一通信方式不同,总线通信通常有主机和从机之分。通信时,主机负责启动和终止数据传送,同时还输出时钟信号;从机会被主机寻址,并且响应主机的通信请求。在 IIC 通信中,通信速率的控制由主机完成,主机会通过 SCL 引脚输出时钟信号供总线上的所有从机使用。

　　IIC 上所有的通信都是由主机发起的,总线上的设备都应该有各自的地址。主机可以通过这些地址向总线上的任意设备发起连接,从机响应请求建立连接之后,便可以进行数据传输。

　　在不同的 Arduino 控制器中,IIC 接口的位置不同,如表 5-2 所列。数据线和时钟线的位置如图 5-16 所示。

图 5-16　Arduino 控制器的 IIC 的引脚位置

表 5-2　常见的 Arduino 控制器的 IIC 引脚位置

| 控制器型号 | 数据线 SDA | 时钟线 SCL |
|---|---|---|
| UNO、Ethernet | A4 | A5 |
| MEGA 2560 | 20 | 20 |
| Leonardo | 2 | 3 |
| Due | 20、SDA1 | 20、SCL1 |

## 5.2.2　Wire 类库成员函数

　　对于 IIC 总线的使用,Arduino IDE 自带了一个第三方类库 Wire。在 Wire 类库中定义了如下成员函数。

　　**(1) begin( )**

　　功能:初始化 IIC 连接,并作为主机或者从机设备加入 IIC 总线。

　　语法:begin( )或 begin(address),当没有填写参数时,设备会以主机模式加入 IIC 总线;当填写了参数时,设备会以从机模式加入 IIC 总线,address 可以设置为 0~127 中的任意地址。

　　参数:address,一个 7 位的从机地址。如果没有该参数,则设备将以主机形式加入 IIC 总线。

　　**(2) requestFrom( )**

　　功能:主机向从机发送数据请求信号。使用 requestFrom( )后,从机端可以使用 onRequest( )注册一个事件用以响应主机的请求;主机可以通过 available( )和 read( )

函数读取这些数据。

语法：Wire. requestFrom（address，quantity）或 Wire. requestFrom（address，quantity，stop）。

参数：address，设备的地址；quantity，请求的字节数；stop，boolean 型值，当其值为 true 时将发送一个停止信息，释放 IIC 总线；当为 false 时，将发送一个重新开始的信息，并继续保持 IIC 总线的有效连接。

**（3）beginTransmission( )**

功能：设定传输数据到指定地址的从机设备。随后可以使用 write( )函数发送数据，并搭配 endTransmission( )函数结束数据传输。

语法：wire. beginTransmission(address)。

参数：address，要发送的从机的 7 位地址。

**（4）endTransmission( )**

功能：结束数据传输。

语法：Wire. endTransmission( )或 Wire. endTransmission(stop)。

参数：stop，boolean 型值。当其值为 true 时，将发送一个停止信息，释放 IIC 总线；当没有填写 stop 参数时，等效使用 true；当为 false 时，将发送一个重新开始的信息，并继续保持 IIC 总线的有效连接。

返回值：byte 型值，表示本次传输的状态，取值如下：0，成功；1，数据过长，超出发送缓冲区；2，在地址发送时接收到 NACK 信号；3，在数据发送时接收到 NACK 信号；4，其他错误。

**（5）write( )**

功能：当为主机状态时，主机将要发送的数据加入发送队列；当为从机状态时，从机发送数据至发起请求的主机。

语法：Wire. write(value)，Wire. write(string)或 Wire. write(data，length)。

参数：value，以单字节发送；string，以一系列字节发送；data，以字节形式发送数组。

length，传输的字节数。

返回值：byte 型值，返回输入的字节数。

**（6）available( )**

功能：返回接收到的字节数。在主机中，一般用于主机发送数据请求后；在从机中，一般用于数据接收事件中。

语法：Wire. Available( )。

参数：无。

返回值：可读字节数。

**（7）read( )**

功能：读取 1 B 的数据。在主机中，当使用 requestFrom( )函数发送数据请求信号后,需要使用 read()函数获取数据;在从机中需要使用该函数读取主机发送来的数据。

语法:Wire. read()。

参数:无。

返回值:读到的字节数据。

**(8) onReceive()**

功能:该函数可以在从机端注册一个事件,当从机收到主机发送的数据时即被触发。

语法:Wire. onReceive(handler)。

参数:handler,当从机接收到数据时可被触发的事件。该事件带有一个 int 型参数(从主机读到的字节数)且没有返回值,如 void myHandler(int numBytes)。

**(9) onRequest()**

功能:注册一个事件,当从机接收到主机的数据请求时即被触发。

语法:Wire. onRequest(handler)。

参数:handler,可被触发的事件。该事件没有参数和返回值,如 void myHandler()。

## 5.2.3　IIC 连接方法

在 Arduino UNO 中进行 IIC 连接(见图 5 - 17),将 A4、A5 或者 SCL、SDA 接口一一进行连接。两个 Arduino UNO 之间的连线关系如表 5 - 3 所列。

图 5 - 17　两个 Arduino 间的 IIC 连接

表 5 - 3　两个 Arduino 之间的连线关系

| Arduino(1) | Arduino(2) |
| --- | --- |
| GND | GND |
| A4 | A4 |
| A5 | A5 |

## 5.2.4　IIC 总线通信案例

### 1. 主机写入数据,从机输出数据

将两个 Arduino 分别设置为主机和从机,主机向从机传输数据,从机收到数据后再输出到串口显示。主从机两端的 IIC 程序实现流程如图 5－18 所示。

### (1) 主机部分

首先,使用 Wire. begin()初始化 IIC 总线,当 begin()函数不带参数时,则以主机的方式加入 IIC 总线。要想向 IIC 总线中的某一从机设备传输数据,需要使用 Wire. beginTransmission()函数指定要传输到的从机地址,例如 Wire. beginTransmission(4),即是向 4 号从机传输数据。然后,使用 Wire. Write()函数将要发送的数据加入发送队列。最后,使用 Wire. endTransmission()函数结束发送,以使从机正常接收数据。

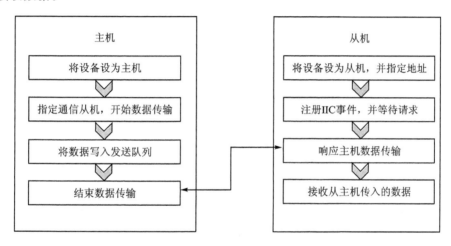

图 5－18　主机写数据,从机接收数据

### (2) 从机部分

从机需要使用 Wire. Begin(address)函数来初始化 IIC 总线,并设置一个供主机访问的地址,再使用 Wire. onReceive()函数注册一个事件,当主机使 Wire. endTransmission()函数结束数据发送时,会触发该事件来接收主机传来的数据。主机端的程序可以通过选择"文件"→"示例"→Wire→master_writer 菜单命令来找到。该示例程序如下:

```
1    # include <Wire.h>
2    void setup() {
3      Wire.begin();                          //启动 IIC 总线(设为主机)
4    }
5    byte x = 0;
6    void loop() {
```

```
7        Wire.beginTransmission(8);           //向地址为 4 的从机传送数据
8        Wire.write("x is ");                 //发送 5 B 的字符串
9        Wire.write(x);                       //发送 1 B 的数据
10       Wire.endTransmission();              //结束传送
11       x++;
12       delay(500);
13     }
```

从机端的程序可以通过选择"文件"→"示例"→Wire→slave_receiver 菜单命令来找到,该示例程序如下:

```
1    # include <Wire.h>
2    void setup() {
3      Wire.begin(8);                         //作为从机加入 IIC 总线,从机的地址为 8
4      Wire.onReceive(receiveEvent);          //注册一个 IIC 事件
5      Serial.begin(9600);                    //初始化串口
6    }
7    void loop() {
8      delay(100);
9    }
10   //当主机发送的数据被收到时,将触发 receiveEvent()事件
11   void receiveEvent(int howMany) {
12     while (1 < Wire.available()) {         //循环读取收到的数据,最后一个数据单独读取
13       char c = Wire.read();                //以字符形式接收数据
14       Serial.print(c);                     //串口输出该字符
15     }
16     int x = Wire.read();                   //以整型形式接收数据
17     Serial.println(x);                     //串口输出该整型变量
18   }
```

分别上传程序,并将主机、从机相连接,如图 5-19 所示,用串口监视器打开从机端的串口,则可以看到如图 5-20 所示的输出信息,从机输出了主机发来的数据。

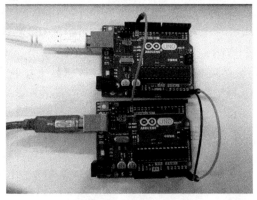

图 5-19　实物连接图

图 5 - 20　从机输出了主机发来的数据

## 2. 从机发送数据,主机读取数据

与前面的例子相反,本例中主机、从机获取数据后,使用串口输出获取的数据。主、从机两端的 IIC 程序实现流程如图 5 - 21 所示。

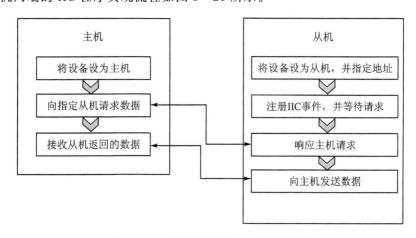

图 5 - 21　从机发送数据,主机读取数据

**(1) 主机部分**

当从机向主机发送数据时,并不是由从机直接发送的,而需要主机先使用 Wire.requestForm( )函数向指定从机发起数据请求,在从机接收到主机的数据请求后,再向主机发送数据。

**(2) 从机部分**

在从机中,需要 Wire.requestForm( )函数注册一个响应主机请求的事件。当从机接收到主机传来的数据请求时,便会触发该事件。在事件处理函数中,从机会向主机发送数据。

主机端的程序可以通过选择"文件"→"示例"→Wire→master_reader 菜单命令来找到,该示例程序如下:

```
1   #include <Wire.h>
2   void setup() {
3     Wire.begin();                    //作为主机加入 IIC 总线
4     Serial.begin(9600);              //初始化串口通信
5   }
6   void loop() {
7     Wire.requestFrom(8, 6);          //向 8 号从机请求 6B 的数据
8     while (Wire.available()) {       //等待从机发送完数据
9     char c = Wire.read();            //将数据作为字符接受
10    Serial.print(c);                 //串口输出字符
11    }
12      delay(500);
13    }
```

从机端的程序可以通过选择"文件"→"示例"→Wire→slave_sender 菜单命令来找到,该示例程序如下:

```
1   #include <Wire.h>
2   void setup() {
3     Wire.begin(8);                   //作为从机加入 IIC 总线,并将地址设为 8
4     Wire.onRequest(requestEvent);    //注册一个事件,用于相应的主机数据请求
5   }
6   void loop() {
7     delay(100);
8   }
9   //每当主机请求数据时,该函数便会执行
10  //在 setup()中,该函数被注册成为一个事件
11   void requestEvent() {
12     Wire.write("hello ");           //用 6 B 的信息回应主机的请求,hello 后带一个空格
13   }
```

分别上传序,并将主机、从机相连接,实物连接图如图 5 - 19 所示,用串口监视器打开主机端的串口,则可以看到如图 5 - 22 所示的输出信息,主机输出了从机端发来的数据。

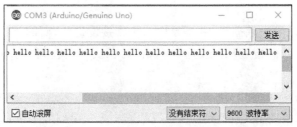

图 5 - 22　主机输出由从机端发来的数据

# 5.3　SPI 总线通信

SPI(Serial Peripheral Interface,串行外设接口)是 Arduino 自带的一种高速通信接口,通过它可以连接使用具有同样接口的外部设备。SPI 是一种总线通信方式,Arduino 可以通过 SPI 接口连接多个从设备,并通过程序来选择对某一设备进行连接使用。图 5‐23 所示为 SPI 多设备的连接方法。

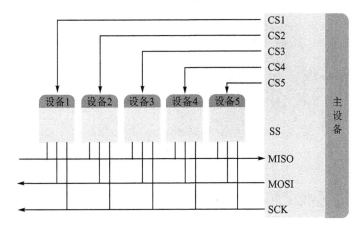

**图 5‐23　SPI 多设备的连接方法**

## 5.3.1　SPI 引脚

在一个 SPI 设备中,通常会有如表 5‐4 所列的 4 个 SPI 通信引脚。

**表 5‐4　SP1 通信引脚**

| 引脚名称 | 说　明 |
| --- | --- |
| MISO(Master In Slave Out) | 主机数据输入,从机数据输出 |
| MOSI (Master Out Slave In) | 主机数据输出,从机数据输入 |
| SCK (Serial Clock) | 用于通信同步的时钟信号,该时钟信号由主机产生 |
| SS (Slave Select)或 CS(Chip Select) | 从机使能信号,由主机控制 |

在 SPI 总线中也有主、从机之分,主机负责输出时钟信号并选择通信的从设备。时钟信号会通过主机的 SCK 引脚输出,提供给通信从机使用。而对于通信从机的选择,由从机上的 CS 引脚决定:当 CS 引脚为低电平时,该从机被选中;当 CS 引脚为高电平时,该从机被断开。数据的收、发通过 MISO 和 MOSI 进行。

不同型号的 Arduino 控制器所对应的 SPI 引脚的位置也有所不同,常见型号的 SPI 引脚位置如表 5‐5 所列。

表 5 - 5　常见 Arduino 型号的 SPI 引脚位置

| 控制器型号 | MOSI | MISO | SCK | SS |
|---|---|---|---|---|
| UNO、Duemilanove、Ethernet | 11 | 12 | 13 | 10 |
| MEGA | 51 | 50 | 52 | 53 |

在大多数的 Arduino 控制器型号上带有 6 针的 ICSP 引脚,可通过 ICSP 引脚来使用 SPI 总线。ICSP 引脚对应的 SPI 接口如图 5 - 24 所示。

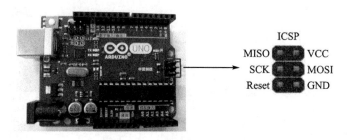

图 5 - 24　ICSP 引脚对应的 SPI 接口

## 5.3.2　SPI 总线上的从设备选择

在大多数情况下,Arduino 都是作为主机使用的,并且 Arduino 的 SPI 类库没有提供 Arduino 作为从机的 API。

如果在一个 SPI 总线上连接了多个 SPI 从设备,那么在使用某一从设备时,需要将该从设备的 CS 引脚拉低,以选中该设备;并且需要将其他从设备的 CS 引脚拉高,以释放这些暂时未使用的设备。在每次切换连接不同的从设备时,都需要进行这样的操作来选择从设备。

需要注意的是,虽然 SS 引脚只有在作为从机时才会使用,但即使不使用 SS 引脚,也需要将其保持为输出状态,否则会造成 SPI 无法使用的情况。

## 5.3.3　SPI 类库成员函数

Arduino 的 SPI 类库定义在 SPI. h 头文件中。该类库只提供了 Arduino 作为 SPI 主机的 API,其成员函数如下。

**(1) begin()**

功能:初始化 SPI 通信。调用该函数后,SCK、MOSI、SS 引脚将被设置为输出模式,且 SCK 和 MOSI 引脚被拉低,SS 引脚被拉高。

语法:SPI. begin()。

参数:无。

**(2) end()**

功能:关闭 SPI 总线通信。

语法:SPI. end()。

参数:无。

**(3) setBitOrder()**

功能:设置传输顺序。

语法:SPI. setBitOrder(order)。

参数:order,传输顺序,取值为 LSBFIRST 则低位在前,取值为 MSBFIRST 则高位在前。

**(4) setClockDivider()**

功能:设置通信时钟。时钟信号由主机产生,从机不用配置。但主机的 SPI 时钟频率应该在从机允许的处理速度范围内。

语法:SPI. setClockDivider(divider)。

参数:divider,SPI 通信的时钟是由系统时钟分频得到的。可使用的分频配置如下:SPI_CLOCK_DIV2,2 分频;SPI_CLOCK_DIV4,4 分频(默认配置);SPI_CLOCK_DIV8,8 分频;SPI_CLOCK_DIV16,16 分频;SPI_CLOCK_DIV32,32 分频;SPI_CLOCK_DIV64,64 分频;SPI_CLOCK_DIV128,128 分频。

**(5) setDataMode()**

功能:设置数据模式。

语法:SPI. setDataMode(mode)。

参数:mode,可配置的模式,包括 SPI_MODEO、SPI_MODEl、SPI_MODE2、SPI_MODE3。

**(6) transfer()**

功能:传输 1 B 的数据,参数为发送的数据,返回值为接收到的数据。SPI 是全双工通信,因此每发送 1 B 的数据,也会接收到 1 B 的数据。

语法:SPI. transfer(val)。

参数:val 要发送的字节数据。

返回值:读到的字节数据。

# 5.3.4　SPI 总线上的数据发送与接收

SPI 总线是一种同步串行总线,其收/发数据可以同时进行。SPI 类库并没有像其他类库一样提供用于发送、接收操作的 write() 和 read() 函数,而是用 transfer() 函数替代了两者的功能,其参数是发送的数据,返回值是接收到的数据。每发送一次数据,即会接收一次。

# 5.3.5　SPI 总线通信案例

## 案例 1　数字电位器

数字电位器(Digital Potentiometer)亦称数控可编程电阻器,是一种代替传统机械电位器(模拟电位器)的新型 CMOS 数字、模拟混合信号处理的集成电路。数字电位器由数字输入控制,产生一个模拟量的输出。

本案例使用的是数字电位器 AD5206(见图 5 - 25),它是 6 通道、256 位、数字控制可变电阻器件,可实现与电位器或可变电阻相同的电子调整功能。

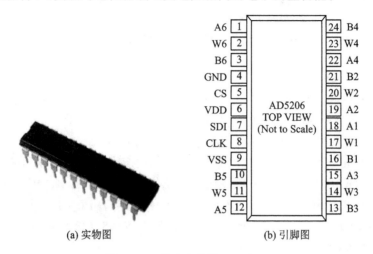

(a) 实物图　　　　　　　　(b) 引脚图

**图 5 - 25　数字电位器 AD5206**

## (1) 引脚配置

AD5206 的引脚配置情况如表 5 - 6 所列。

**表 5 - 6　AD5206 引脚**

| 标　号 | 引　脚 | 说　明 | 标　号 | 引　脚 | 说　明 |
|---|---|---|---|---|---|
| 1 | A6 | 6 号电位器 | 13 | B3 | 3 号电位器 B 端 |
| 2 | W6 | 6 号电位器刷片,地址为 5 | 14 | W3 | 3 号电位器刷片,地址为 2 |
| 3 | B6 | 6 号电位器 B 端 | 15 | A3 | 3 号电位器 A 端 |
| 4 | GND | 电源地 | 16 | B1 | 1 号电位器 B 端 |
| 5 | CS | 片选,低电平使能 | 17 | W1 | 1 号电位器刷片,地址为 0 |
| 6 | VDD | 电源 | 18 | A1 | 1 号电位器 A 端 |
| 7 | SDI | 数据输入,先发送 MSB | 19 | A2 | 2 号电位器 A 端 |
| 8 | CLK | 时钟信号输入 | 20 | W2 | 2 号电位器刷片,地址为 1 |
| 9 | VSS | 电源地 | 21 | B2 | 2 号电位器 B 端 |
| 10 | B5 | 5 号电位器 B 端 | 22 | A4 | 4 号电位器 A 端 |
| 11 | W5 | 5 号电位器刷片,地址为 4 | 23 | W4 | 4 号电位器刷片,地址为 3 |
| 12 | A5 | 5 号电位器 A 端 | 24 | B4 | 4 号电位器 B 端 |

## (2) 所需元器件

AD5206 数字电位器芯片 1 个、Arduino UNO 1 个、LED 6 个、220 Ω 电阻 6 个、

面包板 1 个、接线若干。

### (3) 引脚之间的连接

AD5206 使用 SPI 控制,需要将其与 Arduino 的 SPI 引脚连接。引脚之间连接关系如表 5 - 7 所列。

表 5 - 7　AD5206 与 Arduino UNO 之间的引脚连接关系

| AD5206 引脚 | Arduino 引脚 | AD5206 引脚 | Arduino 引脚 |
|---|---|---|---|
| CS | SS,UNO 的 10 号引脚 | GND | GND |
| SDI | MOSI,UNO 的 11 号引脚 | Ax | 5 V |
| CLK | SCK,UNO 的 13 号引脚 | Bx | GND |
| VSS | 5 V | WS | — |

### (4) 实物连接图和电路原理图

实物连接图如图 5 - 26 所示,电路原理图如图 5 - 27 所示。

图 5 - 26　Arduino 使用 AD5206 的实物连接图

### (5) 工作原理

AD5206 的各通道均内置了一个带游标触点的可变电阻,每个可变电阻均有各自的锁存器(把信号暂存以维持某种电平状态的存储单元),用来保存其编程的电阻值。这些锁存器由一个内部串行至并行移位寄存器更新,而该移位寄存器从一个 SPI 接口加载数据。11 个数据位构成的数据读到串行输入寄存器中,前 3 位经过解码,可确定当 CS 引脚上的选择脉冲变回逻辑高电平时,哪一个锁存器需要载入该数据字的后 8 位。

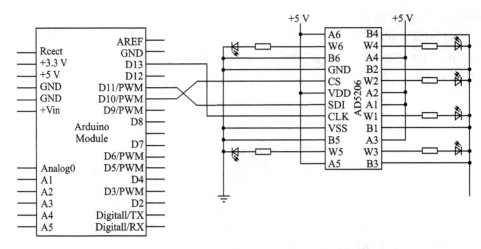

图 5 - 27　Arduino 使用 AD5206 的电路原理图

### (6) 程序实现方法

首先需要将 AD5206 的 CS 引脚拉低,使用 SPI. Begin()函数初始化 SPI 总线。再使用 SPI. Tnmsfer()函数将地址位与数据位发送至 AD5206。由于 AD5206 的串行输入寄存器有 11 位,因此前 5 位数据会被挤出寄存器,剩下的 11 位数据中前 3 位为地址位,后 8 位为调节阻值使用的数值。

此时,再将 CS 引脚拉高,AD5206 便会按照写入寄存器的数据来控制其对应的电位器阻值。

程序可以通过选择"文件"→"示例"→SPI→DidigalPotControl 菜单命令来找到。该示例程序如下:

```
1    //引入 SPI 库
2    # include <SPI.h>
3    //设置 10 号引脚控制 AD5206 的 SS 引脚
4    const int slaveSelectPin = 10;
5    void setup() {
6      //设置 SS 引脚为输出
7      pinMode(slaveSelectPin, OUTPUT);
8      //初始化 SPI
9      SPI.begin();
10   }
11   void loop() {
12     //分别操作 6 个通道的数字电位器
13     for (int channel = 0; channel < 6; channel ++ ) {
14       //逐渐增大每个通道的阻值
15       for (int level = 0; level < 255; level ++ ) {
16         digitalPotWrite(channel, level);
```

```
17          delay(10);
18       }
19       //延时一段时间
20       delay(100);
21       //逐渐减小每个通道的阻值
22       for (int level = 0; level < 255; level++) {
23          digitalPotWrite(channel, 255 - level);
24          delay(10);
25       }
26    }
27  }
28    int digitalPotWrite(int address, int value) {
29    //将 SS 引脚输出低电平,选择使能该设备
30    digitalWrite(slaveSelectPin, LOW);
31    //向 SPI 传输地址和对应的配置值
32    SPI.transfer(address);
33    SPI.transfer(value);
34    //将 SS 引脚输出高电平,取消选择该设备
35    digitalWrite(slaveSelectPin, HIGH);
36    }
```

连接好硬件后,上传该程序即可通过 LED 的亮灭看出 AD5206 调节阻值的效果了。

### 案例 2　使用 74HC595 扩展 I/O

在使用 SPI 时,必须将设备连接到 Arduino 指定的 SPI 引脚上。不同型号的 Arduino,其 SPI 的引脚位置都不一样,甚至有一些基于 Arduino 的第三方开发板,并没有提供 SPI 接口。这时便可以使用 Arduino 提供的模拟 SPI 通信功能。使用模拟 SPI 通信可以指定 Arduino 上的任意数字引脚为模拟 SPI 引脚,并与其他 SPI 器件连接进行通信。

Arduino 提供了以下两个相关的 API 用于实现模拟 SPI 通信功能。

**(1) shiftOut()**

功能:模拟 SH 串行输出。

语法:shiftOut(dataPin,clockPin,bitOrder,value)。

参数:dataPin,数据输出引脚;clockPin,时钟输出引脚;bitOrder,数据传输顺序;value,传输的数据。

**(2) shiftln()**

功能:模拟 SPI 串行输入。

语法:shiftIn(dataPin,clockPin,bitOrder)。

参数:dataPin,数据输入引脚;clockPin,时钟输入引脚;bitOrder,数据传输顺序。

返回值:输入的串行数据。

在使用 Arduino UNO 时,可能经常会遇到数字引脚不够用的情况,那么可以使用 74HC595 芯片来实现扩展数字 I/O 的效果。74HC595 只能作为输出端口扩展,如果要扩展输入端口,则可以使用其他的并行输入/串行输出芯片,如 74HC165 等。

74HC595 是一种串行输入/并行输出芯片,可以将输入的串行信号转换成并行信号输出,使用 74HC595 来控制 8 个 LED 灯,具体程序代码和实物连接参见 3.7 节。

# 5.4 USB 类库

Arduino 提供了 USB 类库,可将控制器模拟成 USB 鼠标或者键盘设备。Arduino USB 类库是带有 USB 功能的 Arduino 控制器特有的库,仅支持 Leonardo 型号。有关 Leonardo 型号控制器的详细介绍请参见 1.3.1 小节。

## 5.4.1 USB 类库相关函数

USB 类库是 Arduino 的核心类库,所以不需要重新声明包含该库。该库提供了 Mouse 和 Keyboard 两个类,用于将 Leonardo 模拟成鼠标和键盘。Mouse 类用于模拟 USB 鼠标设备,其成员函数见表 5-8;Keyboard 类用于模拟 USB 键盘,其成员函数见表 5-9。

表 5-8 Mouse 类成员函数

| 序 号 | 成员函数 | 功 能 | 语 法 | 参 数 | 返回值 |
|---|---|---|---|---|---|
| 1 | Mouse. begin() | 开始模拟鼠标 | Mouse. begin() | 无 | 无 |
| 2 | Mouse. click() | 单击并且立即释放鼠标按键 | Mouse. click (button) | button:被按下的按键,该参数有三种形式:MOUSE_LEFT(鼠标左键)、MOUSE_RIGHT(鼠标右键)、MOUSE_MIDDLE(鼠标中键,即按下滚轮),当没有参数时默认为鼠标左键 | 无 |
| 3 | Mouse. end() | 停止模拟鼠标,当不使用鼠标时,可以使用该函数关闭该功能 | Mouse. end() | 无 | 无 |

续表 5 - 8

| 序　号 | 成员函数 | 功　能 | 语　法 | 参　数 | 返回值 |
| --- | --- | --- | --- | --- | --- |
| 4 | Mouse. move() | 移动鼠标 | Mouse. move (X,Y,wheel) | X:X 轴上的变化量 Y:Y 轴上的变化量 wheel:滚轮的变化量 | 无 |
| 5 | Mouse. press() | 按下按键,按下后并不弹起 | Mouse. press (button) | button 的意义和 Mouse. click(button) 中 button 的意义相同 | 无 |
| 6 | Mouse. release() | 释放按键。用于释放之前使用 Mouse. press ()按下的按键 | Mouse. release (button) | button 的意义和 Mouse. click(button) 中 button 的意义相同 | 无 |
| 7 | Mouse. isPressed() | 检查当前鼠标的按键状态 | Mouse. isPressed (button) | button 的意义和 Mouse. click(button) 中 button 的意义相同 | 该返回值为 boolean 型值,为 true 时说明按键被按上,为 false 表示按键没有被按下 |

表 5 - 9　Keyboard 类成员函数

| 序　号 | 成员函数 | 功　能 | 语　法 | 参　数 | 返回值 |
| --- | --- | --- | --- | --- | --- |
| 1 | Keyboard. begin() | 开始模拟键盘 | Keyboard. begin() | 无 | 无 |
| 2 | Keyboard. end() | 停止模拟键盘,不使用键盘功能时,可以使用本函数关闭该功能 | Keyboard. end() | 无 | 无 |
| 3 | Keyboard. press(char) | 按下按键并保持 | Keyboard. press(key) | key,需要按下的按键 | 无 |
| 4 | Keyboard. print() | 输出到计算机。发送一个按键信号到所连接的计算机上 | Keyboard. print (character) Keyboard. print (characters) | character, char 或 int 型,会以一个个按键的形式发送到计算机上 characters, String 型,会以一个个按键的形式发送到计算机上 | 发送的字节数 |

续表 5 - 9

| 序 号 | 成员函数 | 功 能 | 语 法 | 参 数 | 返回值 |
|---|---|---|---|---|---|
| 5 | Keyboard. println() | 输出到计算机。发送一个按键信号到所连接的计算机上并换行 | Keyboard. println (character) Keyboard. println (characters) | 参数意义和 Keyboard. print()的参数意义相同 | 发送的字节数 |
| 6 | Keyboard. release() | 释放按键,释放一个 press()函数按下的按键,释放按键后就会向计算机发送回 1 个按键信号 | Keyboard. release (key) | key,需要释放的按键。如需释放键盘上的功能键,请参照附录"A. 6 USB 键盘库支持的键盘功能按键列表" | |
| 7 | Keyboard. release All() | 释放之前调用 press()函数按下的所有按键 | Keyboard. release All() | 无 | 无 |
| 8 | Keyboard. write() | 发送一个按键信号到计算机上,可通过该方法发送 ASCII 字符或者其他功能按键。write()函数仅支持键盘按键对应的 ASCII 字符 | Keyboard. write (character) | character, char 或 int 型发送到计算机上的数据 | 发送的字节数 |

## 5.4.2 模拟键盘输入信息

利用 USB 类库中的 Keyboard. print()或者 Keyboard. println()函数很容易模拟键盘输入信息。下面来做一个文本发送器。

**案例实现的功能:**

做一个文本发送器,每按一次按键即输入一条信息。

**工作原理:**

Arduino 用 Keyboard. print() 命令接管用户的计算机键盘,这个程序被设计成只有在一个引脚下拉到地才能发送键盘命令,当按键按下时,一个文本字符串就会像键盘输入那样发送到计算机,这个字符串报告了按键按下的次数。

**需要的元器件：**

按键 1 个（见图 5 - 28）、10 kΩ 电阻 1 个、跳线 3 根、面包板 1 个。

接线图如图 5 - 29、图 5 - 30 所示，接线的具体 方式见表 5 - 10。

图 5 - 28　按键

表 5 - 10　模拟键盘功能接线表

| Arduino Leonardo | 面包板 | 电　阻 | 按　键 |
|---|---|---|---|
| 5 V 电压引脚 | 正极 | — | — |
| GND 引脚 | 负极 | — | — |
| 数字引脚 4 | (C,27) | — | — |
| — | 正极 | — | — |
| — | 负极 | 一端 | — |
| — | (B,27) | 另一端 | (E,27) |
| — | (A,25) | — | (E,25) |

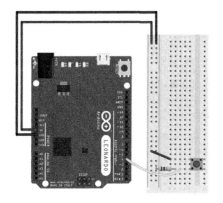

图 5 - 29　接线示意图

图 5 - 30　接线实物图

**程序：**

```
1    # include "Keyboard.h"              //包含 Keyboard.h 头文件
2    const int buttonPin = 4;            //按键连接引脚
3    int previousButtonState = HIGH;     //用于检查按键的状态
4    int counter = 0;                    //按键计数器
5    void setup()
6    {
7      pinMode(buttonPin, INPUT);   //初始化按键引脚,如果没有上拉电阻,需要使用 INPUT_PULLUP
8      Keyboard.begin();                 //初始化模拟键盘功能
9    }
```

```
10    void loop()
11    {
12       int buttonState = digitalRead(buttonPin);      // 读按键状态
13       if ((buttonState != previousButtonState) && (buttonState == HIGH))
14       //如果按键状态改版,且当前按键状态为高电平
15       {
16          counter ++ ;                                    //按键计数器加 1
17          Keyboard.print("You pressed the button ");   //模拟键盘输入信息
18          Keyboard.print(counter);
19          Keyboard.println("times.");
20       }
21       previousButtonState = buttonState;              //保存当前按键状态,用于下一次比较
22    }
```

**运行结果:**

运行程序之前,打开一个可以输入文本的程序(如 Word),随便按下某一个按键,Word 中就会出现"You pressed the button 1 times."文本,再次按下按键,程序中的计数器会将数字加 1,并且输入"You pressed the button 2 times."文本,如图 5 - 31 所示。

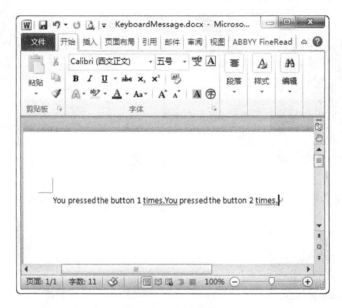

**图 5 - 31　运行结果**

# 第 **6** 章

# LCD 显示与控制

## 6.1 液晶显示模板 1602 LCD

Arduino 可用的液晶显示模块种类较多,按照显示字符的多少可分为 $16 \times 2$、$16 \times 4$、$20 \times 2$、$20 \times 4$ 等。如果仔细观察,就会发现 LCD 的显示画面是由很多小格点组成的,而每个字符的显示是由 $8 \times 5$ 的方框来实现的,可以容纳英文、数字、符号等字符。中文字符因为所占空间较大而不能被一般的 LCD 显示,故需要特殊的 LCD 模块,这里不过多介绍。

1602 液晶显示器(简称 1602 LCD)最为常见,因其能够显示 16 列 2 行的字符而得名。事实上,1604 LCD、2004 LCD 和 1602 LCD 的结构除显示屏大小不同之外基本相似,故这里仅就 1602 LCD(如图 6-1 所示)进行介绍。

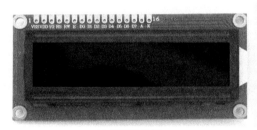
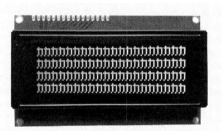

(a) 黑屏实物图  (b) 上电后的实物图

**图 6-1　1602 LCD 实物图**

1602 LCD 模块共有 16 个引脚(见图 6-2),其中包含电源、对比度控制、数据总线。表 6-1 整理了每个引脚的功能,表 6-2 给出了控制引脚变化说明。

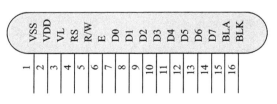

**图 6-2　引脚图示**

表 6 - 1　LCD 引脚说明

| 序　号 | 引　脚 | 说　明 |
|---|---|---|
| 1 | VSS | 电源地 |
| 2 | VDD | 电源正极 5 V |
| 3 | V0 | 对比度调整,电压越大,对比度越小 |
| 4 | RS | 数据/命令选择,高电平时选择数据寄存器,低电平时选择指令寄存器 |
| 5 | R/W | 读/写选择,高电平时进行读操作,低电平时进行写操作 |
| 6 | E | 使能信号,由高电平变为低电平时执行命令 |
| 7～14 | D0～D7 | 8 位双向数据线 |
| 15 | BLA | LCD 背光电源正极 |
| 16 | BLK | LCD 背光电源负极 |

表 6 - 2　控制引脚变化说明

| E | RS | R/W | 说　明 |
|---|---|---|---|
| 0 | × | × | LCD 不做任何动作 |
| 1 | 0 | 0 | 输入控制命令至 LCD |
| 1 | 0 | 1 | 写入数据至 LCD 的 RAM |
| 1 | 1 | 0 | 读取忙碌旗标 BF 及地址计数器 AC 内容 |
| 1 | 1 | 1 | LCD 数据寄存器 DR 读取数据 |

注:×表示高电位或低电位皆可。

LCD 的控制器一般集成在模块内部,负责通过数字接口向 LCD 驱动器提供控制像素显示的数字信号,并且可以实现光标闪烁、移位显示、清空屏幕等功能,而这些功能只需通过 Arduino 下达命令给 LCD 即可。表 6 - 3 给出了一些基本控制命令。

表 6 - 3　LCD 内部控制器的部分命令

| 序　号 | 指　令 | RS | R/W | D7 | D6 | D5 | D4 | D3 | D2 | D1 | D0 |
|---|---|---|---|---|---|---|---|---|---|---|---|
| 1 | 清理显示 | 0 | 0 | 0 | 0 | 0 | 0 | 0 | 0 | 0 | 1 |
| 2 | 光标归位 | 0 | 0 | 0 | 0 | 0 | 0 | 0 | 0 | 1 | * |
| 3 | 置输入模式 | 0 | 0 | 0 | 0 | 0 | 0 | 0 | 1 | I/D | S |
| 4 | 显示开/关控制 | 0 | 0 | 0 | 0 | 0 | 0 | 1 | D | C | B |

每种指令下达后,需要让 LCD 内的控制芯片有足够的反应时间,所以当自行编写连续的指令时,每个指令间需要有足够的间隔,而这些间隔时间的设定又因为使用不同的单片机频率而有些许不同。

# 6.2　Arduino 相关函数库

在 Arduino 向 1602 LCD 传递指令之前,程序需要先包含 LiquidCrystal. h 头文件,LiquidCrystal 类的相关成员函数介绍如下。

**(1) LiquidCrystal( )**

功能:LiquidCrystal 类的构造函数,用于初始化 LCD。

语法:

4 位数据线接法:

LiquiclCrystal(rs, enable, d4, d5, d6, d7)

LiquidCrystal(rs, rw, enable, d4, d5, d6, d7)

8 位数据线接法:

LiquidCrystal(rs, enable, d0, d1, d2, d3, d4, d5, d6, d7)

LiquidCrystal(rs, rw, enable, d0, d1, d2, d3, d4, d5, d6, d7)

参数:rs,连接到 RS 的 Arduino 引脚;rw,连接到 R/W 的 Arduino 引脚(可选);enable,连接到 E 的 Arduino 引脚;d0,d1,d2,d3,d4,d5,d6,d7 连接到对应数据线的 Arduino 引脚。

**(2) clear( )**

功能:清除屏幕上的所有内容,显示为空白,并将光标定位到屏幕左上角。

语法:lcd. clear()。

参数:无。

**(3) begin( )**

功能:设置 LCD 的宽度和高度,以 1602 LCD 为例,lcd. begin(16,2)。

语法:lcd. begin(cols,rows)。

参数:cols,LCD 的列数;rows,LCD 的行数。

**(4) home( )**

功能:将光标回复到屏幕左上角。

语法:lcd. home()。

参数:无。

**(5) print( )**

功能:将括号里引号中的文本输出到显示屏上。每输出一个字符,光标就会向后移动一格。

语法:lcd. print("data")。

参数:data,需要输出的数据(字母、字符串,等等)。

返回值:输出的字符数。

**(6) setCursor()**

功能:将光标定位到括号中的行列位置,例如将光标定位到第二排第三列即 set-Cursor(2,1)。

语法:lcd. setCursor(col,row)。

参数:col,光标需要定位到的列;row,光标需要定位到的行。

**(7) write()**

功能:输出一个字符到 LCD 上。

语法:lcd. write(data)。

参数:Data,需要显示的字符(仅限英文、数字和自定义的字符)。

返回值:输出的字符数。

**(8) cursor()**

功能:显示光标。在光标所在位置显示一条下划线。

语法:lcd. cursor()。

参数:无。

**(9) noCursor()**

功能:隐藏光标。

语法:lcd. noCursor()。

参数:无。

**(10) blink()**

功能:闪烁光标。该功能需要先使用 cursor()显示光标。

语法:lcd. Blink()。

参数:无。

**(11) noBlink()**

功能:光标停止闪烁。

语法:lcd. noBlink()。

参数:无。

**(12) noDisplay()**

功能:关闭 LCD 的显示功能。LCD 不会显示任何内容,但不会丢失原来显示的内容,当使用 display()函数开启显示时,之前的内容会显示出来。

语法:lcd. noDisplay()。

参数:无。

**(13) Display()**

功能:开启 LCD 显示功能。在使用 noDisplay()函数关闭显示后,打开显示并恢复原来的内容。

语法:lcd. display()。

参数:无。

**(14) scrollDisplayLeft( )**

功能:向左滚屏。把 LCD 显示的内容向左滚动一格。

语法:lcd. scrollDisplayLeft( )。

参数:无。

**(15) scrollDisplayRight( )**

功能:向右滚屏。把 LCD 显示的内容向右滚动一格。

语法:lcd. scrollDisplayRight( )。

参数:无。

**(16) autoscroll( )**

功能:打开自动滚屏。

语法:lcd. Autoscroll( )。

参数:无。

**(17) no Autoscroll( )**

功能:关闭自动滚屏。

语法:lcd. noAutoscroll( )。

参数:无。

**(18) leftToRight( )**

功能:设置文本的输入方向为从左到右。

语法:lcd. leftToRight( )。

参数:无。

**(19) rightToLeft( )**

功能:设置文本的输入方向为从右到左。

语法:lcd. rightToLeft( )。

参数:无。

**(20) createChar( )**

功能:创建自定义字符。最多 $5 \times 8$ 像素,编号 $0 \sim 7$,字符的每个像素显示与否由数组里的数(0 为不显示,1 为显示)决定。当输出自定义字符到 LCD 上时,需要使用 write( )函数。

语法:lcd. createChar(num,data)

参数:num,自定义字符的编号($0 \sim 7$);data,自定义字符的像素数据。

# 6.3　启动 LCD

## 6.3.1　需要的元器件

Arduino UNO R3(见图 1 - 1)、1602 LCD(见图 6 - 1)、面包板、限流电阻、面包

板跳线若干。

## 6.3.2　4 位数据线接法

1602 LCD 是一块并口显示屏,一般可使用两种接线方式:4 位数据线接法和 8 位数据线接法。8 位数据线接法使用 D0～D7 传输数据,传输速度较快。在正常使用下,8 位接法基本把 Arduino 的数字端口占满了;如果想要多接几个传感器就没有多余的端口,这种情况下通常使用 4 位数据线接法来连接 1602 LCD,即使用 D4～D7 传输数据(注:本章的示例均使用 4 位数据线接法)。

## 6.3.3　连接元件

LCD 模块的引脚排列在不同的模块上会有些许的差异,如果 Arduino 项目上已经占用了很多引脚,则可以根据实际情况更换连接的引脚,更换后只需在程序中修改 LCD 初始化参数即可。图 6-3 所示为 4 位数据线接法的硬件连接方法。

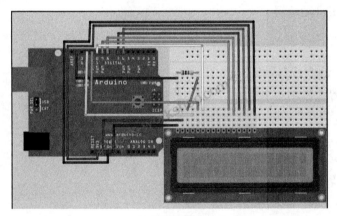

(a) 接线示意图

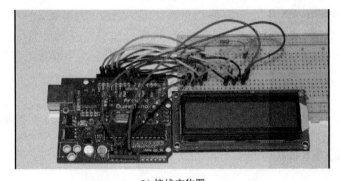

(b) 接线实物图

**图 6-3　4 位数据线接法的硬件连接图**

表 6-1 中列出了 1602 LCD 模块中各个引脚的作用。需要注意的是引脚 3,如

何通过它控制屏幕的对比度呢? 在图 6-2 所示的接线中,引脚 3 经由 4.7 kΩ 的限定电阻,此时的对比度恒定,且屏幕显示较为清晰。这里可以通过更改唯一的变量即电阻的阻值来改变对比度,当然如果想测试调整功能,则可以将限定电阻更换为一个 1~15 kΩ 的可变电阻或者电位器,电压越大,对比度越小,如图 6-4 所示。

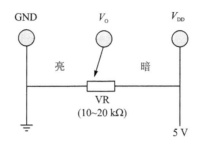

**图 6-4　对比度调整接法**

# 6.4　1602 LCD 控制案例

## 6.4.1　LCD 显示

首先在 LCD 上显示一字符串(见图 6-5),程序代码如下:

```
1    # include <LiquidCrystal.h>
2    LiquidCrystal lcd(12,11,10,9,8,7,6);
3    void setup ()
4    {
5      lcd. begin(16, 2) ;                    //声明 LCD  大小
6      lcd. print ( "hello, world! ") ;       //输出字符串
7    }
8    void loop ()
9    {
10   }
```

**图 6-5　hello,world!**

简单的几行程序揭开了 1602 LCD 的神秘面纱,可以看出 Arduino 对 LCD 模块的充分支持。需要重点了解的是以下这 3 行程序:第 3 行定义了使用 7 个引脚的 LiquidCrystal()声明;第 5 行定义了 LCD 的大小;第 6 行输出显示的字符。

## 6.4.2　LCD 换行控制

LCD 的显示掌握之后,现在进行常见的换行操作,使字符能够在两行之间任意切换,程序代码如下:

```
1    # include <LiquidCrystal. h>
2    LiquidCrystal lcd(12,11,10,9,8,7,6);          //初始化 LCD 引脚
3    void setup (){
4      lcd.begin(16,2);                            //声明 LCD 大小
5      lcd.clear();                                //清除屏幕
6      }
7    void loop (){
8        lcd.setCursor(0,0);
9        lcd. print ("hello, 1st row!");           //输出字符串
10       delay(1000);
11       lcd.clear();                              //清除屏幕
12       lcd.setCursor(0,1);
13       lcd. print ("hello, 2nd row!");           //输出字符串
14       delay(1000);
15       lcd.clear();                              //清除屏幕
16       }
```

如图 6-6 所示,LCD 每隔 1 s 切换一行。程序核心语法为 setCursor(),这个函数决定了字符串的起始位置,括号中的第 1 个数字表示列,从 0~15 选取,由于 1602 LCD 本身的限制,如果单行字数超过 16 个,则多余的部分会自动切除,仅显示前 16 个字符。括号中的第 2 个数字表示行,0 和 1 则分别代表第 1 行和第 2 行。当然这里如果想要实现切换的效果,那么清除屏幕指令不可或缺。图 6-7 所示为缺少清除指令时的显示结果。

**图 6-6　换行显示**

**图 6 - 7　缺少清屏指令显示**

## 6.4.3　移动的字幕

换行操作之后,现在需要为文字增加一些显示效果。当显示的数据超出了显示区域时,可采用文字滚动的方式来显示它们。使用以下代码可在 LCD 上实现文字滚动的效果:

```
1    # include <LiquidCrystal. h>
2    LiquidCrystal lcd(12,11,10,9,8,7,6);        //初始化 LCD 引脚
3    void setup ()
4    {
5      lcd. begin(16,2) ;                        //设定 LCD  大小
6      lcd. print ( "hello, world!") ;           //跑马灯要显示的字符串
7      delay(1000);
8    }
9    void loop ()
10    {
11      lcd. scrollDisplayRight ();               //往右移动
12      delay (150);                              //移动 1 格等待的时间
13    }
```

从显示效果(见图 6 - 8)可以看到,字符从左往右移动,而实现它的程序仅仅只需 1 行代码:

```
lcd. scrollDisplayRight () ;                     //往右移动
```

如果想要实现字符从右往左移动,则只需改成以下函数:

```
lcd. scrollDisplayLeft () ;                      //往左移动
```

**图 6 - 8　文字向右移动**

以上示例会让字符串一直往同一个方向移动。如果想要看到来来回回的文字效果,则可以通过 IDE 的菜单栏选择"文件"→"示例 LiquidCrystal"→Scroll 菜单命令找到以下程序代码:

```
1   # include <LiquidCrystal.h>
2   LiquidCrystal lcd(12,11,10,9,8,7,6); //初始化 LCD 引脚
3   void setup ()
4   {
5     lcd. begin(16,2);              //设定 LCD 大小
6     lcd. print ( "hello, world!") ; //跑马灯要显示的字符串
7     delay(1000);
8   }
9   void loop ()
10  {
11    //往左移动只需要移动字符串的长度
12    for (int i = 0; i <13; i++ )
13    {
14      lcd. scrollDisplayLeft () ;   //往左移动
15      delay (150);                 //移动 1 格等待的时间
16    }
17              //此时需要先把字符串移回来再加上往右完全消失,故 13 + 16 = 29
18    for (int i = 0; i <29; i++ )
19    {
20      lcd. scrollDisplayRight () ;  //往右移动
21      delay (150);                 //移动 1 格等待的时间
22    }
23              //最后要把字符串移回原位,也就是回到原点
24    for (int i = 0; i <16; i++ )
25    {
26      lcd. scrollDisplayLeft () ;   //往左移动
27      delay (150);                 //移动 1 格等待的时间
28    }
29  }
```

观察文字的移动效果,所有示例都出现了字符重影;若想要减轻重影现象,可以将移动 1 格的时间 delay(150)改为 delay (300),甚至更大。

## 6.4.4　显示输入数据

使用串口监视器进行实时显示,即利用键盘输入所需要的字符,然后显示在 LCD 上。

```
1   # include <LiquidCrystal.h>
```

```
2      LiquidCrystal lcd(12,11,10,9,8,7,6);//初始化 LCD 引脚
3      void setup ()
4      {
5        lcd.begin(16,2);                    //设定 LCD 大小
6        Serial.begin(9600);                 //初始化串行端口通信速率
7      }
8      void loop ()
9      {
10       if (Serial.available())             //判断是否有字符串输入
11       {
12        lcd.clear ();                      //清除屏幕
13        while (Serial.available ()>0)       //显示所有输入的字符
14        lcd.write(Serial.read());
15       }
16     }
```

当在串口监视器输入"1234"时,程序执行后显示正常(见图 6 - 9),但是当输入的字符超过 4 个之后,如输入"12345",程序会先显示 1234,之后很快地清除屏幕,再显示 5,LCD 最后只得到字符"5"(见图 6 - 10),从而造成数据的丢失。出现这种情况是因为 Arduino 在收集经由串口监视器输入的数据时,针对每一个字符都需要一定的处理时间,加上是直接将输入进来的字符串显示在屏幕上,没有先暂存在一个数组里,才导致出现这种情况。解决办法很简单,就是加一点延迟,让系统有多一点的时间去处理字符串,然后再显示出来(见图 6 - 11)。相关程序可以通过选择"文件"→"示例 LiquidCrystal"→SerialDisplay 菜单命令得到。

(a) 输入1234

(b) LCD正常显示

**图 6 - 9　输入 1234**

(a) 输入12345

(a) 输入长字符串

(b) LCD显示丢失数据

(b) LCD显示长字符串

**图 6 - 10　输入 12345**　　　　　　　**图 6 - 11　输入长字符串**

```
1     include <LiquidCrystal.h>
2     LiquidCrystal lcd(12,11,10,9,8,7,6);     //初始化 LCD
3     void setup ()
4     {
5       lcd.begin(16,2);                        //设定 LCD 大小
6       Serial.begin(9600);                     //初始化串行端口通信速率
7     }
8     void loop ()
9     {
10      if (Serial.available())                 //判断是否有字符串输入
11      {
12       delay(100);                            //延迟一点时间
13       lcd.clear();                           //清除屏幕
14       while (Serial.available() >0)          //显示所有输入的字符
15       lcd.write(Serial.read());
16      }
17    }
```

　　通过前面的学习,读者已经对 1602 LCD 模块有了初步的认知,并且能对其进行基本的显示控制。但 LCD 的应用往往还需要结合其他的传感器和输入模块,才能更深层次地发挥作用,更何况 LCD 种类繁多,如 1604 LCD、2004 LCD、TFT - LCD 等等,有兴趣的读者可进一步了解学习。

# 第 **7** 章

# Arduino 电机控制

## 7.1 直流电机

### 7.1.1 直流电机的选型

直流电机是指能将直流电能转换成机械能的旋转电机,一般用在起动和调速性能要求高的场合,例如电气机车、无轨电车等调速范围大的大型设备,另外在日常生活中也比较常见,例如电动缝纫机、电动自行车和电动玩具。

应用在不同场合、不同用途上的直流电机的型号是不同的,因此正确选择直流电机的型号至关重要。直流电机的选型和它的相关参数有关,买到的直流电机所附的说明书中一般对额定功率、负载转矩、额定转速、额定电压、额定电流、堵转转矩、最大连续电流等参数都有明确的规定。

额定功率指该电机系统设计时的理想功率,也是在推荐工作情况下的最大功率。负载转矩是电机驱动转动负载时需要的扭矩(转矩或力矩),和负载有关。因此,要根据负载大小来选择直流电动机的额定功率和负载转矩,电动机的额定功率一般要比负载的功率稍微大一些,以免电动机过载,但是负载也不能太小,以免造成浪费。另外,要根据负载转速正确选择电动机的转速,选择的原则是电动机和负载都要在额定转速下运行。

堵转转矩是很多要带负载的电机的重要参数,即在电机受反向外力使其停止转动时的力矩。如果电机堵转现象经常出现,则会损坏电机,或烧坏驱动芯片,故在选电机时,这也是一个重要的参数。一般其值和工作电压的关系不是很密切,而和工作电流的关系密切。不过请注意,若堵转时间过长,则电机温度上升得很快,堵转转矩也会下降得很厉害。

由于一般电机可以工作在不同电压下,但电压直接和转速有关,其他参数也相应变化,所以额定电压只是一种建议电压,其他参数也是在这种推荐的电压下给出的。额定电流是指用电设备在额定电压下,按照额定功率运行时的电流,选择电机时要根据实际应用场合来选择合适的额定电压、额定电流。

最大连续电流主要指在有反向外力时,比如有负载时出现时的电流,这也是选择电机时要考虑的参数。一般最大连续电流和电压的乘积小于额定功率,这并不是说该电机有一个损耗比,而是说明电机长时间在大电流情况下(如额定功率下)工作,会导致温度升高,直接的后果就是电阻增加,效率下降,并导致整体性能下降,而且有可能损坏设备。在这个值下工作,一般就可以保证长时间正常运转了。

电动机的正确、合理选用可以保证具有良好的运行性能以及良好的经济性和可靠性。否则,轻者将造成资源的浪费,重者就可能酿成事故。

## 7.1.2　直流电机接线图解

直流电机是日常生活中常被用来驱动物体运动的组件之一。根据内部构造的不同,直流电机主要分为一般电机和无刷电机两种。下面将介绍这两种电机的接线。

### 1. 有刷直流电机

常用的有刷直流电机一般有两个电源引脚。对于有刷直流电机来说,这两个电源引脚并没有实际的正、负极之分,接法颠倒只是会让电机产生反向的转动,所以读者在实际应用时可按照自己的需求来连接电源部分。电机电压的极限请参照所购买的电机的标识。有刷直流电机的实物如图 7-1 所示。

### 2. 无刷直流电机

无刷直流电机中没有传统直流电机的碳刷、滑环结构,但是具备直流电机的优点。无刷电机的接线较有刷直流电机要复杂得多。这里介绍的是日本 Nidec 无刷直流电机的接线,该电机实物如图 7-2 所示,其中各颜色接线的意义见表 7-1。

图 7-1　有刷直流电机

图 7-2　无刷直流电机

表 7-1　无刷直流电机各颜色接线的意义

| 颜　色 | 意　义 |
|---|---|
| 红色 | (12 V 正极)电机驱动电源正极 DC 9~12 V |
| 黑色 | (电源负极)电机驱动电源负极 |
| 黄色 | (急停)刹车,短接电源负极刹车 |
| 白色 | (PWM 调速)外接 PWM 信号调速,低频率 330 Hz,推荐 20~30 kHz |
| 绿色 | (正、反转)正、反转控制,低电平反转 |
| 蓝色 | (空脚) |
| 咖啡色 | (转速信号输出)输出方波信号,随着转速的变化而变化 |
| 橙色 | (空脚) |

## 7.1.3　直流电机驱动外围模块

　　许多自动控制的场合都需要控制电机的正、反转,能够实现电机正反转的电路称为 H 桥式电机控制电路。H 桥式电路可以通过晶体管自行组装,但是比较复杂。目前市面上已经出现了许多电机的专用驱动器,并且都很容易买到,例如 L298N、L293D。下面介绍这两种驱动模块。

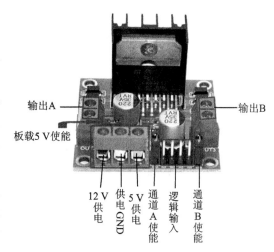

图 7 - 3　L298N 电机驱动模块

　　L298N 驱动模块内含两个 H 桥式高电压大电流全桥驱动器,可以同时控制两部直流电机,当然也可以只控制一部直流电机。另外,L298N 也能驱动一部步进电机。L298N 有两组电源输入脚:一个用于 L298N 芯片供电,电压为 4.5～7 V;另一个用于电机供电,电压为 4～46 V,建议使用 36 V 以下的电压。此外,L298N 还有两个使能引脚,用于决定是否给电机供电。L298N 驱动模块的实物如图 7 - 3 所示。由于不同公司生产的电机驱动器的引脚位置都不太一样,并且不同的驱动器中使能引脚标识和正反转标识也不一定相同,因此读者在使用时一定要认真阅读产品说明书。

表 7 - 2　L298N 引脚介绍

| 端口引脚 | 功能介绍 |
| --- | --- |
| VS | 驱动部分输入电压 |
| VSS | 逻辑供应电压 |
| Sense A<br>Sense B | 电流监测端,可以直接与电流采样电阻器相连,从而产生电流传感信号,也可以直接接地 |
| GND | 接地端,应有两个,分别对应 VSS 和 VS |
| IN1;IN2 | 信号输入端 A,输入起控制作用的高、低电平,实现电机的正、反转 |
| IN3;IN4 | 信号输入端 B,与信号输入端 A 相同 |
| OUT1;OUT2 | 输出端 A,可驱动两相步进电机,也可驱动一个直流电动机 |
| OUT3;OUT4 | 输出端 B,与输出端 A 相同 |
| ENA(A) | 使能接线脚 A,控制使能引脚 ENA,按照一定的逻辑关系,控制电机停转,同时也能够进行 PWM 调速 |
| ENA(B) | 使能接线脚 B,与使能接线脚 A 功能相同 |

　　通过控制高、低电平的输入，就可以实现直流电机的正、反转的控制，但同时也需要使能端 ENA 一起控制电机的停止。输入端与使能端两者之间通过一定的逻辑关系来进行电机正反转以及停转的控制，如表 7 - 3 所列。

表 7 - 3　L298N 的逻辑关系

| ENA(ENB) | IN1(IN3) | IN2(IN4) | 电机运行情况 |
|---|---|---|---|
| 高 | 高 | 低 | 正转 |
| 高 | 低 | 高 | 反转 |
| 高 | 同 IN2(IN4) | 同 IN1(IN3) | 快速停止 |
| 低 | X | X | 停止 |

　　L293D 电机驱动模块实物如图 7 - 4 所示。L293D 电机驱动模板有 4 路 H 桥，最多可以支持 4 个直流电机，接口分别标注为 M1、M2、M3、M4；最多接两个步进电机，M1 和 M2 为一个步进电机接口，M3 和 M4 为另一个步进电机接口；最多接两个舵机，接口如图 7 - 4 所示，分别为 SER1 和 SER2。另外，L293D 电机驱动模块支持外部供电，通过图 7 - 4 中的外接电源接口，就可以进行外部供电了。可以给每个电机提供最大 600 mA 的电流。电流超过 1 A 的话，需要加散热块。

　　使用 L293D 需要安装 AFMotor 库文件，安装过程详见 2.4 节。

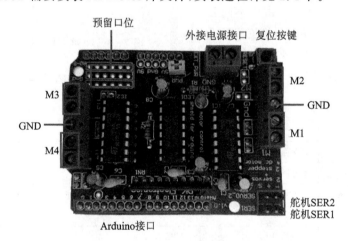

图 7 - 4　L293D 电机驱动模块

## 7.1.4　直流电机控制案例

### 案例 1　L298N 驱动模块驱动直流电机运动

**案例实现的功能：**

采用 L298N 驱动模块实现两个直流电机同时正、反转。

**工作原理：**

通过改变两个直流电机引脚电平的高低来实现电机的正、反转。

**需要的元器件：**

L298N 电机驱动模块 1 个(见图 7-3)、直流电机 2 个(见图 7-1)、9 V 电源 1 个(见图 7-5)、跳线 10 根(见图 5-4)。

接线图如图 7-6 所示，具体接线内容见表 7-4。

图 7-5  9 V 外接电源

图 7-6  直流电机接线实物图

表 7-4  直流电机接线表

| L298N 驱动模块 | Arduino UNO R3 | 直流电机 1 | 直流电机 2 |
| --- | --- | --- | --- |
| OUT1、OUT2 | — | 电源线 | — |
| OUT3、OUT4 | — | — | 电源线 |
| IN1 | 数字引脚 5 | — | — |
| IN2 | 数字引脚 6 | — | — |
| IN3 | 数字引脚 9 | — | — |
| IN4 | 数字引脚 10 | — | — |
| 12 V 接口 | Vin 引脚 | — | — |
| GND 接口 | GND 引脚 | — | — |

程序：

```
1    int input1 = 5;              //定义 UNO 的 pin 5  向 input1  输出
2    int input2 = 6;              //定义 UNO 的 pin 6  向 input2  输出
3    int input3 = 9;              //定义 UNO 的 pin 9  向 input3  输出
4    int input4 = 10;             //定义 UNO 的 pin 10  向 input4  输出
5
6    void setup()
7    {
8    //初始化各 I/O,模式为 OUTPUT 输出模式
9    pinMode(input1,OUTPUT);
10   pinMode(input2,OUTPUT);
11   pinMode(input3,OUTPUT);
```

```
12    pinMode(input4,OUTPUT);
13    }
14    void loop()
15    {
16      //forward  向前转
17      digitalWrite(input1,HIGH);        //给高电平
18      digitalWrite(input2,LOW);         //给低电平
19      digitalWrite(input3,HIGH);        //给高电平
20      digitalWrite(input4,LOW);         //给低电平
21      delay(1000);                      //延时 1 s
22      //stop  停止
23      digitalWrite(input1,LOW);         //给低电平
24      digitalWrite(input2,LOW);         //给低电平
25      digitalWrite(input3,LOW);         //给低电平
26      digitalWrite(input4,LOW);         //给低电平
27      delay(500);                       //延时 0.5 s
28      //back  向后转
29      digitalWrite(input1,LOW);         //给低电平
30      digitalWrite(input2,HIGH);        //给高电平
31      digitalWrite(input3,LOW);         //给低电平
32      digitalWrite(input4,HIGH);        //给高电平
33      delay(1000);                      //延时 1 s
34    }
```

**案例结果：**

实现了两部电机同时正转、停止、反转，然后循环该过程。读者可自己尝试改变 input 的状态来实现两部电机在同一时间进行相反方向的转动。

### 案例 2　L293D 驱动模块驱动直流电机运动

**案例实现的功能：**

采用 L293D 驱动模块实现一个直流电机正、反转，并且控制它的转动速度。

**工作原理：**

通过 AFMotor 类库中的函数对电机的转向、速度进行控制，具体控制方式见本案例代码，各函数意义详见 7.1.5 小节。

**需要的元器件：**

L293D 驱动模块 1 个（见图 7－4）、直流电机 1 个（见图 7－1）、跳线 2 根（见图 5－4）。接线图如图 7－7 所示，将 L293D 驱动模块和 Arduino UNO R3 控制板相连，将直流电机的两根线接在 L293D 驱动模块的 M1 接口上。

**程序：**

```
1    #include "AFMotor.h"               //引用头文件
```

**图 7 - 7　L293D 驱动直流电机接线图**

```
2    AF_DCMotor motor(1);              //控制 M1 号直流电机
3    void setup()
4    {
5      Serial.begin(9600);            //设置串行波特率为 9 600 bps
6      Serial.println("Motor test!"); //输出"Motor test!"并换行
7      //电机开始运动
8      motor.setSpeed(200);           //设置直流电机速度为 200
9      motor.run(RELEASE);            //电机初始状态设置为停止
10   }
11   void loop() {
12     uint8_t i;                     //定义一个变量 i
13
14     motor.run(FORWARD);            //电机正转
15     for (i = 0; i < 255; i++)      //电机速度越来越快
16     {
17       motor.setSpeed(i);           //电机转速为 i
18       delay(10);                   //延迟 1 s
19     }
20     for (i = 255; i != 0; i--)     //电机转动速度越来越慢,最后停止
21     {
22       motor.setSpeed(i);           //电机转速为 i
23       delay(1000);                 //延迟 1 s
24     }
25     motor.run(BACKWARD);           //电机反转
26     for (i = 0; i < 255; i++)      //电机速度越来越快
27     {
28       motor.setSpeed(i);           //电机转速为 i
29       delay(1000);                 //延迟 1 s
30     }
```

```
31      for ( i = 255; i != 0; i-- )        //电机转动速度越来越慢,最后停止
32      {
33        motor.setSpeed(i);                //电机转速为 i
34        delay(1000);                      //延迟 1 s
35      }
36
37      motor.run(RELEASE);                 //电机停止
38      delay(1000);                        //延迟 1 s
39    }
```

**案例结果:**

上传程序到开发板,可以观察到直流电机先正转,速度从慢到快,又从快到慢;接着电机反转,速度从慢到快,又从快到慢。

## 7.1.5　AFMotor 类库

L293D 的使用必须安装 AFMotor 库文件,在确定导入 AFMotor 库文件并在程序中 ♯include<AFMotor.h>之后,程序中会应用到以下几个成员函数。

### 1. 与直流电机有关的函数

**(1) AF_DCMotor motorname(motornum, frequency)**

功能:创建一个控制直流电机的对象。

参数:motornum 用来选择要控制几号电机;frequency 用来设定此电机信号控制的频率;M1 和 M2 可以使用 MOTOR12_64KHZ、MOTOR12_8KHZ、MOTOR12_2KHZ 或者 MOTOR12_1KHZ 等常量;M3 和 M4 使用 MOTOR34_64KHZ、MOTOR34_8KHZ、MOTOR34_1KHZ。如果省略了 frequency,则说明该电机信号控制的频率为默认值。

**(2) setSpeed()**

功能:用来设置电机的速度。

语法:motorname. setSpeed(speed)

参数:speed 用来设定电机的速度,该速度的取值范围为 0(停止)~255(全速)。

**(3) run()**

功能:控制电机转动方向,并且开始让电机转动。

语法:motorname. run(direction)

参数:direction,电机转动的方向,有 FORWARD、BACKWARD、RELEASE 三个常量可以选择,分别对应前进、后退、停止。

### 2. 与步进电机有关的函数

**(1) AF_Stepper steppername (steps, portnumber)**

功能:创建一个控制步进电机的对象。

参数:steppername 即给步进电机起的名字,这个名字在程序中就是该电机的代号;steps 用来设置电机每转的步数,例如设置为 48,则每步走 1/48 转;portnumber 用来选择步进电机的通道,可选择 1(通道为 M1 和 M2)或者 2(通道为 M3 和 M4)。

**(2) steppername. Step(steps,direction,style)**

功能:设置电机要转动的步数、方向及转动的形式。

语法:steppername. Step(steps,direction,style)

参数:steps 用来设置电机转动的步数;direction 用来设置电机转动的方向,可以选择 FORWARD 或者 BACKWARD 来实现电机的正转或者反转;style 用来设置步进的模式,可以选择的参数有 SINGLE(一次只给一相线圈供电)、DOUBLE(一次给两相线圈都供电,可以得到更大的扭矩)、INTERLEAVE(该参数会使电机运转得更柔和,因为步数增加了一倍,同时速度也减小一半)、MICROSTEP(该参数会使电机运转得更柔和,精度更高,但扭矩会减小)。

**(3) setSpeed( )**

功能:设置电机每分钟转动的转数。

语法:steppername. setSpeed(steps)

参数:steps 用来设置电机每分钟转动的转数。

# 7.2　舵　机

## 7.2.1　舵机选型

舵机是一种位置(角度)伺服的驱动器,适用于那些需要角度不断变化并可以保持的控制系统,它可以根据指令旋转到 0~180°范围内的任意角度,然后精准地停下来。目前,在高档遥控玩具(如飞机模型、潜艇模型、遥控机器人)中已经得到了普遍应用。

厂商所提供的舵机规格资料都包含外形尺寸(mm)、扭力(kg/cm)、速度(s/60°)、测试电压(V)及质量(g)等基本信息。扭力的单位是 kg/cm,意思是在摆臂长度 1 cm 处,能吊起几千克的物体,这就是力臂的观念,因此摆臂长度越大,则扭力越小。速度的单位是 s/60°,意思是舵机转动 60°所需要的时间。电压会直接影响舵机的性能,例如 Futaba S - 9001 在 4.8 V 时扭力为 3.9 kg/cm、速度为 0.22 s/60°,在 6.0 V 时扭力为 5.2 kg/cm、速度为 0.18 s/60°。若无特别说明,JR 的舵机都是以 4.8 V 为测试电压,Futaba 则是以 6.0 V 为测试电压。读者在选择舵机时要根据所需的扭力、速度、电压以及体积等来选择。若选择速度快、扭力大的舵机,则除了价格高,还会伴随高耗电的特点。因此,使用高级的舵机时,务必搭配高品质、高容量的电池,保证提供稳定且充裕的电流,才可发挥舵机应有的性能。

### 7.2.2 舵机接线图解

舵机有三根线,一般是红、黑、黄三种颜色的线,其中红色线连接电源 Vcc,黑色线接地 GND,黄色线连接信号 S。另外还有较为常见的一种是有红、棕、橙三种颜色的线,红色线连接电源 Vcc,棕色线接地 GND,橙色线连接信号 S。不同公司生产的舵机,其接线颜色可能不太一样,读者使用时要按照说明书区别三根线。这里使用的舵机型号是 SG90,它的引线为红、棕、橙,如图 7 - 8 所示。

### 7.2.3 舵机控制案例

一般来说,可以将舵机的信号线连接至单片机的任意引脚,通过定时器模拟 PWM,实现舵机控制。如果连接 ATMEGA 系列的单片机,则简单许多,因为 ATMEGA 系列的单片机内部带有 PWM 模块,可以直接输出 PWM 信号,这样只需将信号线连于专用的 PWM 输出引脚上,然后设定一些参数就可以控制舵机。

下面的舵机控制案例中选用的是 Arduino UNO R3。该控制板的芯片是 ATMEGA,可以直接连接舵机。该扩展板的 PWM 引脚一共有 6 个,只有 2 个 PWM 引脚能控制舵机;如果想要控制更多舵机,可以选择串行式舵机控制板(见图 7 - 9),在此对这种控制板就不做过多介绍。

图 7 - 8　SG90 舵机实物

图 7 - 9　串行式舵机控制板

**案例　Arduino UNO R3 控制板驱动舵机运动**

**案例实现的功能:**

采用一个 L298N 驱动模块实现一个舵机的转动,并且每 5 s 换一次方向,每次换方向就加速。

**工作原理:**

通过 Servo 类库中的函数对舵机的转向、转动的角度进行控制,具体控制信息见本案例程序,各函数意义详见 7.2.4 小节。

**需要的元器件：**

SG90 舵机 1 个（见图 7 - 8）、跳线 3 根（见图 5 - 4）。接线如图 7 - 10 所示，接线具体方式见表 7 - 5。

**图 7 - 10　舵机接线实物图**

表 7 - 5　舵机接线表

| SG90 舵机 | Arduino UNO R3 |
|---|---|
| 红线 | 5 V 电源 |
| 棕线 | GND 接地 |
| 黄线 | 数字引脚 9 |

**程序：**

```
1    # include<Servo.h>                        //舵机的函数库
2    Servo myservo;                            //定义舵机变量
3    int pos = 0;                              //变量存储位置
4    void setup()
5    {
6
7      myservo.attach(9);                      //初始化使用第 9 个引脚来控制舵机
8      myservo.write(90);                      //先让舵机回到 90°中心点
9    }
10   void loop()
11   {
12     for(pos = 0;pos<180;pos + = 1)          //让舵机由 0°转到 180°
13     {                                       //每次 1°
14       myservo.write(pos);                   //下角度指令给舵机
15       delay(15);                            //等待 15 ms
16     }
17     for(pos = 180;pos> = 1;pos - = 1)       //反方向转回来
18     {
19       myservo.write(pos);                   //控制舵机旋转到变量 pos 的位置
20       delay(15);                            //等待 15 ms
21     }
22   }
```

**案例结果：**

该程序实现的是舵机的持续转动，每次角度改变后电机停止 15 ms。

## 7.2.4　Servo 类库

Servo 类库是舵机库，用于操作模拟舵机或者数字舵机。在使用该类库时，要在程序中写♯include＜Servo.h＞。下面介绍 Servo 类库中的函数。

**(1) attach()**

功能：设定舵机的接口，只有接口 9 或者 10 可利用。

语法：servo. attach(pin)、servo. attach(pin, min, max)

参数：servo 即用户给舵机设定的名称，相当于一个代号，在程序中该舵机均使用该代号；pin 即该舵机连接的引脚号；min 即脉冲宽度，单位为 μs，对应的是舵机的最小角度；max 即脉冲宽度，单位为 μs，对应的是舵机的最大角度。

**(2) write()**

功能：用于设定舵机旋转角度。

语法：servo. write(angle)

参数：angle 即写入舵机的角度值，范围为 0°～180°。

**(3) writeMicroseconds()**

功能：用于设定舵机旋转角度的语句。

语法：servo. writeMicroseconds(uS)

参数：uS 即设定的舵机的旋转角度，数值为整数型，单位为 μs。

**(4) read()**

功能：用于读取舵机角度，可理解为读取最后一条 write()命令中的值。

语法：servo. read()

返回值：该舵机的角度，范围为 0°～ 180°。

**(5) attached()**

功能：判断舵机参数是否已经发送到舵机所在接口。

语法：servo. attached()

返回值：如果该舵机和引脚已连接则返回 true,如果没有连接则返回 false。

**(6) detach()**

功能：使舵机与其接口分离，该接口(9 或 10)可继续被用作 PWM 接口。

语法：servo. detach()

# 7.3  步进电机

## 7.3.1  步进电机选型

步进电机是将电脉冲信号转变为角位移或线位移的开环控制电机，是现代数字程序控制系统中的主要执行元件，应用极为广泛。

步进电机主要用于一些有定位要求的场合，特别适合要求运行平稳、低噪声、响应快、使用寿命长、高输出扭矩的应用场合，例如线切割的工作台拖动、包装机(定长度)，基本上涉及定位的场合都用得到。另外，也广泛应用于 ATM 机、喷绘机、刻字机、写真机、喷涂设备、医疗仪器及设备、计算机外设及海量存储设备、精密仪器、工业控制系统、办公自动化、机器人等领域。

步进电机在电脑绣花机等纺织机械设备中有着广泛的应用,这类步进电机的特点是保持转矩不变、频繁启动反应速度快、运转噪声低、运行平稳、控制性能好、整机成本低。

步进电机的保持转矩近似于传统电机所称的"功率",当然二者也有着本质的区别。步进电动机的物理结构完全不同于交流、直流电机,电机的输出功率是可变的。通常根据需要的转矩大小(即所要带动物体的扭力大小)来选择使用哪种型号的电机。大致说来,扭力在 0.8 N・m 以下,选择 20、28、35、39、42(电机的机身直径或方度,单位为 mm);扭力在 1 N・m 左右的,选择 57 电机较为合适。扭力在几个 N・m 或更大的情况下,就要选择 86、110、130 等规格的步进电机。

步过电机的转速也要特别考虑。因为电机的输出转矩与转速成反比,也就是说,步进电机在低速(每分钟几百转或更低转速)时其输出转矩较大,在高速旋转状态的转矩(1 000~9 000 r/min)就很小了。当然,有些工况环境需要高速电机,就要对步进电动机的线圈电阻、电感等指标进行衡量。选择电感稍小一些的电机作为高速电机,能够获得较大的输出转矩;反之,要求低速大力矩的情况下,就要选择电感在十几或几十 mH,电阻也要大一些为好。

步进电机空载起动频率,通常称为空起频率。这是选购电机比较重要的一项指标。如果要求在瞬间频繁启动、停止,并且转速在 1 000 r/min 左右(或更高),通常需要"加速启动"。如果需要直接启动达到高速运转,则最好选择反应式或永磁电机。这些电机的空起频率都比较高。

根据负载最大力矩和最高转速这两个重要指标,再参考矩-频特性,就可以选出适合自己的步进电机。如果认为自己选出的电机太大,则可以考虑加配减速装置,这样可以节约成本,也可以使设计更灵活。要选择好合适的减速比,要综合考虑力矩和速度的关系,选出最佳方案。

关于步进电机的相数选择,很多用户几乎不重视,大多是随意购买。其实,不同相数的电机,工作效果是不同的。相数越多,步距角就能够做得比较小,工作时的振动就相对小一些。大多数场合使用两相电机。在高速大力矩的工作环境,选择三相步进电机是比较实用的。

针对步进电机使用环境来选择,特种步进电机能够防水、防油,用于某些特殊场合。例如,水下机器人就需要防水电机。对于特种用途的电机,就要有针对性地选择了。

## 7.3.2　步进电机接线图解

前面所讲的直流电机的转动直接被输入的电源驱动,通常使用在持续运转的工况下,只需依靠 PWM 信号来改变转速的快慢。若是应用场合需要比较精密的距离移动或是角度转动,那么这时可使用步进电机来满足需求。步进电机在生活中也很常见,像喷墨打印机的喷嘴头,必须能移动到正确的位置才能正确打印出文件。

常见步进电机有两相四线、四相五线等(见图 7 - 11),电机的接线说明分别见表 7 - 6、表 7 - 7。

(a) 两相四线步进电机　　　　　　　　(b) 四相五线步进电机

图 7 - 11　步进电机实物图

表 7 - 6　两相四线步进电机接线

| 颜　色 | 棕 | 红 | 蓝 | 橙 |
|---|---|---|---|---|
| 意　义 | A+ | A— | B+ | B— |

表 7 - 7　四相五线步进电机接线

| 颜　色 | 粉 | 黄 | 蓝 | 橙 | 红 |
|---|---|---|---|---|---|
| 意　义 | A+ | A— | B+ | B— | 接 5 V 电 |

不同厂家生产的不同型号的电机其接线是不同的,所以在使用步进电机前一定要仔细查看说明书,确定是四相还是两相,各线怎么连接,以免对电机、单片机、驱动模块造成损害。

## 7.3.3　步进电机驱动外围模块

步进电机的转动是靠单片机产生脉冲来控制转矩的。由于单片机本身输出电流较小,驱动不了电机绕组,所以要增加一个驱动电路以产生较大电流来驱动电机绕组。

常用的步进电机驱动模块有 L298N、L293D、ULN2003 和 DRV8825 芯片等,这些驱动芯片的主要目的都在于放大电流,避免单片机损耗。一般 L298N 和 L293D 经常用于驱动两相四线式步进电机,L298N、L293D 电机驱动模块在 7.1.3 小节中已经介绍过。本小节主要介绍 ULN2003 电机驱动模块和 DRV8825 芯片。

　　ULN2003 电机驱动模块适用于四相五线式步进电机,其中 A、B、C、D 发光二极管指示四相步进电机工作时的状态,驱动板可以直接连接到 Arduino 的 GND 和 5 V取电,但是这里不推荐这种方法,而是推荐用独立的 5～12 V 1 A 的电源或电池组取电。IN0～IN4 连接 Arduino 的 4 个数字口(在程序里进行相应的设置),实物图如图 7 - 12 所示。

　　DRV8825 芯片(见图 7 - 13)可以驱动一个两相四线的步进电机,也可以驱动两个直流有刷电机,输入电压 8～45 V,最大电流 1.7 A,可以承受 2.5 A 的瞬间电压,通过 PWM 输入来驱动。其引脚介绍见表 7 - 8,细分设置引脚见表 7 - 9。

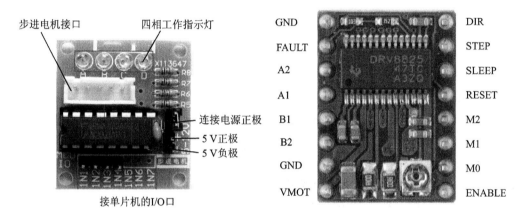

图 7 - 12　ULN2003 电机驱动模块　　　　　图 7 - 13　　DRV8825 芯片

表 7 - 8　DRV8825 芯片引脚介绍

| 引　脚 | 意　义 |
| --- | --- |
| DIR | 电机转向控制引脚 |
| STEP | 接单片机 I/O 口 |
| SLEEP 和 RESET 相连 | 接单片机 I/O 口 |
| M0/M1/M2 | 细分设置引脚(详见表 7 - 9) |
| ENABLE | 使能脚 |
| VMOT | 电机电源正极 |
| A1/A2/B1/B2 | 电机接口 |
| FAULT | 接高电平 |
| GND | 接地 |

表 7 - 9　细分设置引脚

| M0 | M1 | M2 | 细　分 |
|----|----|----|------|
| 低 | 低 | 低 | 不细分 |
| 高 | 低 | 低 | 2 细分 |
| 低 | 高 | 低 | 4 细分 |
| 高 | 高 | 低 | 8 细分 |
| 低 | 低 | 高 | 16 细分 |
| 高 | 低 | 高 | 32 细分 |
| 低 | 高 | 高 | 32 细分 |
| 高 | 高 | 高 | 32 细分 |

## 7.3.4　步进电机控制案例

### 案例 1　L293D 驱动模块驱动两相四线式 42 步进电机运动

**案例实现的功能：**

采用 L293D 驱动模块驱动步距角为 1.8° 的两相四线式 42 步进电机转动，实现步进电机正、反转。

**工作原理：**

通过 AFMotor 类库中有关步进电机的函数对电机的转向、速度进行控制，具体控制方式见本案例程序，各函数意义详见 7.1.5 小节。

**需要的元器件：**

L293D 驱动模块一个（见图 7 - 4）、两相四线式 42 步进电机一个（见图 7 - 11(a)）、9 V 外接电源一个（见图 7 - 5）。接线图如图 7 - 14 所示，具体接线方法见表 7 - 10。

表 7 - 10　步进电机接线表

| L293D 控制模块 | 步进电机 | 9 V 电池 |
|-----------|------|--------|
| M1 接线口 | 同属一相的两根线 | — |
| M2 接线口 | 同属另一相的两根线 | — |
| +M 引脚 | — | 正极 |
| GND 引脚 | — | 负极 |

图 7 - 14　两相四线式 42 步进
电机接线实物图

**程序：**

```
1    # include <AFMotor.h>                              //定义支持库文件
2    AF_Stepper motor(48, 1);                          //定义步进电机对象,1号步进电机步数值是48
3    void setup()
4    {
5        Serial.begin(9600);                            //设置串行数率在 9 600 bps
6        Serial.println("Stepper test!");
7        motor.setSpeed(10);                            //电机每分钟要转动 10 步
8        motor.step(100, FORWARD, SINGLE);              //电机向前单相励磁方式转动 100 步
9        motor.release();
10       delay(1000);                                   //延迟 1 s
11   }
12   void loop() {
13       motor.step(100, FORWARD, SINGLE);              //电机向前单相励磁方式转动 100 步
14       motor.step(100, BACKWARD, SINGLE);             //电机反向单相励磁方式转动 100 步
15       motor.step(100, FORWARD, DOUBLE);              //电机向前转动 100 步
16       motor.step(100, BACKWARD, DOUBLE);             //电机反向转动 100 步
17       motor.step(100, FORWARD, INTERLEAVE);          //电机向前转动 100 步
18       motor.step(100, BACKWARD, INTERLEAVE);         //电机反向转动 100 步
19       motor.step(100, FORWARD, MICROSTEP);           //电机向前转动 100 步
20       motor.step(100, BACKWARD, MICROSTEP);          //电机反向转动 100 步
21   }
```

**案例结果：**

在运行程序后,电机分别按照设定的参数进行不同的正、反转,为了更清晰地观察电机的转动情况,可以在电机的伸出轴上粘一个小纸条。

## 案例2　ULN2003 驱动模块驱动四相五线式 42 步进电机运动

**案例实现的功能：**

采用 ULN2003 驱动模块驱动步距角为 1.8°的四相五线式 42 步进电机转动,实现步进电机的正、反转。

**工作原理：**

通过 stepper 类库中有关步进电机的函数对电机的转向、速度进行控制,具体控制方式见本案例程序,各函数意义详见 7.3.4 小节。

**需要的元器件：**

ULN2003驱动模块 1 个(见图 7 - 12)、28BYJ - 48 步进电机 1 个(见图 7 - 11(b))、跳线 6 根(见图 5 - 4)。实物接线如图 7 - 15 所示。具体的接线方法见表 7 - 11。

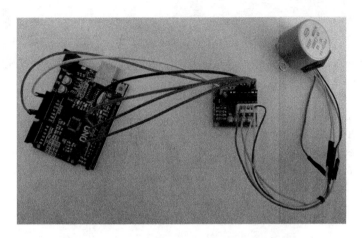

**图 7 - 15    四相五线式 42 步进电机接线实物图**

**表 7 - 11    28BYJ - 48 步进电机接线表**

| ULN2003 驱动模块 | Arduino UNO R3 | 28BYJ - 48 步进电机 |
| --- | --- | --- |
| 步进电机接口 | — | 电机接口 |
| 数字引脚 8 | IN1 | — |
| 数字引脚 9 | IN2 | — |
| 数字引脚 10 | IN3 | — |
| 数字引脚 11 | IN4 | — |
| 电机供电正极 | 5 V 引脚 | — |
| 电机供电负极 | GND 引脚 | — |

**程序：**

```
1   # include <Stepper.h>              //使用 arduino 自带的 Stepper.h 库文件
2   //这里设置步进电机旋转一圈是多少步
3   # define STEPS 100                  //这里设置步进电机旋转一圈是多少步
4   Stepper stepper(STEPS, 8, 9, 10, 11);  //设置步进电机的步数和引脚
5   void setup()
6   {
7     stepper.setSpeed(90);            //设置电机的转速:90 r/min
8     Serial.begin(9600);             //初始化串口,用于调试输出信息
9   }
10  void loop()
11  {
12    //顺时针旋转一周
13    Serial.println("shun");          //输出"shun",并换行
14    stepper.step(2048);             //4 步模式下旋转一周用 2 048 步
```

```
15       delay(500);                  //延迟 0.5 s
16       Serial.println("ni");        //逆时针旋转半周
17       stepper.step(-1024);         //反向旋转半周用 1 024 步
18       delay(500);                  //延时 0.5 s
19   }
```

**案例结果：**

该程序实现了步进电机顺时针旋转一周后，延时
0.5 s 继续逆时针旋转半周。

有些 28BYJ - 48 电机两根线式接反了，要将粉
色和黄色的线进行调换，见图 7 - 16。

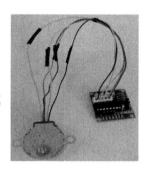

图 7 - 16　28BYJ - 48 换线图

## 案例 3　DRV8825 驱动芯片驱动两相四线式步进电机运动

**案例实现的功能：**

采用 DRV8825 驱动芯片驱动两相四线式步进
电机转动，实现步进电机沿同一方向按照设定的脉冲
数进行转动。

**工作原理：**

通过 stepper 类库中有关步进电机的函数对电机的转向、速度进行控制，具体控
制方式见本案例程序，各函数意义详见 7.3.4 小节。

**需要的元器件：**

DRV8825 驱动芯片 1 个(见图 7 - 5)、两相四线式步进电机 1 个(见图 7 - 11)、
9 V 外接电源 1 个(见图 7 - 7)、跳线 3 根(见图 5 - 4)。实物接线如图 7 - 17 所示，具
体接线方法见表 7 - 12。

表 7 - 12　步进电机接线表

| DRV8825 驱动芯片 | Arduino UNO R3 | 步进电机 |
|---|---|---|
| DIR(方向控制) | 引脚 5 | — |
| STEP(步进控制) | 引脚 4 | — |
| GND | GND 引脚 | — |
| FAULT | vin 引脚 | — |
| VMOT | — | — |
| A1/A2 | — | 同属一相的两根线 |
| B1/B2 | — | 同属另一相的两根线 |
| VOMT(接 12 V 外接电源正极) | — | — |
| GND(接 12 V 外接电源负极) | — | — |
| SLEEP 和 RESET 短接 | — | — |

图 7 - 17　四相五线式步进电机接线实物图

**程序：**

```
1    # include <Stepper.h>
2    Stepper myStepper(800, 4, 5);      //设置步进电机每转的步数和连接的引脚号,其中
3                                       //引脚 4 控制脉冲数的引脚,引脚 5 是方向引脚
4    void setup() {
5      myStepper.setSpeed(60);          //设置速度为 60 r/min
6      Serial.begin(9600);
7    }
8    void loop() {
9      myStepper.step(200);
10     delay(1000);
11   }
```

**案例结果：**

该程序实现了步进电机沿同一方向按照指定的脉冲数进行转动,并且每转动一下,停止 1 s。

## 7.3.5　Stepper 类库

Stepper 类库是用来控制步进电机的类库,该类库中有三个函数可供读者使用。下面介绍这三个函数的用法及参数意义。

**(1) Stepper()**

功能：定义连接到 Arduino 板上的步进电机。

语法：Stepper steppername(steps,pin1,pin2);

　　　Stepper steppername(steps,pin1,pin2,pin3,pin4)

参数：steppername 即读者为步进电机起的名字,在之后的程序中相当于该步进电机的代号;steps 即电机旋转一周的步数,该参数为整数型(如果你的电机参数是每步的度数,那么用 360°除以这个数字就可以得到步数,例如 360 / 3.6 给出 100 步);pin1 和 pin2,如果电机由两个引脚来控制,则这两个 pin 就是控制电机的两个引脚号;pin3 和 pin4,如果电机由四个引脚来控制,则这两个参数就是另外两个引脚号。

**(2) setSpeed( )**

功能:设置电机的转速。

语法:steppername. setSpeed(rpms)

参数:rpms 即电机每分钟转动的转数,该参数为长整型。

**(3) step( )**

功能:控制电机转动多少步。

语法:steppername. step(steps)

参数:steps 即电机要转动的步数,参数是整数型。如果该参数为正数,则电机朝一个方向转动;如果该参数为负数,则电机向相反的方向转动。

# 第 **8** 章

# Arduino 与无线通信

## 8.1　无线通信概述

　　无线通信是无线电通信的简称,它是利用电磁波信号可以在自由空间中传播的特性,进行信息交换的一种通信方式。因为没有了传输线的羁绊,设备间的通信可以更加灵活。在近些年的信息通信领域中,无线通信是发展最快、应用最广的通信技术。

　　然而,无线通信也并非是没有缺点的,它还有些限制和副作用存在。与有线电通信相比,无线通信不需要架设传输线路,不受通信距离限制,机动性好,建立迅速,但传输质量不稳定,信号易受干扰或易被截获,易受自然因素影响,保密性差。

## 8.2　无线通信网络框架

　　早期的通信都是一对一地进行数据交换的,为了确保数据的正确性,会采取许多信号交换步骤,保证设备间的时序、速率相同。也就是说,数据传送时必须双方都准备好传送和接收数据。在距离较短的有线通信中,大概只需要一条连线就可以让双方传递数据,如 USB、HDMI 等;如果距离逐渐拉长,则数字信号就会因为长距离的传输而造成信号不稳定,所以多半会加上类似调制解调器的方式来帮助处理长距离的数据传输,如图 8-1 所示。

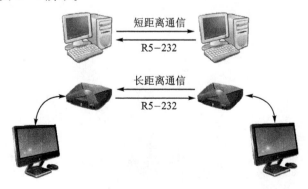

**图 8-1　设备之间的数据传输**

在设备相互依赖的重要性逐渐提升以后,一对一的通信就不再能够满足系统的需求了。为了使数据能够在很短的时间内传送至多台终端设备,并让主机在短时间内收集到数量庞大的传感器测量值,系统之间的通信架构便开始复杂起来。下面就来介绍几种通信架构。

## 8.2.1　一对多通信架构

多台设备之间的通信架构会根据设备数量的多少、通信数据量的大小、数据交换的模式来确定。下面首先介绍一对多的通信结构,即所有数据都会由终端设备传输到一个主要的核心设备。一对多通信网络也称星状网络,如图 8-2 所示。

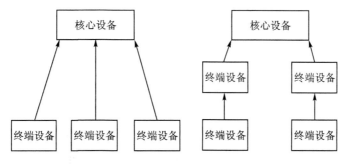

图 8-2　一对多通信架构

这台核心设备的主要任务为负责接收来自各个终端设备传输进来的数据,接收到数据后,通过本身设定的命令或使用者的需求,对相应的数据进行处理以后,再向相应的终端传达控制命令。由于核心设备需要处理大量的数据进出,因此与终端设备不同,通常会使用比一般设备更加高级的处理器来应付相应的操作。

在日常生活当中,采用这种架构的常见应用就是蓝牙连接,一部手机或是电脑可以连接多台设备,比如一台电脑可以同时连接蓝牙键盘与蓝牙鼠标,一部手机也可以在连接蓝牙耳机的同时给另一台手机传输数据。

## 8.2.2　多对多通信架构

一对多通信架构虽然每一个终端设备都可以与核心设备做数据交换,但假如两个终端设备之间需要互相传递数据,那么就必须先将数据传送至核心设备,再通过核心设备将数据传输给要接收的另一个终端设备。这样会浪费许多时间。因此,一对多通信架构可以优化为多对多通信架构,如图 8-3 所示。

通过这样的方式可以直接将数据传递给需要的设备,从而省去了中间交换的时间。不过同时也增加了设备的负担,即设备除了本身的正常工作外,还要注意是否有其他设备想要进行数据交换。如果有大量的设备需要进行数据交换,就会造成数据的传送延迟,所以这种结构的传输速率会比较慢。

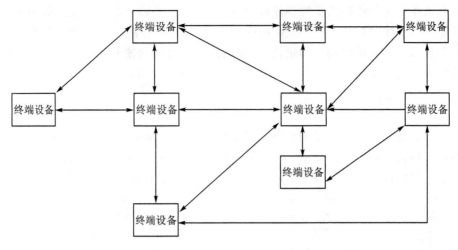

**图 8 - 3　多对多通信架构**

### 8.2.3　混合式通信架构

混合式通信架构,是将之前所述的一对多和多对多的两种架构相结合,将结构中的所有设备分等级,依据不同的场景,不同设备的分工各不相同。混合式通信架构如图 8 - 4 所示。

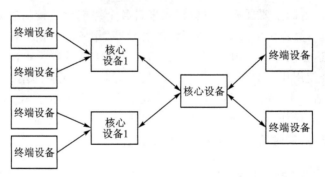

**图 8 - 4　混合式通信架构**

# 8.3　常见的无线通信协议

只有前面介绍的无线通信架构,是不能完成某项功能的,还需要无线通信协议的加入,这时才完整地构成了一个可以达成某种目的应用。

无线通信协议就像是交通工具一样。比如,当去楼下的小卖部买零食的时候,会走着去,而不是开车去;当一家人想要去很远的地方旅行时,会选择火车或者飞机出行,而不会选择骑自行车。无线通信协议就像这里说的自行车、火车、飞机等交通工具。而要选择什么样的交通工具出行,取决于要去地方的远近以及对速度的要求。类似地,两台设备之间选用怎样的无线通信协议进行连接,也取决于通信距离的远近以及对通信速度的要求。比较常见的无线通信协议有蓝牙、Wi-Fi、NFC 等(见表 8 - 1)。

**表 8 - 1　常见类型的通信距离与速率**

| 名　称 | 传输速率 | 通信距离 | 频　段 | 安全性 | 功　耗 | 主要应用 |
|---|---|---|---|---|---|---|
| 蓝牙 | 1 Mbps | 20～200 m | 2.4 GHz | 高 | 20 mA | 通信、汽车、IT |
| Wi-Fi | 11～54 Mbps | 20～200 m | 2.4 GHz | 低 | 10～50 mA | 无线上网、PC、PDA |
| NFC | 424 Kbps | 20 m | 13.6 GHz | 极高 | 10 mA | 手机、进场通信技术 |
| UWB | 53～480 Mbps | 0.2～40 m | 3.1～10.6 GHz | 高 | 10～50 mA | 消防、救援、医疗 |
| ZigBee | 100 Kbps | 20～200 m | 2.4 GHz | 中 | 5 mA | 无线传感器网络、远程控制 |

# 8.4　RF 模块

RF 模块是无线射频模块的简称。每秒变化小于 1 000 次的交流电称为低频电流,而每秒变化大于 10 000 次的交流电称为高频电流。射频就是这样一种高频电流。射频技术在无线通信领域具有广泛的、不可替代的作用。

RF 只能传送数字信号,也就是 0 和 1 两种状态,通过 0 和 1 的组合来代表不同的意义。市面上可以买到的 RF 无线通信模块的常见频率大致如下:27 MHz、305 MHz、315 MHz、418 MHz、434 MHz,还有 2.4 GHz 等。市售 RF 模块的接收和发射有的是使用两组不同的电路,所以只能单向收发数据。要让一个设备同时能够接收和发射数据,则需要两套 RF 模块,或者可以寻找同时拥有这两项功能的模块。

## 8.4.1　315 MHz RF 模块及案例

下面重点介绍 315 MHz RF 模块的使用。图 8-5 所示为 315 MHz RF 模块的发射部分和接收部分。

图 8-5(a)所示为 315 MHz RF 模块的发射部分,共有三个引脚,其中标有 DATA 的引脚为数据传输引脚,标有 VCC 的引脚要接在 5 V 电源的正极,标有 GND 的引脚为接地线,对应的接电源的负极。图 8-5(b)所示为 315 MHz RF 模块的接收部分,与发射部分类似,图中标识着 VCC 的引脚应连接电源的正极,中间两个引脚均为数据传输使用的 DATA 引脚,最右侧为 GND 负极引脚。下面看一个简单的案例。

**案例功能:**
实现 LED 小灯按一定时间闪烁。

 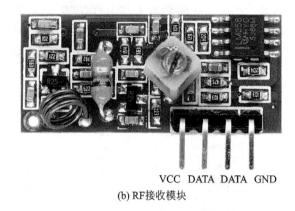

DATA VCC GND                    VCC  DATA  DATA  GND
(a) RF发射模块                      (b) RF接收模块

**图 8-5　315 MHz RF 模块的发射部分和接收部分**

**案例原理：**

RF 模块只能传送数字信号，也就是 0 和 1 两种状态。该案例首先发送字符"1"，2 s 后发送字符"0"，当接收到字符"1"时，连接到 Arduino 板上引脚 5 的 LED 亮起，当接收到字符"0"时，LED 熄灭。

**所需元器件：**

315 MHz RF 收发模块 1 对（见图 8-5）、Arduino 板 2 块、LED 灯 1 个、跳线若干。

**具体接线如下：**

315 MHz RF 收发模块接线图如图 8-6 所示。

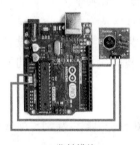 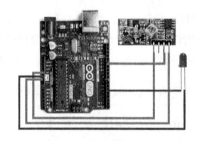

(a) 发射模块                          (a) 接收模块

**图 8-6　315 MHz RF 收发模块接线图**

**程序如下：**

发射器的 Arduino 程序如下：

```
1    # include <VirtualWire.h>
2    char * controller;
3    void setup() {
4        pinMode(13,OUTPUT);
```

```
5      vw_set_ptt_inverted(true);
6      vw_set_tx_pin(12);
7      vw_setup(4000);                        //设置数据发送速率
8    }
9    void loop() {
10     controller = "1";
11     vw_send((uint8_t *)controller, strlen(controller));
12     vw_wait_tx();                          //等待,直到所有信息发送完毕
13     digitalWrite(13,1);
14     delay(2000);
15     controller = "0";
16     vw_send((uint8_t *)controller, strlen(controller));
17     vw_wait_tx();                          //等待,直到所有信息发送完毕
18     digitalWrite(13,0);
19     delay(2000);
20   }
```

接收器的 Arduino 程序如下:

```
1    #include <VirtualWire.h>
2    void setup() {
3      vw_set_ptt_inverted(true);             //需要 DR3100
4      vw_set_rx_pin(12);
5      vw_setup(4000);                        //设置数据发送速率
6      pinMode(5, OUTPUT);
7      vw_rx_start();                         //开始接收数据
8    }
9    void loop() {
10     uint8_t buf[VW_MAX_MESSAGE_LEN];
11     uint8_t buflen = VW_MAX_MESSAGE_LEN;
12     if (vw_get_message(buf, &buflen)) {
13        if(buf[0] == '1') {
14           digitalWrite(5,1);
15        }
16        if(buf[0] == '0') {
17           digitalWrite(5,0);
18        }
19     }
20   }
```

**案例结果:**

连接在 Arduino 板上引脚 5 的 LED 灯会每隔相应的时间亮起。

## 8.4.2　RFID 与读卡器及案例

　　RFID 是无线射频辨识技术的简称（Radio-Frequency Identification），最早是在第二次世界大战时英国空军为了避免误伤友军所采用的辨识技术。真正第一颗 RFID 标签大约在 20 世纪 70 年代才出现，此后便开始这项技术的相关应用发展。RFID 曾经被许多人预言将大幅改变社会的生活形态，但碍于成本和技术限制，目前还无法真正运用于多个领域中。图 8-7 所示为 RC-522 型 RFID 模块。

　　近几年，随着科技的不断进步以及技术的越发成熟，RFID 卡越来越流行。其可以用作进入办公室的门卡或公共交通付费卡。小的 RFID 标签可以植入动物体内，如果动物丢失了则可用动物体内的 RFID 标签来识别它们。在交通工具上可以采用 RFID 标签来实现收费。RFID 甚至用在医院手术室给一次性器件做标签，保证手术后没有外物留在人体内。这些年这项技术的价格在大幅下降。目前，可以用不到 10 美元获得 RFID 读卡器，它们很容易与 Arduino 连接使用，所以许多有意思的项目可以用 RFID 去做。图 8-8 所示为简单介绍 RD-522 型 RFID 模块的引脚所表示的含义。

**图 8-7　RC-522 型 RFID 模块**

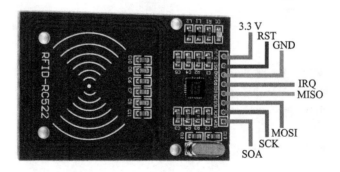

**图 8-8　RD-522 型 RFID 模块各引脚说明**

　　下面看一个案例。

**案例功能：**

该案例可以读取不同的 RFID 标签的信息。

**案例原理：**

IC 卡与射频模块接触后，模块接收解读器发出的射频信号，凭借感应电流所获得的能量发送出存储在芯片中的产品信息。

**所需元器件：**

RFID RC－522 模块 1 块、IC 卡 1 张、跳线若干。引脚的连线如表 8－2 所列，具体接线如图 8－9 所示。

**表 8－2　RFID 模块引脚连线表**

| RFID 模块引脚 | Arduino 引脚 |
|---|---|
| SDA | 10 |
| SCK | 13 |
| MOSI | 11 |
| MISO | 12 |
| IRQ | \ |
| GND | GND |
| RST | 9 |
| 3.3 V | 3.3 V |

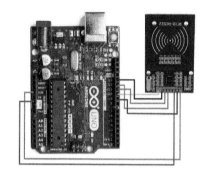

**图 8－9　RFID 接线图**

接线完成后，接下来看程序。本案例的程序需要用到 RFID RC－522 的库，具体库的添加方法在 2.4 节中已经介绍过，这里不再赘述。安装好相应的库之后，接下来是程序部分。

**程序如下：**

```
1    #include <SPI.h>
2    #include <MFRC522.h>
3    #define RST_PIN 9
4    #define SS_PIN 10
5    MFRC522 mfrc522(SS_PIN, RST_PIN);
6    void setup()
7    {
8        Serial.begin(9600);                    //初始化与 PC 的串行通信
9        while (!Serial);
10       SPI.begin();                           //Init SPI bus
11       mfrc522.PCD_Init();                    //Init MFRC522
12       mfrc522.PCD_DumpVersionToSerial();
13       Serial.println(F("Scan PICC to see UID, SAK, type, and data blocks..."));
14       }
15       void loop()
16       {
17       //查找新卡
```

```
18      if（！mfrc522.PICC_IsNewCardPresent())
19      {
20          return;
21          }
22        //选择一张卡
23      if（！mfrc522.PICC_ReadCardSerial())
24      {
25          return;
26          }
27      //发送卡信息；PICC_HaltA()被自动调用
28      mfrc522.PICC_DumpToSerial(&(mfrc522.uid));
29          }
```

**案例结果：**

程序运行后，将准备好的 IC 卡，贴放到 RFID 的感应区域，便可以读到此卡的相应信息，如图 8 - 10 所示。

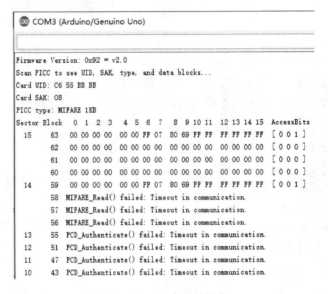

**图 8 - 10  IC 卡相关信息**

# 8.5  红外线与超声波案例

人体器官所产生的感觉有听觉、嗅觉、触觉等，这些感觉可以帮助人们了解周围的环境、发现危险、找寻目标等。机器之间的交互可以通过通信接口、屏幕显示或是信号的输入等，这些都是系统与周围人、事物产生互动的方式。

交互式感应设备的种类非常多，如压力感测、光敏电阻等都可以感应外在变化，不过这些传感器多半只能在很近的距离使用,甚至要以接触的方式才能让人与机器产生互动。想要把距离拉远一点,红外线和超声波都是可以使用的方式。

## 8.5.1　红外线与超声波简介

**(1) 红外线**

可见光、红外线和电波都是电磁波的一种,但是它们的频率和波长不一样。红外线是波长介于微波与可见光之间的电磁波,其波长在 1 mm 到 760 nm 之间,是比红光波长还长的非可见光。

**(2) 超声波**

科学家们将每秒钟振动的次数称为声音的频率,它的单位是赫兹(Hz)。人类耳朵能听到的声波频率为 20~20 000 Hz,因此把频率高于 20 000 Hz 的声波称为超声波。

超声波的方向性好,穿透能力强,易于获得较集中的声能,在水中传播距离远,可用于测距、测速、清洗、焊接、碎石、杀菌消毒等。在医学、军事、工业、农业上有很多的应用。

## 8.5.2　简单的红外信号传输案例

红外线遥控接收元器件,它的内部包含红外线接收元器件及信号处理 IC。

红外线遥控接收元器件各个引脚的含义如图 8 - 11 所示,最左侧为数据传输引脚,中间为接地引脚,左侧为 5 V 引脚。认识完元器件的构造后,接下来通过一个简单的案例来熟悉一下应用。

**案例功能:**

该案例可以接收来自红外遥控器(见图 8 - 12)发射的信号。

OUTGND VCC

**图 8 - 11　红外线遥控接收元器件**

**图 8 - 12　红外遥控器**

**案例原理：**

在按压红外遥控器的按键时,遥控器里的红外发射管把信号换成不可见的红外线发出去,然后被红外线接收头接收,并将红外线转成信号。

**所需元器件：**

红外线遥控接收元器件 1 个、红外遥控器 1 个、跳线若干。将红外线遥控接收元器件与 Arduino 按照图 8-13 所示的连线方式进行连接。5 V 与 VCC 相连、接地与 GND 相连、pin 11 与 OUT 相连。

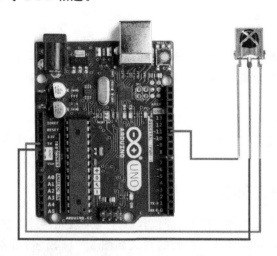

**图 8-13　红外线遥控接收元器件连接**

连接好元器件之后,我们来看一下程序部分。此程序需要用到 IRremote 库(参见 2.4 节),在编写程序之前应安装好 IRremote 库,然后再编写程序。

**程序：**

```
1    #include<IRremote.h>                    //IRremote 库声明
2    int RECV_PIN = 11;                       //定义红外接收器的引脚为 11
3    IRrecv irrecv(RECV_PIN);
4    decode_results results;
5    void setup()
6    {
7    Serial.begin(9600);
8    irrecv.enableIRIn();                     //启动接收器
9    }
10    void loop() {
11    if (irrecv.decode(&results))
12    {
13    Serial.println(results.value, HEX);     //以十六进制换行输出接收
14    irrecv.resume();                        // 接收下一个值
```

```
15        }
16        delay(100);
17    }
```

**案例结果:**

程序运行后,使用红外遥控器对红外线接收元件进行遥控操作。当按下不同的按键时,界面所显示的内容也不相同,并以十六进制显示,如图 8 - 14 所示。

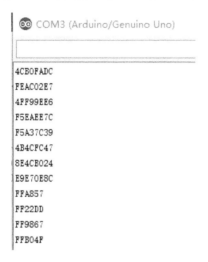

图 8 - 14　按下不同按键显示不同内容

## 8.5.3　简单的红外线测距仪案例

SHARP 红外距离传感器系列是目前最普遍使用的红外线距离传感器,针对不同输入信号和距离范围有不同的型号可选择。红外线传感器与超声波传感器相比,价格要低许多。图 8 - 15 所示为红外测距模块的外观以及各引脚的含义。

红外线测距模块的接线很简单,标准的 3 条线:信号、接地、电源。因此,可以很轻松地与 Arduino 连接,依然采用第 1 个 AD 引脚(编号:A0)。下面来看案例。

**案例功能:**

该案例可以检测物体到红外测距仪的距离。

**案例原理:**

利用的红外测距传感器发射出一束红外光,在照射到物体后形成一个反射的过程,反射到传感器后接收信号,然后处理发射与接收的时间差的数据。经信号处理器处理后计算出物体的距离。

**所需元器件:**

SHARP 红外距离传感器 1 个、Arduino 板 1 块、跳线若干。具体连线方式如图 8 - 16 所示。

GND OUT VCC

图 8 - 15　红外线测距模块引脚说明

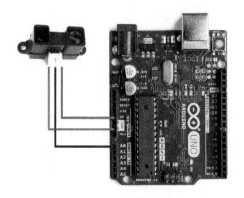

图 8 - 16　红外测距接线

**程序：**

```
1    # define pin A0
2    void setup () {
3          Serial.begin (9600);
4          pinMode (pin, INPUT);
5    }
6    void loop () {
7          uint16_t value = analogRead (pin);
8          uint16_t range = get_gp2y0a02 (value);
9          Serial.println (value);
10         Serial.print (range);
11         Serial.println (" cm");
12         Serial.println ();
13         delay (500);
14    }
15     //return distance (cm)
16     uint16_t get_gp2y0a02 (uint16_t value) {
17          if (value < 70)  value = 70;
18          return 12777.3/value - 1.1;              //(cm)
19     }
```

**案例结果：**

程序运行后，系统会根据物体离红外测距模块的远近来显示不同的数值，如图 8 - 17 所示。最后的结果之所以每一组有两个数值，是因为显示了换算成厘米之前的数值。

## 8.5.4　红外线人体感测案例

日常见到的自动冲水系统是利用感应人体红外线光谱的变化来工作的，当有人进入开关感应范围时，它会自动输出信号。人体红外线感应模块如图 8 - 18 所示。

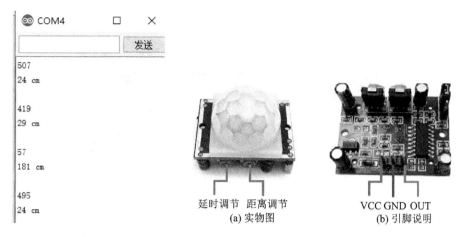

图 8 - 17　红外测距数据　　　　　　图 8 - 18　红外人体感应模块

顺时针旋转调节延时电位器,感应时间增加;反之感应时间缩短。顺时针旋转调节距离电位器,感应距离增大;反之感应距离减小。这个模块的输出为数字信号,单纯是 0 与 1 的变化,因此程序相当简单,接线也很容易。

下面具体通过一个案例来看。

**案例功能:**

该案例实现的效果为当感应到有人时,单片机的 LED 灯会亮起,当人离开时灯熄灭。

**案例原理:**

红外线人体感应是根据人体的红外线进行运作的感应器,一般人体在温度为 36～37 ℃时,会发出特定波长的红外线,感应器会检测该波长的红外线是否存在来进行相应的控制。

**所需元器件:**

人体红外线感应模块 1 个、Arduino 板 1 个、跳线若干。将红外线遥控接收元器件与 Arduino 按照图 8 - 19 所示的连线方式进行连接。5 V 端与 VCC 相连,接地与 GND 相连,pin11 与 OUT 相连。具体接线如图 8 - 19 所示。

**程序:**

```
1    int PIR_sensor = A5;              //指定 PIR 模拟端口 A5
2    int LED = 13;                     //指定 LED 端口 13
3    int val = 0;                      //存储获取到的 PIR 数值
4    void  setup ()
5    {
6       pinMode(PIR_sensor, INPUT);    //设置 PIR 模拟端口为输入模式
7       pinMode(LED, OUTPUT);          //设置端口 2 为输出模式
8       Serial.begin(9600);           //设置串口波特率为 9 600
```

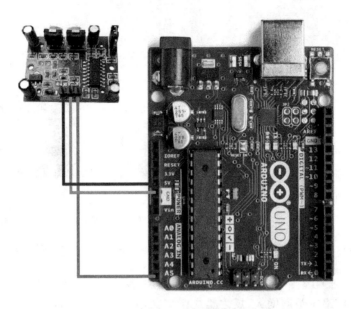

图 8 - 19　红外人体感应模块接线

```
9        }
10       void  loop()
11        {
12          val = analogRead(PIR_sensor);        //读取 A0 口的电压值并赋值到 val
13          Serial.println(val);                 //串口发送 val 值
14          if (val > 150);                      //判断 PIR 数值是否大于 150
15        {
16          digitalWrite(LED,HIGH);              //大于即表示感应到有人
17        }
18          else
19        {
20          digitalWrite(LED,LOW);               //小于即表示未感应到有人
21        }
22       }
```

**案例结果：**

　　程序运行后,可以将手放到红外感应模块上,此时模块感应到有人,会有数值上的变化,同时 Arduino 上的 LED 灯会亮起;当手离开时,数值会变为 0,同时 LED 灯熄灭,如图 8 - 20 所示。

　　在观察数据变化的同时,可以观察 Arduino 上的 LED 灯的亮灭变化,如图 8 - 21 所示。

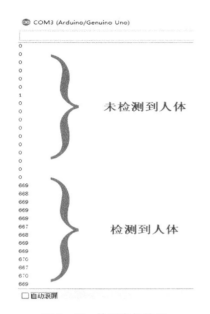

图 8 - 20　检测变化结果　　　　　图 8 - 21　观察此灯的变化

## 8.5.5　简单的超声波测距案例

能够被用来发射 20 kHz 以上的声波,或侦测是否有 20 kHz 以上声波的感测组件,都称为超声波感测组件。常用的超声波传感器有压电式和磁伸缩式两大类。用来侦测的模块大概有下列几种:单一发射型、分离反射型和对射型。其工作原理都是测量超声波从发射到接收再到反射波的时间,然后乘上超声波的速度,计算出距离。不同类型大多可直接从外观看出来。如图 8 - 22 所示的 HC - SR04 就是反射型的,从外观可以明显看出有 2 个传感器。

图 8 - 22　HC - SR04 型超声波测距模块

下面来看一个简单的案例。

**案例功能:**

该案例可以应用超声波测距模块来进行距离测量。

**案例原理:**

超声波发射器向某一方向发射超声波,在发射的同时开始计时,超声波在空气中

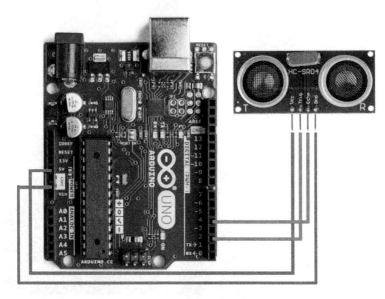

**图 8 - 23　超声波模块连线**

传播,途中碰到障碍物就立即返回来,超声波接收器收到反射波就立即停止计时。超声波在空气中的传播速度为 340 m/s,根据计时器记录的时间 $t$,就可以计算出发射点距障碍物的距离($s$),即 $s = 340\ t/2$。这就是所谓的时间差测距法。

**所需元器件:**

HC - SR04 型超声波传感器 1 个、Arduino 板 1 个、跳线若干。将超声波传感器与 Arduino 按照图 8 - 23 所示的连线方式进行连接。5 V 端与 VCC 相连、接地与 GND 相连、pin2 与 Trig 相连,pin3 与 Echo 相连。具体的接线如图 8 - 23 所示。

**程序:**

```
1    const int TrigPin = 2;
2    const int EchoPin = 3;
3    float cm;
4    void setup()
5    {
6    Serial.begin(9600);
7    pinMode(TrigPin, OUTPUT);
8    pinMode(EchoPin, INPUT);
9    }
10   void loop()                        //发送一个10 ms的高脉冲去触发TrigPin
11   {
12   digitalWrite(TrigPin, LOW);
13   delayMicroseconds(2);
14   digitalWrite(TrigPin, HIGH);
```

```
15    delayMicroseconds(10);
16    digitalWrite(TrigPin, LOW);
17    cm = pulseIn(EchoPin, HIGH) / 58.0;        //换算成厘米
18    cm = (int(cm * 100.0)) / 100.0;            //保留两位小数
19    Serial.print(cm);
20    Serial.print("cm");
21    Serial.println();
22    delay(1000);
23    }
```

**案例结果：**

程序运行后,根据物体离测距模块的远近,系统显示不同数值,如图 8-24 所示。

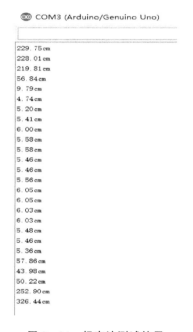

**图 8-24　超声波测试结果**

# 8.6　蓝牙模块与案例

蓝牙已经是非常成熟的无线通信技术,手机、电脑以及大部分数码设备几乎都支持蓝牙功能。蓝牙通信的传输距离约为 10 m,主要通信频段为 2.4 GHz。蓝牙的通信架构除了普通的一对一通信以外,也可以多台设备同时连接一台核心设备,也就是一对多通信。

图 8-25 所示为蓝牙模块对应引脚的含义。

引出接口包括 VCC、GND、TXD、RXD,预留 LED 状态输出脚,单片机可通过该

图 8 - 25　蓝牙模块

脚状态判断蓝牙是否已经连接。具体连线如图 8 - 26 所示。

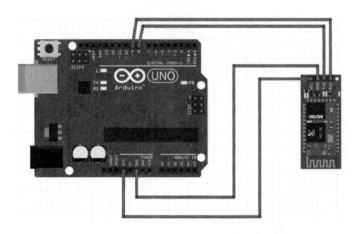

图 8 - 26　Arduino 与蓝牙模块连线示意图

**程序：**

```
1    # include <SoftwareSerial.h>        //使用软件串口,能将数字口模拟成串口
2    SoftwareSerial BT(8, 9);            //新建对象,接收引脚为8,发送引脚为9
3    char val;                           //存储接收的变量
4    void setup() {
5    Serial.begin(9600);                 //与电脑的串口连接
6    Serial.println("BT is ready!");
7    BT.begin(9600);                     //设置波特率
8    }
9        void loop() {
10       //如果串口接收到数据,就输出到蓝牙串口
11       if (Serial.available()) {
12          val = Serial.read();
13          BT.print(val);
14       }
15       //如果接收到蓝牙模块的数据,输出到屏幕
16       if (BT.available()) {
17          val = BT.read();
```

```
18          Serial.print(val);
19      }
20  }
```

**案例结果：**

程序运行结果是通过 SPP 蓝牙助手实现连接蓝牙和与蓝牙之间的通信。此处用的是 unWired Lite，可以在 Play 市场下载。

# 8.7　Wi-Fi 模块与案例

Wi-Fi 模块又叫作串口 Wi-Fi 模块，属于物联网传输层，功能是将串口转为符合 Wi-Fi 无线网络通信标准的嵌入式模块。传统的硬件设备嵌入 Wi-Fi 模块可以直接利用 Wi-Fi 联入互联网，是实现无线智能家居等物联网应用的重要组成部分。

Wi-Fi 模块可分为以下三类：

> 通用 Wi-Fi 模块，比如手机、笔记本电脑、平板电脑上的 USB 或者 SDIO 接口模块，Wi-Fi 协议栈和驱动是在安卓、Windows、IOS 系统里跑的，需要非常强大的 CPU 来完成应用；
> 路由器方案 Wi-Fi 模块，其典型应用是家用路由器，协议和驱动是借助拥有强大 Flash 和 Ram 资源的芯片加 Linux 操作系统；
> 嵌入式 Wi-Fi 模块，32 位单片机，内置 Wi-Fi 驱动和协议，适用于各类智能家居或智能硬件单品。

现在很多厂家已经尝试将 Wi-Fi 模块加入电视、空调等设备中，以搭建无线家居智能系统。让家电厂家快速方便地实现自身产品的网络化、智能化并与更多的其他电器实现互联互通。

市面常见的 Wi-Fi 模块为 ESP 8266 型（见图 8-27）。ESP 8266 型以其低廉的价格和强大的功能，吸引了越来越多的物联网开发者的关注。下面用它来实现一个案例。

**案例功能：**

检测 Wi-Fi 模块工作的是否正常。

**所需元器件：**

ESP 8266 型 Wi-Fi 模块 1 个、Arduino 板 1 个、跳线若干。模块连线如表 8-3 所列。

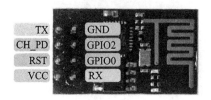

图 8 - 27　ESP 8266 型 Wi-Fi 模块引脚说明

表 8 - 3　Wi-Fi 模块引脚接线图

| Wi-Fi 模块引脚 | Arduino 引脚 |
| --- | --- |
| VCC | 3.3 V |
| GND | GND |
| TX | 10 |
| RX | 11 |

**程序：**

```
1    # include <SoftwareSerial.h>
2    SoftwareSerial mySerial(10, 11);        //RX 和 TX 分别连接到 10、11 端口，二者均为软串口
3    void setup()
4    {
5    //Open serial communications and wait for port to open：
6          mySerial.begin(9600);
7        }
8    void loop() //run over and over
9    {
10       if (mySerial.available())
11           Serial.write(mySerial.read());
12       if (Serial.available())
13           mySerial.write(Serial.read());
14     }
```

**案例结果：**

打开串口监视器，选择波特率为 9 600，同时选择回车选项，重新拔插一下 8266 模块的电源，这时会看到串口监视器显示一串英文信息，说明模块已正常工作，如图 8 - 28 所示。

```
[Vendor:www.ai
-thinker.com Version:0.9.2.4]

ready
```

图 8 - 28　Wi-Fi 模块正常工作状态

# 第 **9** 章

# Arduino 存储技术

## 9.1　EEPROM 存储技术

### 9.1.1　EEPROM 介绍

EEPROM(Electrically Erasable Programmable Read-Only Memory)存储器指的是电可擦除可编程只读存储器。简单来说,EEPROM 就像是 Arduino 的一个内置硬盘,这意味着即使 Arduino 掉电,存放在 EEPROM 中的数据也可以保存下来,方便再次上电的时候进行读取操作。在使用 AVR 芯片的 Arduino 控制器上均带有 EEPROM,也可以外接 EEPROM 芯片。EEPROM 在设备断电后仍能存储数据,常被用来存储重要的工作数据。

不同的 Arduino 控制器的 EEPROM 空间大小往往也不同,ATmega328(Arduino UNO R3)内部装有 1 KB 的 EEPROM,ATmega168 和 ATmega8 中的 EEPROM 为 512 B,ATmega1280 和 ATmega2560 中的 EEPROM 为 4 KB。

### 9.1.2　EEPROM 类库

Arduino 自带了 EEPROM 的类库,只需要在程序中包含 EEPROM.h 头文件,就可以利用其中的成员函数进行 EEPROM 的读/写操作。官方自带的 EEPROM 类库中有 6 个操作 EEPROM 的成员函数。

**(1) read( )**

功能:从 EEPROM 中读取 1 个字节。返回一个 byte 型值,存储在该位置的 1 个字节内。

语法:EEPROM.read(address)。

参数:address 为 int 型参数,即从 0 开始读取的位置。

**(2) write( )**

功能:在 EEPROM 中写入 1 个字节。

语法:EEPROM.write(address,value)。

参数:address 为 int 型参数,即从 0 开始写入的位置;value 为 byte 型参数,即要写入的 1 个字节。

**（3）update（）**

功能：在 EEPROM 中写入 1 个字节。该值只在与已保存在同一地址的值不同时写入。

语法：EEPROM. update(address,value)。

参数：address 为 int 型参数，即从 0 开始写入的位置；value 为 byte 型参数，即要写入的 1 个字节。

**（4）get（）**

功能：从 EEPROM 中读取任何数据类型或对象。返回对读取数据的引用。

语法：EEPROM. get(address,data)。

参数：address 为 int 型参数，即从 0 开始读取的位置；data 为任意类型参数，即要读取的数据。

**（5）put（）**

功能：在 EEPROM 中写入任何数据类型或对象。返回对写入数据的引用。

语法：EEPROM. put(address,data)。

参数：address 为 int 型参数，即从 0 开始写入的位置；data 为任意类型参数，即要写入的数据。

**（6）EEPROM[]**

功能：这个操作符允许像阵列一样使用标识符"EEPROM"。EEPROM 单元可以使用这种方法直接读取和写入。返回对 EEPROM 单元的引用。

语法：EEPROM[address]。

参数：address 为 int 型参数，即从 0 开始写入/读取的位置。

## 9.1.3　EEPROM 简单读、写案例

运用 EEPROM 类库的 write()函数和 read()函数就可以实现简单的读/写操作。下面介绍 EEPROM 的写入方法、读取方法和清除数据方法。本示例不需要额外的电路连接，只需把一块 Arduino UNO 主板用数据线连接计算机即可。

### 1. 写入方法

程序如下：

```
1    # include<EEPROM.h>
2    int address = 0;
3    void setup() {
4    }
5    void loop() {
6      Serial.begin(9600);              //初始化串口通信
7      int value = analogRead(A0) / 4;  //每次写入 1 个字节
```

```
8      EEPROM.write(address, value);
9      Serial.println(value);
10     address = address + 1;              //到下一个地址
11     if (address == 1024)                //当读/写位置到了最大容量时,注意不要溢出
12       address = 0;
13     delay(1000);                        //延时 1 s
14   }
```

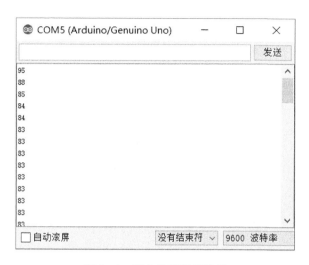

**图 9 - 1　写入数据串口信息**

　　打开串口监视器,单击工具条上的"上传"按钮,可以看到如图 9 - 1 所示的串口信息。说明 Arduino 正在以 1 秒每次的速度往 EEPROM 中写入数据。需要注意的一点是,每次写入的数据为 1 个字节,不要溢出。比如这段程序中用 analogRead()函数读取 A0 口的模拟信号进行保存,但是模拟信号读出后是一个 0~1 024 的值,而每个字节的大小为 0~255,容纳不了,所以这里可以变通一下,将值除以 4 再存储到 value,就能够容纳了。使用的时候读出来再乘以 4 就能还原回来。

## 2.读取方法

　　程序如下:

```
1    # include<EEPROM.h>
2    int address = 0;
3    byte value;
4    void setup(){
5    Serial.begin(9600);                 //初始化串口通信
6    }
7    void loop(){
8      value = EEPROM.read(address);     //读入 1 个字节
9      Serial.print(address);
```

```
10      Serial.print("\t");                    //输出8个空格
11      Serial.print(value, DEC);
12      Serial.println();
13      address = address + 1;                 //到下一个地址
14      if (address == 1024)                   //当读/写位置到了最大容量时,注意不要溢出
15        address = 0;
16      delay(1000);                           //延时1 s
17    }
```

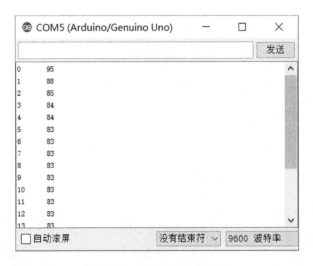

图 9 - 2　读取数据串口信息

打开串口监视器,点击工具条"上传"按钮,可以看到如图 9 - 2 所示的串口信息。说明 Arduino 正在以 1 秒每次的速度从 EEPROM 中读取数据。从图中可以发现,这里读取的数据与 9 - 1 中写入的数据一致。

### 3. 清除数据

程序如下:

```
1     # include<EEPROM.h>
2     void setup() {
3       for (int i = 0; i < 1024; i++)         //让 EEPROM 的 1 024 字节内容全部清零
4         EEPROM.write(i, 0);
5     }
6     void loop() {
7     }
```

打开串口监视器,单击工具条上的"上传"按钮,此时还不能知道程序是否已经清除 EEPROM 中的数据,这里再次打开上面的读取数据的程序,单击"上传"按钮,这时可以看到如图 9 - 3 所示的串口信息,说明 EEPROM 中的所有数据都已清零。

图 9 - 3　清除数据串口信息

## 9.1.4　EEPROM 存储各类型数据案例

前面已经提到,使用 Arduino 提供的 EEPROM 类库,只能将字节型的数据存入到 EEPROM,也就是一次只能写入 1 个字节。如果要存储多个字节的数据类型,可以用共用体实现,共用体的基础知识参见第 3 章。

这里以一个 float 类型的数据为例。一个 float 类型的数据需要占用 4 个字节的存储空间。因此要把一个 float 拆分为 4 个字节,然后逐字节写入 EEPROM,以达到保存 float 数据的目的,而这个拆分的过程就由共用体来完成。

用共用体写入数据的程序如下:

```
1    # include <EEPROM.h>
2    union data{
3      float a;
4      byte b[4];
5    };
6    data col;
7    int address = 0;
8    void setup(){
9      col.a = 123.45;                  //通过 a 赋值
10     for(int i = 0; i < 4; i++){
11       EEPROM.write(address, col.b[i]);    //通过 b 拆分为 4 个字节
12       address = address + 1;
13     }
14   }
15   void loop(){
16   }
```

首先定义一个名为 data 的共用体结构,共用体中有两个类型不同的成员变量:a 为浮点型,占 4 个字节,b[4]为字节型数组,同样占 4 个字节,所以它们能保持数据的一致,一个数据变了,另一个也随之改变。再申明一个 data 类型的变量 col,用 col.a 访问共用体,通过 a 进行赋值,用 col.b 把数据存储到 EEPROM 中。下面再用类似的方式把数据读出来。

用共用体读取数据的程序如下:

```
1    # include <EEPROM.h>
2    union data{
3      float a;
4      byte b[4];
5    };
6    data col;
7    int address = 0;
8    void setup(){
9      Serial.begin(9600);              //初始化串口通信
10     for(int i = 0;i<4;i++){
11       col.b[i] = EEPROM.read(address);
12       address = address + 1;
13     }
14     Serial.println(col.a);           //输出 a 值
15   }
16   void loop(){
17   }
```

打开串口监视器,单击工具条上的"上传"按钮,可以看到图 9-4 所示的输出信息,输出的数字与赋值给 a 的数字一致。

图 9-4　读取共用体数据串口信息

# 9.2　SD 卡存储技术

## 9.2.1　SD 卡介绍

　　SD 卡(Secure Digital Memory Card)(见图 9 - 5)是一种基于半导体快闪记忆器的新一代存储设备,被广泛应用于便携式装置上,例如数码相机、手机和平板电脑等。SD 卡与 arduino 自带的 EEPROM 的不同之处就是,SD 卡允许用户存储大量的数据。SD 卡按从大到小分为 SD、miniSD、microSD 三种,其中 microSD 又名 TF 卡。SD 卡体积小,价格低,是比较好的存储数据的元件,而且 Arduino 可以相当容易地通过 SD 卡的 SPI 接口与其通信。

　　Arduino 读/写 SD 卡中的数据需要 SD 卡类库的支持。由于 SD 卡类库目前只适用于 FAT16 和 FAT32 的文件系统,因此需要将 SD 卡以 FAT16 或者 FAT32 文件系统进行格式化。格式化需要在计算机上执行,将 SD 卡插入插槽,在计算机中找到 SD 卡对应的分区,右击选择格式化,在弹出的如图 9 - 6 所示的窗口中选择对应的文件系统和所需分配单元大小(一般选择默认)并确定,即可完成格式化,操作步骤参见图 9 - 6。

图 9 - 5　SD 卡　　　　　　　　　　　　图 9 - 6　格式化 SD 卡

## 9.2.2　SD 卡类库

SD 卡类库支持 SD 卡的读/写操作。该库支持标准 SD 卡和 SDHC 卡上的 FAT16 和 FAT32 文件系统,其中 SDHC 卡指高容量 SD 存储卡,容量大于 2 GB,小于 32 GB。读/写 SD 卡需要包含 SD 卡类库的头文件 SD. h,其中提供了两个类,即 SDClass 类和 File 类。

### 1 . SDClass 类

SDClass 类提供了访问 SD 卡、操纵文件及文件夹的功能,其成员函数如下。

**(1) begin()**

功能:初始化 SD 卡类库和 SD 卡。返回 boolean 型值变量,若为 true 则表示初始化成功,若为 false 则表示初始化失败。

语法:SD. begin()或 SD. begin(cspin)。

参数:cspin 为 int 型参数,指连接到 SD 卡 CS 端的 Arduino 引脚。当使用 SD. begin()时,默认将 Arduino SPI 的 SS 引脚连接到 SD 卡的 CS 使能选择端;也可以使用 SD. begin(cspin)指定一个引脚连接到 SD 卡的 CS 使能选择端,但仍需保证 SPI 的 SS 引脚为输出模式,否则 SD 卡类库将无法运行。

**(2) exists()**

功能:检查文件或文件夹是否存在于 SD 卡中。返回 boolean 型变量,若为 true 则表示文件或文件夹存在,若为 false 则表示文件或文件夹不存在。

语法:SD. exists(filename)。

参数:filename,为字符串型参数,指需要检测的文件名。其中可以包含路径,路径用符号"/"分隔。

**(3) open()**

功能:打开 SD 卡上的一个文件。如果文件不存在,且以写入方式打开,则 Arduino 会创建一个指定文件名的文件(所在路径必须事先存在)。返回被打开文件对应的对象;如果文件不能打开,则返回 false。

语法:SD. open(filename)或 SD. open(filename,mode)。

参数:filename,为字符串型参数,指需要打开的文件名。其中可以包含路径,路径用符号"/"分隔;mode,指打开文件的方式,默认使用只读方式打开。也可以使用以下两种方式打开文件:①FILE_READ,以只读方式打开文件;②FILE_WRITE,以写入方式打开文件。

**(4) remove()**

功能:从 SD 卡移除一个文件。如果文件不存在,则函数返回值是不确定的,因此在移除文件之前,最好使用 SD. exists(filename)先检测文件是否存在。返回 boolean 型变量,若为 true 则表示文件移除成功,若为 false 则表示文件移除失败。

语法:SD. remove(filename)。

参数:filename,为字符串型参数,指需要移除的文件名。其中可以包含路径,路径用符号"/"分隔。

**(5) mkdir( )**

功能:创建文件夹。返回 boolean 型变量,若为 true 则表示创建成功,若 false 则表示创建失败。

语法:SD. mkdir(filename)。

参数:filename,为字符串型参数,指需要创建的文件夹名。其中可以包含路径,路径用符号"/"分隔。

**(6) rmdir( )**

功能:移除文件夹。被移除的文件夹必须是空的。返回 boolean 型变量,若为 true 则表示移除成功,若 false 则表示移除失败。

语法:SD. rmdir(filename)。

参数:filename,字符串型参数,指需要移除的文件夹名。其中可以包含路径,路径用符号"/"分隔。

## 2．File 类

File 类提供了读/写文件的功能,该类的功能与之前使用的串口相关函数的功能非常类似,其成员函数如下。

**(1) name( )**

功能:返回文件名。

语法:file. name( )。

参数:file,指一个 File 类型的对象。

**(2) available( )**

功能:检查当前文件中可读数据的字节数。

语法:file. available( )。

参数:file,指一个 File 类型的对象。

**(3) close( )**

功能:关闭文件,并确保数据已经被完全写入 SD 卡中。

语法:file. close( )。

参数:file,指一个 File 类型的对象。

**(4) flush( )**

功能:确保数据已经写入 SD 卡。当文件被关闭时,flush( )会自动运行。

语法:file. flush( )。

参数:file,指一个 File 类型的对象。

**(5) peek( )**

功能:读取当前所在字节或字符,但并不后移。返回 char 型,当前字符。如果没有可读数据,则返回 $-1$。

语法:file. peek()。

参数:file,指一个 File 类型的对象。

**(6) position()**

功能:获取当前在文件中的位置(即下一个被读/写的字节的位置)。返回在当前文件中的位置。

语法:file. position()。

参数:file,指一个 File 类型的对象。

**(7) print()**

功能:输出数据到文件。要写入的文件应该已经被打开,且等待写入。返回发送的字节数。

语法:file. print(data)或 file. print(data,BASE)。

参数:file,指一个 File 类型的对象;data,要写入的数据(可以是 char、byte、int、long 或 String 类型);BASE,指定数据的输出形式:①BIN(二进制);②OCT(八进制);③DEC(十进制);④HEX(十六进制)。

**(8) println()**

功能:输出数据到文件,并回车换行。返回发送的字节数。

语法:file. println(data)或 file. println(data,BASE)。

参数:file,一个 File 类型的对象;data,要写入的数据(类型可以是 char、byte、int、long 或 String);BASE,指定数据的输出形式:①BIN(二进制);②OCT(八进制);③DEC(十进制);④HEX(十六进制)。

**(9) seek()**

功能:跳转到指定位置。该位置必须在 0 到该文件大小之间。返回 boolean 型变量,若为 true 则表示跳转成功,若 false 则表示跳转失败。

语法:file. seek(pos)。

参数:file,指一个 File 类型的对象;pos,需要查找的位置。

**(10) size()**

功能:获取文件的大小。返回以字节为单位的文件大小。

语法:file. size()。

参数:file,指一个 File 类型的对象。

**(11) read()**

功能:读取 1B 数据。返回下一个字节或者字符;如果没有可读数据,则返回-1。

语法:file. read()。

参数:file,指一个 File 类型的对象。

**(12) write()**

功能:写入数据到文件。返回发送的字节数。

语法:file. write(data)或 file. write(buf,len)。

参数:file,一个 File 类型的对象;data,要写入的数据,类型可以是 byte、char 或字符串(char ＊);buf,一个字符数组或者字节数据;len,buf 数组的元素个数。

**(13) isDirectory( )**

功能:判断当前文件是否为目录。返回 boolean 型值,true 表示是目录;false 表示不是目录。

语法:file. isDirectory()。

参数:file,指一个 File 类型的对象。

**(14) openNextFile( )**

功能:打开下一个文件。返回下一个文件对应的对象。

语法:file. openNextFile()。

参数:file,指一个 File 类型的对象。

**(15) rewindDirectory( )**

功能:回到当前目录中的第一个文件。

语法:file. rewindDirectory()。

参数:file,指一个 File 类型的对象。

## 9.2.3　SD 卡外围模块

### 1. Micro SD 卡读/写模块

Micro SD(TF)卡读/写模块是常用的 Arduino 外围存储模块。该模块可连接到 Arduino 控制器或其他单片机的 SPI 接口上,通过编写相应的程序即可实现各种传感器(如温湿度传感器、光线传感器和 GPS 等)数据记录的功能,通过读卡器将 Micro SD 卡数据读出,便可进行进一步的分析。如图 9 - 7 所示,目前市场上的 Micro SD 卡读/写模块有带 CD 口的和不带 CD 口的两种,CD 口指的是一个检测 SD 卡是否插入的引脚,以下示例中采用的是不带 CD 口的 Micro SD 卡读/写模块。

(a) 带CD口　　　　　　　　　　　　(b) 不带CD口

**图 9 - 7　两种 Micro SD 卡读/写模块**

### 2. Micro SD 卡读/写模块引脚

常见的 Micro SD 卡读/写模块的引脚配置如表 9 - 1 所列。

表 9 - 1　Micro SD 卡读/写模块的引脚配置

| 引脚名称 | 功　能 | 默认状态 |
|---|---|---|
| CD | 插入检测 | 高电平(无卡);低电平(有卡) |
| CS | SD 卡片选 | 低电平使能(默认使能) |
| MOSI | 数据输入 | 高电平 |
| MISO | 数据输出 | 高电平 |
| SCK | SPI 时钟 | 低电平 |
| VCC | 电源供电正端 | NA |
| GND | 电源供电负端 | NA |

读/写 SD 卡时用的是 Arduino SPI 接口,在 UNO 上,其与 SD 卡引脚连接的对应情况如表 9 - 2 所列。

表 9 - 2　Micro SD 卡模块与 Arduino 的连接

| Micro SD 卡模块 | Arduino |
|---|---|
| CD | 用户可用来检测卡是否插入,不使用可不连接(示例中不使用) |
| CS | 示例中连接到 4 号脚(在没有使用其他 SPI 设备时可不连接) |
| MOSI | 连接到 Arduino 的 MOSI 口,在 UNO 及兼容板上为 11 号引脚 |
| MISO | 连接到 Arduino 的 MISO 口,在 UNO 及兼容板上为 12 号引脚 |
| SCK | 连接到 Arduino 的 SCLK 口,在 UNO 及兼容板上为 13 号引脚 |
| VCC | 电源供电正端,连接到 5 V |
| GND | 电源供电负端,连接到电源负极,GND |

## 9.2.4　SD 卡简单读/写案例

本示例介绍如何在 Arduino IDE 中实现在 SD 卡中从创建到读/写的整个过程。首先,需要一个 SD 卡和一些连接 SD 卡到 Arduino 上的元件,根据 9.2.3 节中的信息,将所有元件连接起来。

**需要的元件:**

Arduino UNO 主板 1 块、杜邦线 6 根、数据线 1 根、MicroSD 卡 1 个、MicroSD 卡读/写模块 1 个。

元件连接方式如图 9 - 8 所示。

在 Arduino IDE 中新建一个项目,在程序顶端包含<SD. h>类库,并用 File 类声明一个 myFile 对象。在 setup()函数中输入初始化程序。

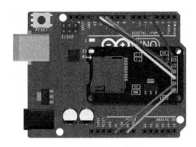

(a) 元件连接示意图　　　　　　　　　　　(b) 实物图

**图 9 - 8　元件连接示意图和实物图**

## (1) 创建文件

程序代码如下：

```
1    # include <SD.h>
2    File myFile;
3    void setup() {
4      Serial.begin(9600);                        //初始化串口通信
5      Serial.println("Initializing SD card...");
6      //Arduino 上的 SS 引脚(UNO 的 10 号引脚,MEGA 的 53 引脚
7      //必须保持在输出模式,否则 SD 卡库无法工作
8      pinMode(10,OUTPUT);
9      if(! SD.begin(4)){
10         Serial.println("Initialization failed!");
11         return;
12       }
13       Serial.println("Initialization done!");
14       if(SD.exists("SDcard.txt")){
15          Serial.println("SDcard.txt exists.");
16       }
17       else{
18          Serial.println("SDcard.txt doesn't exist.");  //如果指定文件不存在,用该名称
                                                           //创建一个文件
19          SD.open("SDcard.txt",FILE_WRITE);
20          myFile.close();
21       }
22       //再次检验文件是否存在
23       if(SD.exists("SDcard.txt")){
24          Serial.println("SDcard.txt exists.");
25       }
26       else{
27          Serial.println("SDcard.txt doesn't exist.");
```

```
28        }
29      }
30    void loop() {
31    }
```

打开串口监视器,单击工具条上的"上传"按钮,此时会看到如图 9-9 所示的信息。若未插入 SD 卡或者连线错误,则会看到"Initialization failed!"的提示信息。创建文件成功后,在计算机上打开 SD 卡就可以看见相应文件。

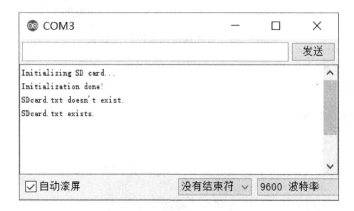

**图 9-9 创建文件后串口信息**

程序第 10 行使用的语句用来初始化 SD 卡。其中参数 4 指 Arduino 的 4 号引脚连接到 SD 卡模块的 CS 引脚,begin()函数会将 4 号引脚设置为输出模式,并在使用 SD 卡模块时输出低电平,以使能 SD 卡模块。

值得注意的是,SD 库创建文件只能创建文件名长度为不超过"8+3"的文件,即文件名不超过 8 字节,文件后缀不超过 3 字节。例如,SD. open("123456789. txt". FILE_WRITE)就会创建文件失败。另外,创建文件夹时,文件名也不能超过 8 位。SD 卡的读/写文件操作与创建文件的方法一样。

**(2) 删除文件**

程序代码如下:

```
1    # include <SD.h>
2    File myFile;
3    void setup() {
4      Serial. begin(9600);                    //初始化串口通信
5      Serial. println("Initializing SD card...");
6      //Arduino 上的 SS 引脚(UNO 的 10 号引脚,MEGA 的 53 引脚)
7      //必须保持在输出模式,否则 SD 卡库无法工作
8      pinMode(10,OUTPUT);
9      if(! SD. begin(4)){
10       Serial. println("Initialization failed!");
```

```
11        return;
12      }
13      Serial.println("Initialization done!");
14      if(SD.exists("SDcard.txt")){
15        Serial.println("SDcard.txt exists.");
16        SD.remove("SDcard.txt");              //如果指定文件存在,则删除它
17      }
18      else{
19        Serial.println("SDcard.txt doesn't exist.");
20      }
21      //再次检验文件是否存在
22      if(SD.exists("SDcard.txt")){
23        Serial.println("SDcard.txt exists.");
24      }
25      else{
26        Serial.println("SDcard.txt doesn't exist.");
27      }
28    }
29    void loop() {
30    }
```

这里删除的文件为前面"创建文件"中所创建的 SDcard.txt 文件。打开串口监视器,单击工具条上的"上传"按钮,此时会看到如图 9 - 10 所示的信息,说明原先存在的 SDcard.txt 文件已被成功删除。若用计算机打开 SD 卡,则会发现 SDcard.txt 文件已经不见了。

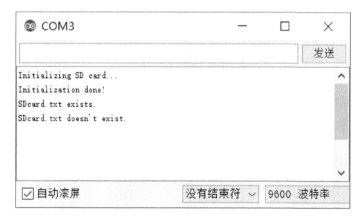

**图 9 - 10 删除文件后串口信息**

## (3) 写文件
程序代码如下:

```
1    # include <SD.h>
2    File myFile;
3    void setup() {
4      Serial.begin(9600);                              //初始化串口通信
5      Serial.println("Initializing SD card...");
6      //Arduino 上的 SS 引脚(UNO 的 10 号引脚,MEGA 的 53 引脚)
7      //必须保持于输出模式,否则 SD 卡库无法工作
8      pinMode(10,OUTPUT);
9      if(! SD.begin(4)){
10       Serial.println("Initialization failed!");
11       return;
12     }
13     Serial.println("Initialization done!");
14     //打开文件要注意一次只能打开一个
15     //若要打开另一个,要先把上一个关闭
16     myFile = SD.open("SDcard.txt",FILE_WRITE);
17     if(myFile){
18       myFile.println("Hello Arduino!");              //若打开成功则开始写入
19       myFile.close();                                //关闭文件
20       Serial.println("Writing finished!");
21     }
22     else{
23       Serial.println("Error opening SDcard.txt!");   //若打开失败则报错
24     }
25   }
26   void loop() {
27   }
```

　　这里在前面"创建文件"中所创建的 SDcard. txt 文件中写入数据。打开串口监视器,单击工具条上的"上传"按钮,此时会看到如图 9 - 11 所示的信息,说明写入数据成功。通过计算机读取 SD 卡后,打开 SDcard. txt 文件,可以看到写入的"Hello Arduino!"数据。

　　程序 17 行使用了 SD. open()语句,该语句使用了 File 类中的 file. open()成员函数,以只读的方式打开了"SDcard. txt"文件,并把返回值传递给了 myFile 对象,此后就可以用 myFile 来操作该文件的内容。

**(4) 读文件**
程序代码如下:

```
1    # include <SD.h>
2    File myFile;
3    void setup() {
```

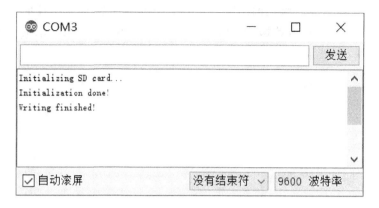

**图 9 - 11  写入文件后串口信息**

```
4     Serial.begin(9600);                              //初始化串口通信
5     Serial.print("Initializing SD card...\n");
6     //Arduino 上的 SS 引脚(UNO 的 10 号引脚,MEGA 的 53 引脚)
7     //必须保持于输出模式,否则 SD 卡库无法工作
8     pinMode(10,OUTPUT);
9     if(! SD.begin(4)){
10        Serial.println("Initialization failed!");
11        return;
12      }
13     Serial.println("Initialization done!");
14     //打开文件要注意一次只能打开一个
15     //若要打开另一个,要先把上一个关闭
16     myFile = SD.open("SDcard.txt");
17     if(myFile){
18        while(myFile.available()){
19        Serial.write(myFile.read());              //若打开成功则读取并输出文件数据
20      }
21      myFile.close();                             //关闭文件
22      Serial.println("Reading finished!");
23     }
24     else{
25      Serial.println("Error opening SDcard.txt!");//若打开失败则报错
26     }
27    }
28    void loop() {
29    }
```

　　这里读取前面"写文件"中已写入数据的 SDcard.txt 文件。打开串口监视器,单击工具条上的"上传"按钮,此时会看到如图 9 - 12 所示的信息,说明读取数据成功。

在 File 类中,read()函数的用法与 Serial.read()一样,即每次读取 1 字节数据。若要读取一个文件的所有数据,可以先用 available()函数检查可读取的字节数,再通过 read()读取。

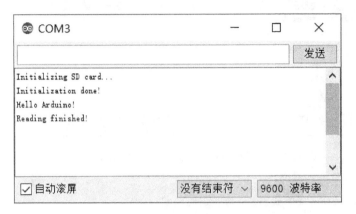

图 9 - 12　读取文件后串口信息

## 9.2.5　SD 卡温度采集案例

本小节将应用 Arduino 开发板和 SD 卡制作一个温度数据记录仪。首先,该设备从温度传感器 LM35 获取温度值,并从 DS3231 实时时钟模块获取时间。然后,使用 Micro SD 卡模块将这些值存储在 SD 卡文件中。最后,从计算机访问该文件,并在 Microsoft Excel 中创建这些数值的图表。

**需要的元件:**

Arduino UNO 主板 1 块、杜邦线 10 根、面包板跳线 5 根、数据线 1 根、MicroSD 卡 1 个、MicroSD 卡读/写模块 1 个、MicroSD 卡读卡器 1 个、面包板 1 块、DS 3231 时钟模块 1 个、LM 35 温度传感器 1 个。

**元件连接方式:**

Arduino 开发板与 SD 卡模块的元件连接方式与 9.2.4 小节中相同。Arduino 开发板与 DS 3231 时钟模块的连接方式如下:

① DS 3231 的 GND 连接到 Arduino 的 GND;

② DS 3231 的 VCC 连接到 Arduino 的 5 V 引脚;

③ DS 3231 的 SDA 连接到 Arduino 上的 A4;

④ DS 3231 的 SCL 连接到 Arduino 的 A5。

Arduino 开发板与 LM 35 温度传感器的连接方式如下:

① LM 35 的 VCC 引脚连接到 Arduino 的 5 V 引脚;

② LM 35 的 OUT 引脚连接到 Arduino 的 A0;

③ LM 35 的 GND 引脚连接到 Arduino 的 GND。

整体连接图如图 9 - 13 和图 9 - 14 所示。

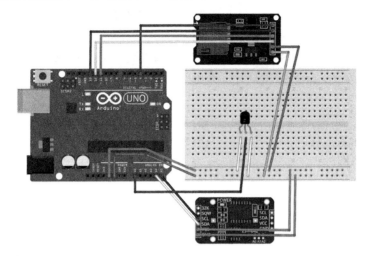

**图 9 - 13　温度记录仪整体连接示意图**

**图 9 - 14　温度记录仪整体连接实物图**

**工作原理：**

LM 35 温度传感器是一种得到广泛使用的传感器,它以模拟方式输出信号,因此需要使用 ADC 转换此输出,以便能够测量温度。Arduino 开发板内置了一个 ADC,通过它可以将 LM 35 的输出转换成温度值。常温下,LM 35 温度传感器能够达到 ±1/4 ℃的准确率。LM 35 温度传感器有 3 个引脚,将其正面朝上,左侧为 VCC 引脚,中间为 OUT 输出引脚,右侧为 GND 引脚,具体使用方法可以参考 4.3 节。

DS 3231 时钟模块是一种高精度实时时钟模块,它通过 $I^2C$ 通信连接到 Arduino。因此，只需要将 DS 3231 上的 SCL 和 SDA 引脚与 Arduino 连接，模块就会开始通信。该模块有一个独立的电池，使得其在即使它没有 Arduino 供电时也能正常运行。使用 DS 3231 时钟模块需要用到 DS 3231 第三方类库，可以在 https://github.com/NorthernWidget/DS 3231 网址找到该类库进行下载，将下载完的类库放在 Arduino 安装目录的 libraries 文件夹下即可正常调用，具体配置方法可参考 2.4 节的相关内容。

之后使用 SD 卡模块将温度和时间存储在 SD 卡中。SD 卡模块将打开 SD 卡并在里面存储数据。然后，在计算机上打开该文件，并且在 Microsoft Excel 中使用这些值生成一个图表。

值得注意的是，如果 DS 3231 模块是第一次使用，则必须先设置时间和数据。要实现这一点，请根据用户的时间更改程序中的时间和日期，并上传和运行以下程序。

更改时间程序代码如下：

```
1    # include <DS3231.h>
2    # include <Wire.h>
3    DS3231 Clock;
4    void setup() {
5      Wire.begin();                      //初始化 I²C 库
6      Serial.begin(9600);
7      Clock.setClockMode(false);         //设置时间必须用 24 小时制
8      Clock.setSecond(50);               //配置秒
9      Clock.setMinute(14);               //配置分钟
10     Clock.setHour(17);                 //配置小时(24 小时制)
11     Clock.setDoW(2);                   //配置星期
12     Clock.setDate(20);                 //配置日
13     Clock.setMonth(3);                 //配置月
14     Clock.setYear(18);                 //配置年 (仅最后两位)
15   }
16   void loop() {
17   }
```

读取温度并保存程序代码如下：

```
1    # include <SD.h>
2    # include <SPI.h>
3    # include <DS3231.h>
4    # include <Wire.h>
5    File data_file;
6    DS3231 Clock;
7    bool Century = false;
8    bool h12 = false;
```

```
9      bool PM;
10     int second,minute,hour;
11     const int lm35_pin = A0;
12     double temperature;
13     void setup() {
14       Serial.begin(9600);                        //初始化串口通信
15       Wire.begin();                              //初始化 I²C 库
16       Serial.println("Initializing SD card...");
17       //Arduino 上的 SS 引脚(UNO 的 10 号引脚,MEGA 的 53 引脚)
18       //必须保持于输出模式,否则 SD 卡库无法工作
19       pinMode(10,OUTPUT);
20       pinMode(lm35_pin,INPUT);                   //温度传感器 A0 引脚设置成输入模式
21       if(! SD.begin(4)){
22         Serial.println("Initialization failed!");
23         return;
24       }
25       Serial.println("Initialization done!");
26       Clock.setClockMode(false);                 //设置为 24 小时制
27     }
28     void loop() {
29       temperature = analogRead(lm35_pin);        //采集温度数据
30       temperature = (temperature * 500)/1023;    //使用浮点数存储温度数据,温度数据由
                                                    //电压值换算得到
31       second = Clock.getSecond();                //获得秒
32       minute = Clock.getMinute();                //获得分
33       hour = Clock.getHour(h12,PM);              //获得小时
34       data_file = SD.open("test.txt", FILE_WRITE);
35       if (data_file){
36         print_Data();
37         data_file.close();
38       }
39       else {
40         Serial.println("Error opening SD card!");
41       }
42       delay(12000);                              //每隔 12 s 采集一次数据
43     }
44     //输出数据,串口与 SD 卡文件各输出一遍
45     void print_Data() {
46       Serial.print(hour);
47       data_file.print(hour);
48       Serial.print(":");
49       data_file.print(":");
```

```
50      Serial.print(minute);
51      data_file.print(minute);
52      Serial.print(":");
53      data_file.print(":");
54      if(second < 10){
55        Serial.print("0");
56        data_file.print("0");
57        Serial.print(second);
58        data_file.print(second);
59      }else{
60        Serial.print(second);
61        data_file.print(second);
62      }
63      Serial.print(",");
64      data_file.print(",");
65      Serial.println(temperature);
66      data_file.println(temperature);
67    }
```

　　首先,需要包含 Micro SD 卡模块和 DS 3231 时钟模块所需的库文件。SD 卡模块通过 SPI 通信连接到 Arduino,因此需要包含 SPI 库。DS 3231 时钟模块通过 $I^2C$ 通信连接到 Arduino,因此需要包含 Wire 库。之后,声明两个变量以便使用库函数。

　　在 setup()函数中,开始与 SD 卡模块进行通信。如果一切正常,则 Arduino 将在串口监视器上打印输出"Initialization done!",否则将打印输出"Initialization failed!"。setClockMode()是 DS 3231 类库的函数,可以设置时间规则,false 为 24 小时制,true 为 12 小时制。

　　在 loop()函数中,用 Arduino 的 analogRead()函数读取 LM35 的温度数据,并转化成浮点数进行存储。通过 DS3231 类库的函数获得当前的时、分、秒数据,其中 getHour()函数的 h12 和 PM 是两个 bool 型变量,h12 判断是否为 12 小时制,PM 判断是否为下午,从而准确输出当前的时间数据。在 SD 卡中创建并打开"test. txt"文件,写入时间和温度数据,每 12 s 记录一次。自此,一个简单的温度记录仪就制作完成了。

　　打开串口监视器,单击工具条上的"上传"按钮,将看到如图 9 - 15 所示的数据记录界面,共记录下了 20 min 内室内气温的变化。

　　**制作 Excel 图表:**

　　在计算机中打开 Microsoft Excel 并转到"数据"菜单,进行"自文本"→test. txt →"分隔符号"→"下一步"→"逗号"→"下一步"→"完成"的菜单操作,完成数据导入。

　　导入数据后,选择所有的数据,然后转到"插入"菜单,进行"折线图"→"带数据标记的折线图"的菜单操作,创建出一个温度记录仪记录数据图表,如图 9 - 16 所示。

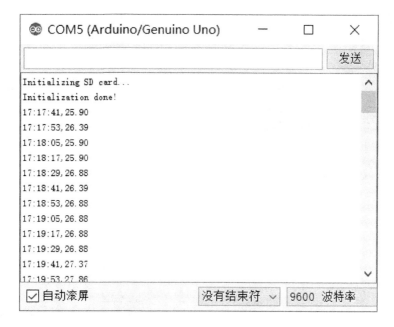

**图 9 - 15　数据记录界面**

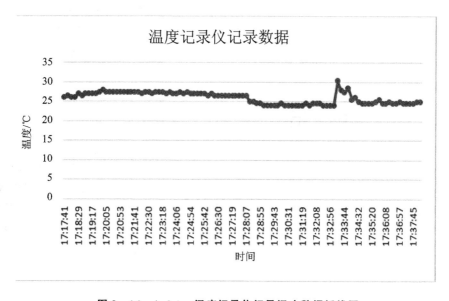

**图 9 - 16　Arduino 温度记录仪记录温度数据折线图**

# 第 **10** 章

# GPS 室外定位

## 10.1　GPS 简介

GPS 是英文 Global Positio-ning System（全球定位系统）的简称。20 世纪 70 年代，美国陆海空三军联合研制了新一代卫星定位系统 GPS，主要目的是为陆海空三大领域提供实时、全天候和全球性的导航服务，并用于情报收集、核爆监测和应急通信等一些军事活动。目前，该项技术已广泛应用于民事活动，其组成如图 10-1 所示。

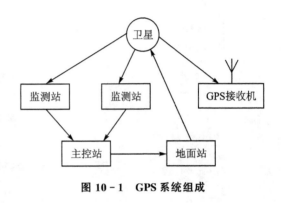

**图 10-1　GPS 系统组成**

## 10.2　GPS 模块介绍

把最常见 NEO-6M UBLOX 蓝牙 GPS 接收机拆开，可以看到图 10-2 所示结构。其中，图 10-2 左侧是天线部分，陶瓷天线因为体积小，通常使用在小型接收机中。除天线外，还包括 SMA 天线接口以及串口 TTL 接口，SMA 天线接口用于连接拓展天线，串口 TTL 接口主要用于与单片机通信。图 10-2 右侧是 GPS 接收机中最重要的部分，上方是 USB 信号输出接口、信号指示灯以及天线放大器，下方则是 GPS 接收器的核心：Ublox 芯片。

### 10.2.1　GPS 有源天线

SMA 接口 GPS 有源天线，配合 NEO-6M GPS 模块使用可以极大地提高 GPS 搜星速度。该天线主要参数如下：天线总增益为 26 dB，输出阻抗为 50 Ω，工作电流为 18 mA，线长为 (3±0.1)m。

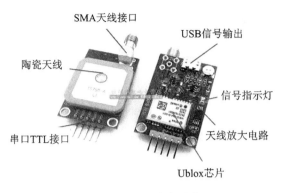

图 10-2　GPS 内部结构　　　　图 10-3　NEO-6M GPS 模块卫星定位天线

## 10.2.2　GPS 模块特性参数

- 模块采用 U-BLOX NEO-6M 模组,体积小巧,性能优异。
- 模块增加放大电路,有利于无源陶瓷天线快速搜星。
- 模块可通过串口进行各种参数设置,并可保存在 EEPROM,使用方便。
- 模块自带 SMA 接口,可以连接各种有源天线,适应能力强。
- 模块自带可充电后备电池,可以掉电保持星历数据。
- 模块默认波特率为 9 600 bps;
- 供电电压 3.3~5 V(可直接接 5 V 或者 3.3 V 供电,内核工作电压 3.3 V);
- 可直接接 3.3 V 或者 5 V 单片机 I/O 进行通信;
- 引脚说明如表 10-1 所列。

表 10-1　引脚说明

| 序　号 | 名　称 | 说　明 |
|---|---|---|
| 1 | VCC | 电源(3.3~5.0 V) |
| 2 | GND | 接地 |
| 3 | TXD | 模块串口发送脚(TTL 电平,不能直接接 RS232 电平),可接单片机的 RXD |
| 4 | RXD | 模块串口接收脚(TTL 电平,不能直接接 RS232 电平),可接单片机的 TXD |

## 10.3　GPS 使用设定

　　10.2 节介绍了 GPS 组成模块,我们接下来学习如何设定该模块。使用一根 Micro USB 线和 GPS 模块的 Micro USB 口对接,另一端接在计算机上,下载 GPS 模块的 USB 驱动,双击安装后,可以在设备管理器里面显示出相应端口。

　　打开多功能调试助手,选择 GPS 定位功能,选择好端口号(和设备管理器里面一

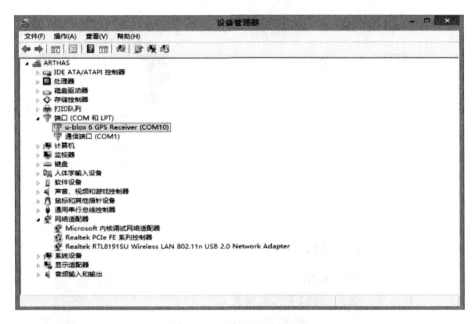

**图 10 - 4　设备管理器端口**

致），打开串口，等待几分钟后显示 GPS 信息，测试工作完成。

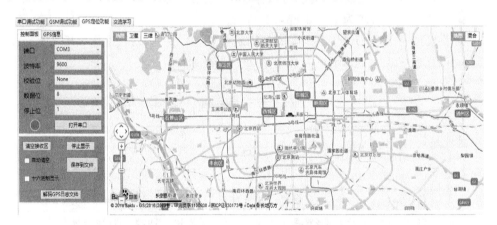

**图 10 - 5　多功能调试助手**

若使用陶瓷天线，则需要将模块置于户外空旷处，陶瓷天线面向上放置。首次定位时间为 1～10 min，需耐心等待定位。若使用 SMA 接口外置天线，则仅需将天线置于户外即可，首次定位时间为 1～3 min。

**表 10 - 2　GPS 与单片机接线**

| GPS 模块 | 单片机 |
|---|---|
| VCC | Vcc 5 V(必须接) |
| GND | GND(必须接) |
| TXD | RXD(必须接) |
| RXD | TXD(可不接) |
| PPS | 某个 I/O(可不接) |

# 10.4　GPS 室外定位案例

## 10.4.1　简单定位案例

### 1. 功能介绍

通过解析 GPS 帧数据,获取需要的帧数据 GPRMC 或者 GNRMC,从中解析出 UTC 时间和经纬度,并通过串口打印输出。

### 2. 所需硬件设备及接线

BLOX NEO - 6M 模块、SAM 接口天线、Arduino uno R3 单片机、PC 机、杜邦线若干。将 SAM 接口天线与 GPS 连接,末端接收装置置于室外空旷处,GPS 模块 VCC 端连接单片机 5 V,GPS 模块 GND 连接单片机的 GND,GPS 模块 TXD 连接单片机的 D0,其余端口不接。

### 3. 操作步骤

根据 10.3 节的内容,测试 GPS 模块。测试完成后,进行程序上传(注意:上传程序时,单片机不要与 GPS 模块接线,避免干扰)。定位程序代码如下:

```
1    # define GpsSerial    Serial
2    # define DebugSerial Serial
3    int L = 13;                          //LED 指示灯引脚
4    struct
5    {
6        char GPS_Buffer[80];
7        bool isGetData;                  //是否获取到 GPS 数据
8        bool isParseData;                //是否解析完成
9        char UTCTime[11];                //UTC 时间
10       char latitude[11];               //纬度
11       char N_S[2];                     //N/S
12       char longitude[12];              //经度
```

```
13        char E_W[2];                        //E/W
14        bool isUsefull;                     //定位信息是否有效
15    } Save_Data;
16    const unsigned int gpsRxBufferLength = 600;
17    char gpsRxBuffer[gpsRxBufferLength];
18    unsigned int ii = 0;
19    void setup()                            //初始化内容
20    {
21        GpsSerial.begin(9600);              //定义波特率 9 600
22        DebugSerial.begin(9600);
23        DebugSerial.println("  ");
24        DebugSerial.println("Wating...");
25        Save_Data.isGetData = false;        //是否获得数据，默认为否
26        Save_Data.isParseData = false;      //是否解析数据，默认为否
27        Save_Data.isUsefull = false;        //信息是否可用，默认为否
28    }
29    void loop()                             //主循环
30    {
31        gpsRead();                          //获取 GPS 数据
32        parseGpsBuffer();                   //解析 GPS 数据
33        printGpsBuffer();                   //输出解析后的数据
34        // DebugSerial.println("\r\n\r\nloop\r\n\r\n");
35    }
36    //错误信息
37    void errorLog(int num)
38    {
39        DebugSerial.print("ERROR");
40        DebugSerial.println(num);
41        while (1)
42        {
43            digitalWrite(L, HIGH);
44            delay(300);
45            digitalWrite(L, LOW);
46            delay(300);
47        }
48    }
49    //输出解析后的数据
50    void printGpsBuffer()
51    {
52        if (Save_Data.isParseData)
53        {
54            Save_Data.isParseData = false;
```

```
55          DebugSerial.print("Save_Data.UTCTime = ");
56          DebugSerial.println(Save_Data.UTCTime);
57          if(Save_Data.isUsefull)
58          {
59              Save_Data.isUsefull = false;
60              DebugSerial.print("Save_Data.latitude = ");
61              DebugSerial.println(Save_Data.latitude);
62              DebugSerial.print("Save_Data.N_S = ");
63              DebugSerial.println(Save_Data.N_S);
64              DebugSerial.print("Save_Data.longitude = ");
65              DebugSerial.println(Save_Data.longitude);
66              DebugSerial.print("Save_Data.E_W = ");
67              DebugSerial.println(Save_Data.E_W);
68          }
69          else
70          {
71              DebugSerial.println("GPS DATA is not usefull!");
72          }
73      }
74  }
75  //解析 GPS 数据
76  void parseGpsBuffer()
77  {
78      char * subString;
79      char * subStringNext;
80      if (Save_Data.isGetData)
81      {
82          Save_Data.isGetData = false;
83          DebugSerial.println("*************");
84          DebugSerial.println(Save_Data.GPS_Buffer);
85          for (int i = 0 ; i <= 6 ; i++)
86          {
87              if (i == 0)
88              {
89                  if ((subString = strstr(Save_Data.GPS_Buffer, ",")) == NULL)
90                      errorLog(1);              //解析错误
91              }
92              else
93              {
94                  subString ++ ;
95                  if ((subStringNext = strstr(subString, ",")) ! = NULL)
96                  {
```

```
97                      char usefullBuffer[2];
98                      switch(i)
99                      {
100                         case 1:memcpy(Save_Data.UTCTime, subString, subString
101   Next - subString);break;              //获取 UTC 时间
102                         case 2:memcpy(usefullBuffer, subString, subString
103   Next - subString);break;              //获取 UTC 时间
104                         case 3:memcpy(Save_Data.latitude, subString, subString
105   Next - subString);break;              //获取纬度信息
106                         case 4:memcpy(Save_Data.N_S, subString, subString
107   Next - subString);break;              //获取 N/S
108                         case 5:memcpy(Save_Data.longitude, subString, subString
109   Next - subString);break;              //获取纬度信息
110                         case 6:memcpy(Save_Data.E_W, subString, subString
111   Next - subString);break;              //获取 E/W
112                         default:break;
113                      }
114                      subString = subStringNext;
115                      Save_Data.isParseData = true;
116                      if(usefullBuffer[0] == 'A')
117                         Save_Data.isUsefull = true;
118                      else if(usefullBuffer[0] == 'V')
119                         Save_Data.isUsefull = false;
120                  }
121              else
122              {
123                  errorLog(2);      //解析错误
124              }
125          }
126      }
127   }
128   }
129   //获取 GPS 数据
130   void gpsRead() {
131       while (GpsSerial.available())
132       {
133           gpsRxBuffer[ii++] = GpsSerial.read();
134           if (ii == gpsRxBufferLength)clrGpsRxBuffer();
135       }
136       char * GPS_BufferHead;
137       char * GPS_BufferTail;
138       if ((GPS_BufferHead = strstr(gpsRxBuffer, "$GPRMC,")) != NULL || (GPS_
```

```
139    BufferHead = strstr(gpsRxBuffer, "$GNRMC,")) ! = NULL )
140        {
141            if ((((GPS_BufferTail = strstr(GPS_BufferHead, "\r\n")) ! = NULL) && (GPS_
142    BufferTail > GPS_BufferHead))
143            {
144                memcpy(Save_Data.GPS_Buffer, GPS_BufferHead, GPS_BufferTail - GPS_
145    BufferHead);
146                Save_Data.isGetData = true;
147                clrGpsRxBuffer();
148            }
149        }
150    }
151    //清空
152    void clrGpsRxBuffer(void)
153    {
154        memset(gpsRxBuffer, 0, gpsRxBufferLength);        //清空
155        ii = 0;
156    }
```

上传完成后进行接线，实物接线如图 10 - 6 所示。

图 10 - 6　实物接线图

打开 Arduino IDE，选择"工具"→"串口监视器"命令（见图 10 - 7），监测定位信息（见图 10 - 8）。

图 10 – 7　串口监视器

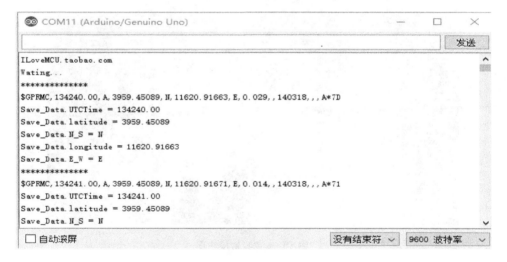

图 10 – 8　定位信息

## 10.4.2　便携定位装置案例

### 1. 功能介绍

通过解析 GPS 帧数据,获取需要的帧数据 GPRMC 或者 GNRMC,从中解析出来经纬度,使用 LCD 显示经纬度,采用电池供电方便携带。

## 2. 所需硬件设备及接线

BLOX NEO - 6M 模块、SAM 接口天线、Arduino UNO R3 单片机、LCD1604、电池组、杜邦线若干。将 SAM 接口天线与 GPS 连接,末端接收装置置于室外空旷处。GPS 模块 VCC 端连接单片机 5 V,GPS 模块 GND 连接单片机的 GND,GPS 模块 TXD 连接单片机的 D0,其余端口不接。LCD 与单片机接线图参见 6.3.3 小节。

## 3. 操作步骤

调试 GPS 模块,过程与 10.4.1 小节中的案例相同。测试完成后,进行程序上传(注意:上传程序时,单片机不要与 GPS 模块接线,避免干扰)。定位程序代码如下:

```
1    # include <LiquidCrystal.h>
2    LiquidCrystal lcd(12, 11, 10, 9, 8,7,6);
3    extern uint8_t SmallFont[];          //原始文件在库文件的 DefaultFonts.c 中
4    extern uint8_t BigFont[];            //原始文件在库文件的 DefaultFonts.c 中
5    extern uint8_t SevenSegNumFont[];    //原始文件在库文件的 DefaultFonts.c 中
6    //此处为了兼容其他的多串口 Arduino 板子
7    # define GpsSerial   Serial
8    # define DebugSerial Serial
9    int  L = 13;
10    struct
11    {
12      char GPS_Buffer[80];
13      bool isGetData;                   //是否获取到 GPS 数据
14      bool isParseData;                 //是否解析完成
15      char UTCTime[11];                 //UTC 时间
16      char latitude[11];                //纬度
17      char N_S[2];                      //N/S
18      char longitude[12];               //经度
19      char E_W[2];                      //E/W
20      bool isUsefull;                   //定位信息是否有效
21      char latitudeLast[11];            //纬度
22      char longitudeLast[12];           //经度
23    } Save_Data;
24    const unsigned int gpsRxBufferLength = 600;
25    char gpsRxBuffer[gpsRxBufferLength];
26    unsigned int ii = 0;
27    bool flagClearTFT = true;
28    void setup()                        //初始化内容
29    {
30      GpsSerial.begin(9600);            //定义波特率 9 600
31      DebugSerial.begin(9600);
```

```
32      DebugSerial.println("          ");
33      DebugSerial.println("Wating...");
34      Save_Data.isGetData = false;
35      Save_Data.isParseData = false;
36      Save_Data.isUsefull = false;
37      randomSeed(analogRead(0));
38    lcd.begin(16, 4);
39    }
40    void loop()                        //主循环
41    {
42      gpsRead();                       //获取 GPS 数据
43      parseGpsBuffer();                //解析 GPS 数据
44      printGpsBuffer();                //输出串口解析后的数据并 LCD 显示
45    }
46    //LCD 显示
47    void displayGpsData()
48    {
49      if (flagClearTFT)                //切换屏幕要清屏,第一次显示的内容在这里显示
50      {
51        flagClearTFT = false;
52        // lcd.clrScr();
53        //myGLCD.print("UTCTime:", LEFT, 10);
54        lcd.setCursor(0, 0);
55        lcd.print("latitude:");
56        lcd.setCursor(0, 2);
57        lcd.print("longitude");
58      }
59      int res = strcmp(Save_Data.latitude, Save_Data.latitudeLast);
60      //比较新数据和上次的数据是否相同
61      //为防止刷屏时候 GPS 数据丢失或者串口缓存溢出,采取如下方法:只有数据改变才刷屏
62      if (res != 0)
63      {
64        lcd.setCursor(0, 1);
65        lcd.print(Save_Data.latitude);
66        lcd.setCursor(14, 1);
67        lcd.print(Save_Data.N_S);
68      }
69      res = strcmp(Save_Data.longitude, Save_Data.longitudeLast);
70      if (res != 0)
71      {
72        lcd.setCursor(0, 3);
73        lcd.print(Save_Data.longitude);
```

```
74          lcd.setCursor(14, 3);
75          lcd.println(Save_Data.E_W);
76      }
77  }
78  //错误信息
79  void errorLog(int num)
80  {
81      DebugSerial.print("ERROR");
82      DebugSerial.println(num);
83      while (1)
84      {
85          digitalWrite(L, HIGH);
86          delay(300);
87          digitalWrite(L, LOW);
88          delay(300);
89      }
90  }
91  //输出串口解析后的数据并 LCD 显示
92  void printGpsBuffer()
93  {
94      if (Save_Data.isParseData)
95      {
96          Save_Data.isParseData = false;
97          DebugSerial.println(Save_Data.UTCTime);
98          if (Save_Data.isUsefull)
99          {
100             displayGpsData();
101             Save_Data.isUsefull = false;
102             DebugSerial.print("Save_Data.latitudeLast = ");
103             DebugSerial.println(Save_Data.latitudeLast);
104             DebugSerial.print("Save_Data.latitude = ");
105             DebugSerial.println(Save_Data.latitude);
106             DebugSerial.print("Save_Data.N_S = ");
107             DebugSerial.println(Save_Data.N_S);
108             DebugSerial.print("Save_Data.longitudeLast = ");
109             DebugSerial.println(Save_Data.longitudeLast);
110             DebugSerial.print("Save_Data.longitude = ");
111             DebugSerial.println(Save_Data.longitude);
112             DebugSerial.print("Save_Data.E_W = ");
113             DebugSerial.println(Save_Data.E_W);
114         }
115         else
```

```
116          {
117              DebugSerial.println("GPS DATA is not usefull!");
118          }
119      }
120  }
121  //解析 GPS 数据
122  void parseGpsBuffer()
123  {
124      char * subString;
125      char * subStringNext;
126      if (Save_Data.isGetData)
127      {
128          Save_Data.isGetData = false;
129          DebugSerial.println(" **************");
130          DebugSerial.println(Save_Data.GPS_Buffer);
131          memcpy(Save_Data.latitudeLast, Save_Data.latitude, 11);//保存上一次的经纬度
132                                          //数据,为了看是否有变化
133          memcpy(Save_Data.longitudeLast, Save_Data.longitude, 12);
134          for (int i = 0 ; i <= 6 ; i++)
135          {
136              if (i == 0)
137              {
138                  if ((subString = strstr(Save_Data.GPS_Buffer, ",")) == NULL)
139                      errorLog(1);            //解析错误
140              }
141              else
142              {
143                  subString++;
144                  if ((subStringNext = strstr(subString, ",")) != NULL)
145                  {
146                      char usefullBuffer[2];
147                      switch (i)
148                      {
149                          case 1: memcpy(Save_Data.UTCTime, subString, subStringNext - sub
150  String);break;                //获取 UTC 时间
151                          case 2: memcpy(usefullBuffer, subString, subStringNext - subString);
152  break;                        //获取 UTC 时间
153                          case 3: memcpy(Save_Data.latitude, subString, subStringNext - sub
154  String); break;                //获取纬度信息
155                          case 4: memcpy(Save_Data.N_S, subString, subStringNext - sub
156  String); break;                //获取 N/S
157                          case 5: memcpy(Save_Data.longitude, subString, subStringNext - sub
```

```
158    String); break;                          //获取纬度信息
159                case 6: memcpy(Save_Data.E_W, subString, subStringNext - subString);
160    break;                                    //获取 E/W
161                default: break;
162                }
163                subString = subStringNext;
164                Save_Data.isParseData = true;
165                if (usefullBuffer[0] == 'A')
166                  Save_Data.isUsefull = true;
167                else if (usefullBuffer[0] == 'V')
168                  Save_Data.isUsefull = false;
169                }
170            else
171            {
172                errorLog(2);                   //解析错误
173            }
174          }
175        }
176      }
177    }
178    //获取 GPS 数据
179    void gpsRead() {
180      while (GpsSerial.available())
181      {
182        gpsRxBuffer[ii++] = GpsSerial.read();
183        if (ii == gpsRxBufferLength)clrGpsRxBuffer();
184      }
185      char * GPS_BufferHead;
186      char * GPS_BufferTail;
187      if ((GPS_BufferHead = strstr(gpsRxBuffer, "$GPRMC,")) != NULL || (GPS_Buff
188    erHead = strstr(gpsRxBuffer, "$GNRMC,")) != NULL )
189      {
190        if (((GPS_BufferTail = strstr(GPS_BufferHead, "\r\n")) != NULL) && (GPS_
191    BufferTail > GPS_BufferHead))
192        {
193          memcpy(Save_Data.GPS_Buffer, GPS_BufferHead, GPS_BufferTail - GPS_BufferHead);
194          Save_Data.isGetData = true;
195          clrGpsRxBuffer();
196        }
197      }
198    }
199    //清除
```

```
200      void clrGpsRxBuffer(void)
201      {
202          memset(gpsRxBuffer, 0, gpsRxBufferLength);          //清空
203          ii = 0;
204      }
```

上传完成后进行接线,LCD 屏上即可显示出获得的定位信息,如图 10 - 9 所示。

图 10 - 9　获得的定位信息

# 第三部分 综合篇

综合篇包括第11章和第12章,介绍了两个综合性案例:智能小车和3D打印机。这两个案例分别涵盖了本书的大部分内容,通过这两章的学习,读者可以对本书内容进行系统的回顾与整理。

第11章介绍了智能小车综合案例,应用了无线Wi-Fi通信和蓝牙通信、舵机、直流电机控制、红外遥控器、红外避障、超声测距等模拟信号处理,其中应用了数/模转换的相关知识,还有蜂鸣器、LED等数字信号处理的相关知识。

第12章介绍了3D打印机综合案例,应用了步进电机驱动、限位开关等数字信号处理、温度传感器等模拟出信号处理,同时还有SD卡、EEPROM等存储操作以及LCD液晶显示、串口通信等相关知识。

在学习本部分内容时,读者可以结合智能小车和3D打印机这两套开发工具来进行实战演练,同时对前面两部分的学习内容有一个更加深刻的认识。

# 第**11**章

# 智能小车

## 11.1 智能小车结构及功能分析

### 11.1.1 智能小车结构

图 11-1 所示智能小车的整体信息如表 11-1 所列。

**图 11-1 小车主视图与轴测图**

**表 11-1 智能小车整体信息**

| 微处理器 | Arduino UNO | 编程软件 | Arduino IDE |
|---|---|---|---|
| 输入 | 红外避障传感器<br>红外循迹传感器、超声波模块<br>红外接收探头、按键、火焰传感器 | 输出 | 电机、蜂鸣器、<br>LED 灯、液晶屏、舵机云台 |
| 电源 | 拆卸式 3.7 V 锂电池 2 节 | 续航时间 | 标配电池 30 min 左右 |
| 云台转动 | SG 90 舵机 | 测距方案 | 超声波模块 |
| 供电方案 | 7805 稳压 IC | 电机驱动方案 | L293D 驱动芯片 |
| 电机 | 直流电机 | 遥控方式 | 红外、蓝牙、Wi-Fi |
| 组装后尺寸 | 18.5 cm×15.5 cm×13.2 cm | 组装后的质量 | 440 g |

智能小车的结构可以分为三部分:传感器部分、控制器部分以及执行器部分。

**(1) 传感器部分**

机器人用来读取各种外部信号的传感器,以及控制机器人行动的各种开关。包括:红外避障传感器、超声波传感器、红外循迹传感器等。

**(2) 控制器部分**

接收传感器部分传递过来的信号,并根据事先写入的决策系统(软件程序),来决定机器人对外部信号的反应,将控制信号发给执行器部分。

**(3) 执行器部分**

驱动机器人做出各种动作,包括发出各种信号(点亮发光二极管、发出声音等),并且可以根据信号调整自己的状态,其中最基本的执行器就是电机。

图 11 - 2 所示为智能小车拼装所需的主要配件。

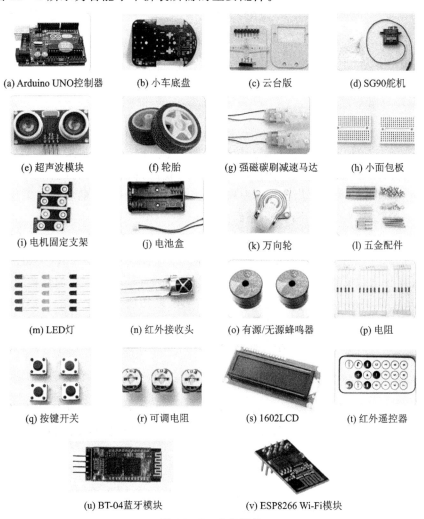

(a) Arduino UNO控制器　　(b) 小车底盘　　(c) 云台版　　(d) SG90舵机

(e) 超声波模块　　(f) 轮胎　　(g) 强磁碳刷减速马达　　(h) 小面包板

(i) 电机固定支架　　(j) 电池盒　　(k) 万向轮　　(l) 五金配件

(m) LED灯　　(n) 红外接收头　　(o) 有源/无源蜂鸣器　　(p) 电阻

(q) 按键开关　　(r) 可调电阻　　(s) 1602LCD　　(t) 红外遥控器

(u) BT-04蓝牙模块　　(v) ESP8266 Wi-Fi模块

**图 11 - 2　小车配件**

  智能小车的整体布局如图 11-3 所示,读者可选择自主拼装小车,在锻炼动手能力的同时,也会对其结构有更深的了解。下面将对小车从下到上进行分析。

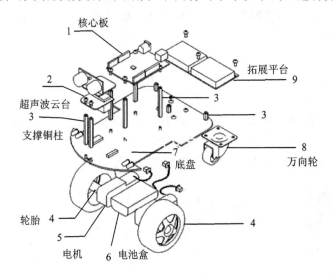

图 11-3 整体布局图

  首先是小车的行驶结构,采用双轮驱动加一个万向轮的方式来实现小车的行驶和转向,转向是靠固定在底盘上的两个驱动电机正向、反向运行的配合来完成的,例如左电机不动,右电机运行,则小车左转,而万向轮处于不固定的状态。采用这种行驶方式结构简单,但仅适用于平坦路面。

  其次是小车底盘,它是小车结构的基础。底盘之下紧凑地安装着驱动电机、电池盒以及万向轮;底盘之上大体分为三个区域:拓展平台区、核心板区以及超声波云台区,各元器件通过支撑铜柱安装在底盘上。拓展平台主要由两块小面包板组成,无论是 LED、电阻,还是传感器、蜂鸣器、LCD 等都可以拓展在其上;核心板即 Arduino UNO 开发板,为方便连线及上传程序,应使该区域高于拓展平台区;超声波云台包括超声波模块与舵机,是实现小车超声波测距与避障的主要模块。

## 11.1.2 智能小车功能分析

  智能小车不仅是以 Arduino 为平台开发的,同时还应用了前面章节中所介绍相关模块的功能,读者不仅可以学习到智能小车知识,而且可以在桌面利用智能小车搭建各种实验。

  小车套件可实现功能如下:

- 全向运行——小车底盘带有电机驱动芯片,可分别控制每个轮胎的正/反转,结合主控制器可实现小车的全向运动,并且可以通过 PWM 进行调速(参见第 7 章)。

- 按键启动——在小面包板上拓展出按键开关与蜂鸣器,实现小车的实时启动,避免在接数据线时自启。当开关被按下时,蜂鸣器响起,松开开关后,报警声停止,小车启动。
- 黑线循迹——利用小车底板上的左右循迹探头,来实现小车的循迹功能。
- 红外避障——小车底板车头两侧设有红外避障探头,实时探测与障碍物的距离,以此实现红外避障。
- 超声波避障——利用固定在车头的超声波云台,实时探测与障碍物的距离,选择最优路线,实现避障功能。
- 红外遥控——通过红外接收器接受遥控发射器的信号,解析识别遥控编码,与预存键码对比,完成键码对应的动作。
- 蓝牙遥控——建立手机 APP 与 BT - 04 蓝牙模块之间的通信,手机与蓝牙模块配对之后,实现用 APP 操控智能小车。
- Wi-Fi 遥控——建立手机 APP 与 Wi-Fi 模块之间的通信,手机与 Wi-Fi 模块通过共同连接无线网络,实现用 APP 操控智能小车。

在启动小车之前,了解底盘的功能分布及原理图可帮助读者更好地控制及调整小车,底盘功能分布如图 11 - 4 与 11 - 5 所示。可以直观地看出底盘上各部分的功

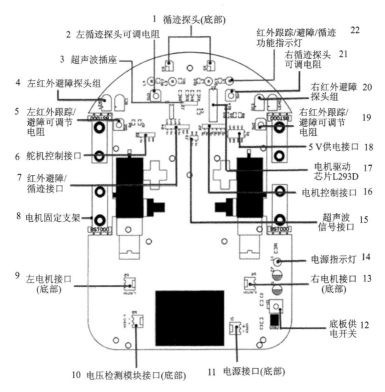

**图 11 - 4　底盘的功能分布图**

能划分,其上不仅集成了基础的供电、驱动电机模块,而且有后续操作所需的红外循迹、超声波避障等模块。模块具体电路可参见底盘原理图(见图 11 - 6)。

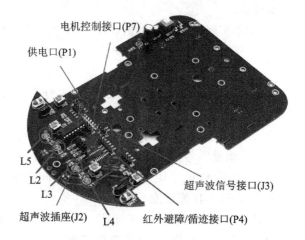

图 11 - 5　常用模块接口

# 11.2　智能小车基本功能实现

## 11.2.1　全向运行

### 1. 目标功能

实现对智能小车的前后左右运动控制,小车的循环运行轨迹应如下:延时 2 s 后启动→后退 1 s 并驻车 0.5 s→前进 1 s 并驻车 0.5 s→左转 1 s→右转 1 s→原地右转 2 s→原地左转 2 s 后停车。

### 2. 硬件条件及接线

所需硬件:Arduino UNO 开发板、面包板、杜邦线若干。相关接线如图 11 - 7 所示。

### 3. 程序代码

```
1    int Left_motor_back = 9;              //左电机后退(接口 IN1)
2    int Left_motor_go = 5;               //左电机前进(接口 IN2)
3    int Right_motor_go = 6;              //右电机前进(接口 IN3)
4    int Right_motor_back = 10;           //右电机后退(接口 IN4)
5    void setup(){                        //初始化电机驱动 I/O 为输出方式
6      pinMode(Left_motor_go,OUTPUT);     // PIN5 (PWM)
7      pinMode(Left_motor_back,OUTPUT);   // PIN 9 (PWM)
8      pinMode(Right_motor_go,OUTPUT);    // PIN 6 (PWM)
```

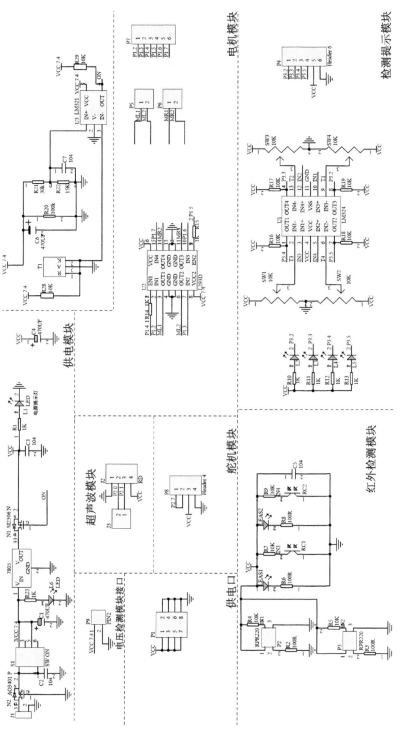

图11-6　底盘原理图

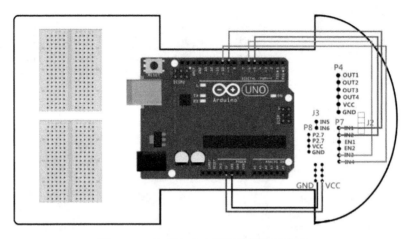

**图 11 - 7　智能小车电机驱动接线示意图**

```
9       pinMode(Right_motor_back,OUTPUT);        // PIN 10 (PWM)
10      }
11      void run(int time){                      //前进
12        digitalWrite(Right_motor_go,HIGH);     //右电机前进
13        digitalWrite(Right_motor_back,LOW);
14        analogWrite(Right_motor_go,200);       //PWM 比例 0～255 调速
15        analogWrite(Right_motor_back,0);
16        digitalWrite(Left_motor_go,HIGH);      //左电机前进
17        digitalWrite(Left_motor_back,LOW);
18        analogWrite(Left_motor_go,200);        //PWM 比例 0～255 调速
19        analogWrite(Left_motor_back,0);
20        delay(time * 100);                     //执行时间,可以调整
21      }
22      void brake(int time) {                   //刹车,停车
23        digitalWrite(Right_motor_go,LOW);
24        digitalWrite(Right_motor_back,LOW);
25        digitalWrite(Left_motor_go,LOW);
26        digitalWrite(Left_motor_back,LOW);
27        delay(time * 100);                     //执行时间,可以调整
28      }
29      void left(int time) {                    //左转(左轮不动,右轮前进)
30        digitalWrite(Right_motor_go,HIGH);     //右电机前进
31        digitalWrite(Right_motor_back,LOW);
32        analogWrite(Right_motor_go,200);
33        analogWrite(Right_motor_back,0);       //PWM 比例 0～255 调速
34        digitalWrite(Left_motor_go,LOW);       //左轮不动
35        digitalWrite(Left_motor_back,LOW);
```

```
36        analogWrite(Left_motor_go,0);
37        analogWrite(Left_motor_back,0);          //PWM 比例 0～255 调速
38        delay(time * 100);                       //执行时间,可以调整
39    }
40    void spin_left(int time) {                   //左转(左轮后退,右轮前进)
41        digitalWrite(Right_motor_go,HIGH);       //右电机前进
42        digitalWrite(Right_motor_back,LOW);
43        analogWrite(Right_motor_go,200);
44        analogWrite(Right_motor_back,0);         //PWM 比例 0～255 调速
45        digitalWrite(Left_motor_go,LOW);         //左轮后退
46        digitalWrite(Left_motor_back,HIGH);
47        analogWrite(Left_motor_go,0);
48        analogWrite(Left_motor_back,200);        //PWM 比例 0～255 调速
49        delay(time * 100);                       //执行时间,可以调整
50    }
51    void right(int time) {                       //右转(右轮不动,左轮前进)
52        digitalWrite(Right_motor_go,LOW);        //右电机不动
53        digitalWrite(Right_motor_back,LOW);
54        analogWrite(Right_motor_go,0);
55        analogWrite(Right_motor_back,0);         //PWM 比例 0～255 调速
56        digitalWrite(Left_motor_go,HIGH);        //左电机前进
57        digitalWrite(Left_motor_back,LOW);
58        analogWrite(Left_motor_go,200);
59        analogWrite(Left_motor_back,0);          //PWM 比例 0～255 调速
60        delay(time * 100);                       //执行时间,可以调整
61    }
62    void spin_right(int time) {                  //右转(右轮后退,左轮前进)
63        digitalWrite(Right_motor_go,LOW);        //右电机后退
64        digitalWrite(Right_motor_back,HIGH);
65        analogWrite(Right_motor_go,0);
66        analogWrite(Right_motor_back,200);       //PWM 比例 0～255 调速
67        digitalWrite(Left_motor_go,HIGH);        //左电机前进
68        digitalWrite(Left_motor_back,LOW);
69        analogWrite(Left_motor_go,200);
70        analogWrite(Left_motor_back,0);          //PWM 比例 0～255 调速
71        delay(time * 100);                       //执行时间,可以调整
72    }
73    void back(int time) {                        //后退
74        digitalWrite(Right_motor_go,LOW);        //右轮后退
75        digitalWrite(Right_motor_back,HIGH);
76        analogWrite(Right_motor_go,0);
77        analogWrite(Right_motor_back,150);       //PWM 比例 0～255 调速
```

```
78        digitalWrite(Left_motor_go,LOW);              //左轮后退
79        digitalWrite(Left_motor_back,HIGH);
80        analogWrite(Left_motor_go,0);
81        analogWrite(Left_motor_back,150);             //PWM 比例 0～255 调速
82        delay(time * 100);                            //执行时间,可以调整
83    }
84    void loop(){
85        delay(2000);                                  //延时 2s 后启动
86        back(10);                                     //后退 1s
87        brake(5);                                     //停止 0.5s
88        run(10);                                      //前进 1s
89        brake(5);                                     //停止 0.5s
90        left(10);                                     //向左转 1s
91        right(10);                                    //向右转 1s
92        spin_right(20);                               //向右旋转 2s
93        spin_left(20);                                //向左旋转 2s
94        brake(5);                                     //停车
95    }
```

### 4. 操作说明

启动小车之前,首先安装充电锂电池,随后在确保小车接线无误的情况下,编译并上传程序代码,最后开启底板供电开关 12(见图 11-4),实现小车的全向运动。

## 11.2.2　实时启动

### 1. 目标功能

实现对小车的实时启动。开启底板供电开关 12,在按键开关(见图 11-8)没有被按下时,小车不会执行任何操作,按键开关开启后,蜂鸣器会同时响起,直至按键被松开,蜂鸣器停止报警,小车启动。

### 2. 硬件条件及接线

所需硬件:Arduino UNO 开发板、面包板、杜邦线若干、按键开关、蜂鸣器以及 10 kΩ 电阻。具体接线如图 11-8 所示。

### 3. 程序代码

```
1    int Left_motor_back = 9;             //左电机后退(IN1)
2    int Left_motor_go = 5;              //左电机前进(IN2)
3    int Right_motor_go = 6;             //右电机前进(IN3)
4    int Right_motor_back = 10;          //右电机后退(IN4)
5    int key = A0;                       //定义按键 A0 接口
6    int beep = A1;                      //定义蜂鸣器 A1 接口
7    void setup(){                       //初始化电机驱动 I/O 为输出方式
```

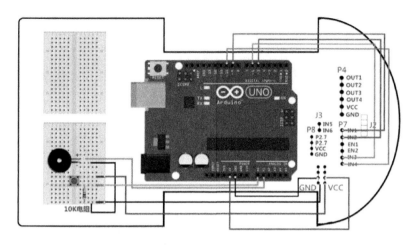

**图 11 - 8　按键启动及蜂鸣器报警接线示意图**

| | | |
|---|---|---|
| 8 | pinMode(Left_motor_go,OUTPUT); | //PIN 5（PWM） |
| 9 | pinMode(Left_motor_back,OUTPUT); | //PIN 9（PWM） |
| 10 | pinMode(Right_motor_go,OUTPUT); | //PIN 6（PWM） |
| 11 | pinMode(Right_motor_back,OUTPUT); | //PIN 10（PWM） |
| 12 | pinMode(key,INPUT); | //定义按键接口为输入接口 |
| 13 | pinMode(beep,OUTPUT); | |
| 14 | } | |
| 15 | void run(int time) | //前进 |
| 16 | void brake(int time) | //刹车,停车 |
| 17 | void left(int time) | //左转(左轮不动,右轮前进) |
| 18 | void spin_left(int time) | //原地左转(左轮后退,右轮前进) |
| 19 | void right(int time) | //右转(右轮不动,左轮前进) |
| 20 | void spin_right(int time) | //原地右转(右轮后退,左轮前进)} |
| 21 | void back(int time) | //后退 |
| 22 | void keysacn(){ | |
| 23 | int val; | |
| 24 | val = digitalRead(key); | //读取数字 7 端口电平值赋给 val |
| 25 | while(! digitalRead(key)) { | //当按键没被按下时,一直循环 |
| 26 | val = digitalRead(key); | //此句可省略,可让循环跑空 |
| 27 | } | |
| 28 | while(digitalRead(key)) { | //当按键被按下时 |
| 29 | delay(10); | //延时 10 ms |
| 30 | val = digitalRead(key); | //读取数字 7 端口电平值赋给 val |
| 31 | if(val = = HIGH) { | //第二次判断按键是否被按下 |
| 32 | digitalWrite(beep,HIGH); | //蜂鸣器响 |
| 33 | while(! digitalRead(key)) | //判断按键是否被松开 |
| 34 | digitalWrite(beep,LOW); | //蜂鸣器停止 |

```
35          }
36        else
37          digitalWrite(beep,LOW);              //蜂鸣器停止
38      }
39    }
40    void loop(){
41      keysacn();                              //调用按键扫描函数
42      back(10);                               //后退 1 s
43      brake(5);                               //停止 0.5 s
44      run(10);                                //前进 1 s
45      brake(5);                               //停止 0.5 s
46      left(10);                               //向左转 1 s
47      right(10);                              //向右转 1 s
48      spin_left(20);                          //向左旋转 2 s
49      spin_right(20);                         //向右旋转 2 s
50      brake(5);                               //停车
51    }
```

### 4. 操作说明

完成小车的接线后,编译并上传程序,开启底板供电开关 12,打开按键开关,实现小车的全向运行。添加按键开关可以实现小车的实时启动,并且能保护小车,防止小车在与电脑连接时因接入电源而自启。

# 11.3　智能小车黑线循迹

## 11.3.1　黑线循迹原理

小车循迹指的是小车在白色地板上循黑线行走,通常采取的方法是红外探测法。

红外探测法,即利用红外线在不同颜色的物体表面具有不同的反射强度的特点,在小车行驶过程中不断地向地面发射红外光,当红外光遇到白色地板时发生漫反射,反射光被装在小车上的接收管接收;如果遇到黑线则红外光被吸收,小车上的接收管接收不到红外光。小车依据反射回来的红外光的强弱实时确定黑线的位置和小车的行走路线。

## 11.3.2　软、硬件分析

### 1. 目标功能

实现小车的黑线循迹,使小车在白色地板上沿着既定的黑线行驶,如图 11 - 9 所示。

图 11 - 9　小车黑线循迹

## 2. 硬件条件及接线

所需硬件同 11.2.2 小节。

额外接线：将红外循迹/避障接口 7 的 OUT1 和 OUT2 分别与 UNO 的 A2、A3 接口相连。相关接线如图 11 - 10 所示。

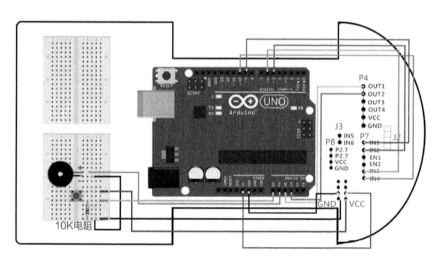

图 11 - 10　智能小车黑线循迹接线示意图

## 3. 程序代码

```
1    int Left_motor_back = 9;          //左电机后退(IN1)
2    int Left_motor_go = 5;            //左电机前进(IN2)
3    int Right_motor_go = 6;           //右电机前进(IN3)
4    int Right_motor_back = 10;        //右电机后退(IN4)
5    int key = A0;                     //定义按键 A0 接口
```

```
6    int beep = A1;                               //定义蜂鸣器 A1 接口
7    const int SensorRight = A2;                  //右循迹红外传感器(P3.2 OUT1)
8    const int SensorLeft = A3;                   //左循迹红外传感器(P3.3 OUT2)
9    int SL;                                       //左循迹红外传感器状态
10    int SR;                                       //右循迹红外传感器状态
11    void setup(){
12      //初始化电机驱动 I/O 为输出方式
13      pinMode(Left_motor_go,OUTPUT);            //PIN 5 (PWM)
14      pinMode(Left_motor_back,OUTPUT);          //PIN 9 (PWM)
15      pinMode(Right_motor_go,OUTPUT);           //PIN 6 (PWM)
16      pinMode(Right_motor_back,OUTPUT);         //PIN 10 (PWM)
17      pinMode(key,INPUT);                        //定义按键接口为输入接口
18      pinMode(beep,OUTPUT);
19      pinMode(SensorRight, INPUT);               //定义右循迹红外传感器为输入
20      pinMode(SensorLeft, INPUT);                //定义左循迹红外传感器为输入
21    }
22    void run()
23    void brake()
24    void spin_left(int time)                     //原地左转(左轮后退,右轮前进)
25    void right()
26    void spin_right(int time)                    //原地右转(右轮后退,左轮前进)
27    void back(int time)
28    void keysacn(){                              //按键扫描
29      int val;
30      val = digitalRead(key);                    //读取数字 7 端口电平值赋给 val
31      while(! digitalRead(key)) {                //当按键没被按下时,一直循环
32      val = digitalRead(key);                    //此句可省略,可让循环跑空
33      }
34      while(digitalRead(key)) {                  //当按键被按下时
35        delay(10);                               //延时 10 ms
36        val = digitalRead(key);                  //读取数字 7 端口电平值赋给 val
37        if(val = = HIGH) {                       //第二次判断按键是否被按下
38      digitalWrite(beep,HIGH);                   //蜂鸣器响
39          while(! digitalRead(key))              //判断按键是否被松开
40            digitalWrite(beep,LOW);              //蜂鸣器停止
41        }
42        else
43          digitalWrite(beep,LOW);                //蜂鸣器停止
44      }
45    }
46    void loop(){
47      keysacn();                                 //调用按键扫描函数
```

```
48        while(1){                          //有信号为 LOW,没有信号为 HIGH
49        SR = digitalRead(SensorRight);     //有信号表明在白色区域,车子底板上 L3(见图 11-5)
50                                            //亮;没信号表明压在黑线上,车子底板上 L3 灭
51        SL = digitalRead(SensorLeft);      //有信号表明在白色区域,车子底板上 L2(见图 11-5)
52                                            //亮;没信号表明压在黑线上,车子底板上 L2 灭
53        if (SL == LOW&&SR == LOW)
54          run();                            //调用前进函数
55        else if (SL == HIGH & SR == LOW)   //左循迹红外传感器,检测到信号,
56                                            //车子向右偏离轨道,向左转
57          left();
58        else if (SR == HIGH & SL == LOW)   //右循迹红外传感器,检测到信号,
59                                            //车子向左偏离轨道,向右转
60          right();
61        else                               //都是白色,停止
62        brake();
63        }
64    }
```

### 11.3.3　操作说明

使用黑色电工胶布在白色地板上搭建小车运行的轨道,轨道形状可自由设计,转弯的时候尽可能增大转弯半径,选用宽度 15 mm 左右的黑色胶布即可。完成接线后,编译并上传程序,将小车置于黑线之上,打开底板供电开关 12 与按键开关,小车便会"循规蹈矩"地沿着黑线行驶。

## 11.4　智能小车红外避障

### 11.4.1　红外避障原理

智能小车红外避障的原理是利用物体的反射性质。在一定范围内,如果没有障碍物,发射出去的红外线,随着传播距离越远而逐渐减弱,最后消失。如果有障碍物,则红外线遇到障碍物,被反射到传感器接收头。传感器检测到这一信号,就可以确认正前方有障碍物,并将该信号发送给单片机,单片机进行一系列的处理分析,协调小车两轮工作,完成躲避障碍物动作。

### 11.4.2　软、硬件分析

#### 1. 目标功能

实现小车的红外避障功能。当小车探测到行驶前方有障碍物时,会根据左、右地形选择最优路线,探测到右边有障碍物时向左转,探测到左边有障碍物时向右转,探

测到左、右都有障碍物时,小车右旋转后退,如图 11 - 11 所示。

图 11 - 11　智能小车红外避障

## 2. 硬件条件及接线

所需硬件同 11.2.2 小节。

额外接线:将红外循迹/避障接口 7 的 OUT3 和 OUT4 分别与 UNO 的 A4、A5 接口相连。相关接线如图 11 - 12 所示。

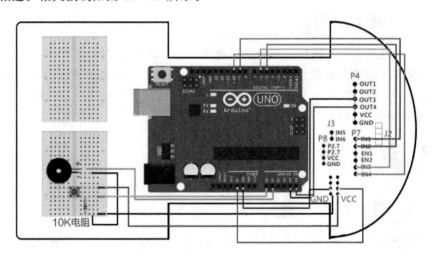

图 11 - 12 智能小车红外避障接线图

## 3. 程序代码

```
1    int Left_motor_back = 9;              //左电机后退(IN1)
2    int Left_motor_go = 5;               //左电机前进(IN2)
3    int Right_motor_go = 6;              //右电机前进(IN3)
4    int Right_motor_back = 10;           //右电机后退(IN4)
5    int key = A0;                        //定义按键 A0  接口
6    int beep = A1;                       //定义蜂鸣器 A1  接口
7    const int SensorRight = A2;          //右循迹红外传感器(P3.2 OUT1)
```

```
8    const int SensorLeft = A3;              //左循迹红外传感器(P3.3 OUT2)
9    const int SensorLeft_2 = A4;            //左红外传感器(P3.4 OUT3)
10    const int SensorRight_2 = A5;          //右红外传感器(P3.5 OUT4)
11    int SL;                                 //左循迹红外传感器状态
12    int SR;                                 //右循迹红外传感器状态
13    int SL_2;                               //左红外传感器状态
14    int SR_2;                               //右红外传感器状态
15    void setup(){
16      //初始化电机驱动 I/O 为输出方式
17      pinMode(Left_motor_go,OUTPUT);       //PIN 5 (PWM)
18      pinMode(Left_motor_back,OUTPUT);     //PIN 9 (PWM)
19      pinMode(Right_motor_go,OUTPUT);      //PIN 6 (PWM)
20      pinMode(Right_motor_back,OUTPUT);    //PIN 10 (PWM)
21      pinMode(key,INPUT);                  //定义按键接口为输入接口
22      pinMode(beep,OUTPUT);
23      pinMode(SensorRight, INPUT);         //定义右循迹红外传感器为输入
24      pinMode(SensorLeft, INPUT);          //定义左循迹红外传感器为输入
25      pinMode(SensorRight_2, INPUT);       //定义右红外传感器为输入
26      pinMode(SensorLeft_2, INPUT);        //定义左红外传感器为输入
27    }
28    // ====================== 智能小车的基本动作 =======================
29    void run()                             //前进
30    void brake(int time)                   //刹车,停车
31    void left()                            //左转(左轮不动,右轮前进)
32    void spin_left(int time)               //左转(左轮后退,右轮前进)
33    void right()                           //右转(右轮不动,左轮前进)
34    void spin_right(int time)              //右转(右轮后退,左轮前进)
35    void back(int time)                    //后退
36    void keysacn()                         //按键扫描,同黑线循迹
37    void loop(){
38      keysacn();                           //调用按键扫描函数
39      while(1){                            //有信号为 LOW    没有信号为 HIGH
40        SR_2 = digitalRead(SensorRight_2);
41        SL_2 = digitalRead(SensorLeft_2);
42        if (SL_2 == HIGH&&SR_2 = = HIGH)
43          run();                           //调用前进函数
44        else if (SL_2 == HIGH & SR_2 == LOW)//探测到右边有障碍物,有信号返回,向左转
45          left();
46        else if (SR_2 == HIGH & SL_2 == LOW)//探测到左边有障碍物,有信号返回,向右转
47          right();
48        else{                              //都是有障碍物,后退
49      back(4.5);                           //后退
```

```
50        spin_right(4.5);              //右旋转,调整方向
51      }
52    }
53  }
```

## 11.4.3  操作说明

完成接线后,编译并上传程序,开启底板供电开关 12,启动按键开关,实现小车的红外避障操作。小车行驶速度不宜过高,防止速度过快,避障不及时。如果小车红外避障的灵敏度不高,则可以通过调节底盘上 5 和 19 的阻值来实现。

# 11.5  智能小车超声波避障

## 11.5.1  超声波避障原理

当通过超声波传感器测得与前方障碍物的距离时,可以根据程序,自动控制小车的前进方向。通常需要指定前方物体与小车距离在多少范围内,即认定为障碍物,需要小车进行躲避。小车的避障方式有很多,比如通过向左或向右转弯绕过障碍物,或者直接掉头避开障碍物等。

## 11.5.2  软、硬件分析

### 1. 目标功能

实现小车的超声波避障与测距功能。小车可以通过超声波云台实时地测量与前方障碍物的距离,根据测得的距离判定前方是否有障碍物,继而选择最优行驶路线,达到避障的功能。具体行驶路线如图 11 - 13 所示。

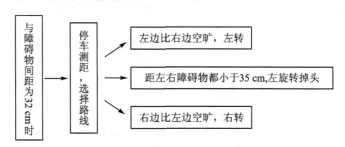

**图 11 - 13　小车超声波避障路线图**

### 2. 硬件条件及接线

所需硬件:Arduino UNO 开发板、面包板、按键开关、蜂鸣器、10 kΩ 电阻、1602LCD、可调电阻、HC - SR04 型超声波测距传感器、舵机以及杜邦线若干。相关

接线如图 11 - 14 所示。

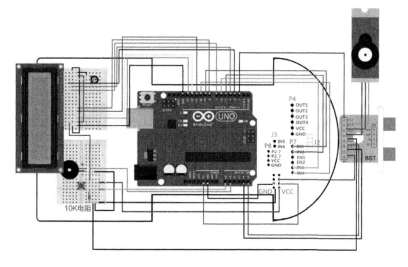

图 11 - 14　智能小车超声波避障实验接线示意图

## 3. 程序代码

```
1    //智能小车超声波避障实验(有舵机)
2    //调试时可以打开屏蔽内容 Serial.print,打印测到的距离
3    //本实验控制速度的 pwm 值和延时均有调节,但还是配合实际情况、实际电量调节数值
4    # include <LiquidCrystal.h>            //申明 1602 液晶的函数库
5    LiquidCrystal lcd(3,4,7,8,11,12,13);   //4 数据口模式连线声明
6    int Echo = A5;                         //Echo 回声脚(P2.0)
7    int Trig = A4;                         //Trig 触发脚(P2.1)
8    int Front_Distance = 0;
9    int Left_Distance = 0;
10    int Right_Distance = 0;
11    int Left_motor_back = 9;              //左电机后退(IN1)
12    int Left_motor_go = 5;                //左电机前进(IN2)
13    int Right_motor_go = 6;               //右电机前进(IN3)
14    int Right_motor_back = 10;            //右电机后退(IN4)
15    int key = A0;                         //定义按键 A0 接口
16    int beep = A1;                        //定义蜂鸣器 A1 接口
17    int servopin = 2;                     //设置舵机驱动脚到数字口 2
18    int myangle;                          //定义角度变量
19    int pulsewidth;                       //定义脉宽变量
20    int val;
21    void setup(){
22        Serial.begin(9600);              //初始化串口
23        //初始化电机驱动 I/O 为输出方式
```

```
24    pinMode(Left_motor_go,OUTPUT);          //PIN 5（PWM）
25    pinMode(Left_motor_back,OUTPUT);        //PIN 9（PWM）
26    pinMode(Right_motor_go,OUTPUT);         //PIN 6（PWM）
27    pinMode(Right_motor_back,OUTPUT);       //PIN 10（PWM）
28    pinMode(key,INPUT);                     //定义按键接口为输入接口
29    pinMode(beep,OUTPUT);
30      //初始化超声波引脚
31    pinMode(Echo, INPUT);                   //定义超声波输入脚
32    pinMode(Trig, OUTPUT);                  //定义超声波输出脚
33    lcd.begin(16,2);                        //初始化 1602 液晶工作模式
34    pinMode(servopin,OUTPUT);               //设定舵机接口为输出接口
35  }
36  // =====================智能小车的基本动作 ========================
37  void run()                                //前进
38  void brake(int time)                      //刹车,停车
39  void left(int time)                       //左转(左轮不动,右轮前进)
40  void spin_left(int time)                  //原地左转(左轮后退,右轮前进)
41  void right(int time)                      //右转（右轮不动,左轮前进）
42  void spin_right(int time)                 //原地右转(右轮后退,左轮前进)
43  void back(int time)                       //后退
44  void keysacn()                            //按键扫描
45  float Distance_test(){                    //量出前方距离
46    digitalWrite(Trig, LOW);                //给触发脚低电平 2 μs
47    delayMicroseconds(2);
48    digitalWrite(Trig, HIGH);               //给触发脚高电平 10 μs,这里至少是 10 μs
49    delayMicroseconds(10);
50    digitalWrite(Trig, LOW);                //持续给触发脚低电平
51    float Fdistance = pulseIn(Echo, HIGH);  //读取高电平时间(单位：μs)
52    Fdistance = Fdistance/58;               //除以 58 的原因,单程距离:Y 米 = (X 秒 * 344)/2
53  //可得 X 秒 = ( 2 * Y 米)/344 米/秒→X 秒 = 0.0058 * Y 米
54  return Fdistance;
55  }
56  void Distance_display(int Distance) {     //显示距离
57    if((2<Distance)&(Distance<400)){
58      lcd.home();                           //把光标移回左上角,即从头开始输出
59      lcd.print("    Distance：");          //显示
60      lcd.setCursor(6,2);                   //把光标定位在第 2 行,第 6 列
61      lcd.print(Distance);                  //显示距离
62      lcd.print("cm");                      //显示
63    }
64    else{
65      lcd.home();                           //把光标移回左上角,即从头开始输出
```

```
66          lcd.print("!!! Out of range");        //显示
67        }
68        delay(250);
69        lcd.clear();
70    }
71    void servopulse(int servopin,int myangle) {
72        /* 定义一个脉冲函数,用来模拟方式产生 PWM 值 */
73        pulsewidth = (myangle * 11) + 500;       //将角度转化为 500~2 480 的脉宽值
74        digitalWrite(servopin,HIGH);             //将舵机接口电平置高
75        delayMicroseconds(pulsewidth);           //延时脉宽值的微秒数
76        digitalWrite(servopin,LOW);              //将舵机接口电平置低
77        delay(20 - pulsewidth/1000);             //延时周期内剩余时间
78    }
79    void front_detection(){
80      //此处循环次数减少,为了增加小车遇到障碍物的反应速度
81      for(int i = 0;i< = 5;i ++){               //产生 PWM 个数,等效延时以保证能转到响应角度
82      servopulse(servopin,90);                  //模拟产生 PWM
83      }
84      Front_Distance = Distance_test();
85    }
86    void left_detection(){
87      for(int i = 0;i< = 15;i ++){              //产生 PWM 个数,等效延时以保证能转到响应角度
88       servopulse(servopin,175);                //模拟产生 PWM
89      }
90      Left_Distance = Distance_test();
91    }
92    void right_detection(){
93      for(int i = 0;i< = 15;i ++){              //产生 PWM 个数,等效延时以保证能转到响应角度
94      servopulse(servopin,0);                   //模拟产生 PWM
95      }
96      Right_Distance = Distance_test();
97    }
98    void loop(){
99     keysacn();                                 //调用按键扫描函数
100     while(1){
101       front_detection();                       //测量前方距离
102       if(Front_Distance < 32) {                //当遇到障碍物时
103     back(2);                                    //后退减速
104         brake(2);                               //停下来做测距
105         left_detection();                       //测量左边距障碍物距离
106         Distance_display(Left_Distance);        //液晶屏显示距离
107         right_detection();                      //测量右边距障碍物距离
```

```
108            Distance_display(Right_Distance);  //液晶屏显示距离
109            if((Left_Distance < 35 ) &&( Right_Distance < 35 ))    //当左右两侧均有障碍
110                                                                   //物靠得比较近时
111              spin_left(0.7);                    //旋转掉头
112            else if(Left_Distance > Right_Distance) {     //左边比右边空旷
113        left(3);                                 //左转
114              brake(1);                          //刹车,稳定方向
115              }
116            else{                                //右边比左边空旷
117        right(3);                                //右转
118              brake(1);                          //刹车,稳定方向
119              }
120            }
121          else{
122            run();                               //无障碍物,直行
123            }
124          }
125        }
```

## 11.5.3　操作说明

　　完成接线,需要注意的是,LCD 采用 4 位接线法,通过可变电阻调节 LCD 显示的对比度。编译并上传程序后,开启底板供电开关 12,启动按键开关,小车便可执行超声波避障操作。

# 11.6　智能小车红外遥控

## 11.6.1　红外遥控原理

　　智能小车实现红外遥控的元件主要是遥控发射器与红外接收器。遥控发射器按键按下后,即有遥控码发出,所按的键不同,其遥控编码也不同。当红外接收器接收到遥控码时,会进行解析并与预存键码对比完成识别,控制智能小车完成键码对应的动作。

## 11.6.2　软、硬件分析

### 1. 目标功能

　　实现小车的红外遥控功能。可以通过红外遥控器操控小车,按照意愿行驶到期望位置,如图 11 - 15 所示。

图 11 - 15　小车红外遥控操作

## 2. 硬件条件及接线

所需硬件：Arduino UNO 开发板、面包板、杜邦线若干、红外接收器、红外遥控器。相关接线如图 11 - 16 所示。

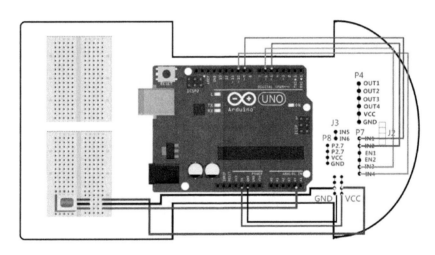

图 11 - 16　智能小车红外遥控接线示意图

## 3. 程序代码

```
1    # include <IRremote.h>                    //包含红外库
2    int RECV_PIN = A4;                         //端口声明
3    IRrecv irrecv(RECV_PIN);
4    decode_results results;                    //结构声明
5    int on = 0;                                //标志位
6    unsigned long last = millis();
7    long run_car = 0x00FF18E7;                 //按键 2
8    long back_car = 0x00FF4AB5;                //按键 8
9    long left_car = 0x00FF10EF;                //按键 4
10   long right_car = 0x00FF5AA5;               //按键 6
```

```
11    long stop_car = 0x00FF38C7;              //按键5
12    long left_turn = 0x00ff30CF;             //按键1
13    long right_turn = 0x00FF7A85;            //按键3
14    int Left_motor_back = 9;                 //左电机后退(IN1)
15    int Left_motor_go = 5;                   //左电机前进(IN2)
16    int Right_motor_go = 6;                  //右电机前进(IN3)
17    int Right_motor_back = 10;               //右电机后退(IN4)
18    void setup(){
19      //初始化电机驱动 I/O 为输出方式
20      pinMode(Left_motor_go,OUTPUT);         //PIN 5 (PWM)
21      pinMode(Left_motor_back,OUTPUT);       //PIN 9 (PWM)
22      pinMode(Right_motor_go,OUTPUT);        //PIN 6 (PWM)
23      pinMode(Right_motor_back,OUTPUT);      //PIN 10 (PWM)
24      pinMode(13, OUTPUT);                   //端口模式,输出
25      Serial.begin(9600);                    //波特率 9 600
26      irrecv.enableIRIn();                   //开始接收数据
27    }
28    void run(){                              //前进,本节小车基本动作皆不可调速
29      digitalWrite(Right_motor_go,HIGH);     //右电机前进
30      digitalWrite(Right_motor_back,LOW);
31      digitalWrite(Left_motor_go,HIGH);      //左电机前进
32      digitalWrite(Left_motor_back,LOW);
33    }
34    void brake()                             //刹车,停车
35    void left()                              //左转(左轮不动,右轮前进),不可调速
36    void spin_left()                         //原地左转(左轮后退,右轮前进),不可调速
37    void right()                             //右转(右轮不动,左轮前进),不可调速
38    void spin_right()                        //原地右转(右轮后退,左轮前进),不可调速
39    void back()                              //后退
40    void dump(decode_results * results){
41      int count = results→rawlen;
42      if (results→decode_type == UNKNOWN) {
43    brake();
44      }
45    }
46    void loop(){
47      if (irrecv.decode(&results)) {         //调用库函数:解码
48    if (millis() - last > 250) {             //确定接收到信号
49        on = ! on;                           //标志位置反
50        digitalWrite(13, on HIGH : LOW);     //板子上接收信号闪烁一下 LED
51        dump(&results);                      //解码红外信号
52      }
```

```
53        if (results.value == run_car )          //按键 2
54          run();                                 //前进
55        if (results.value == back_car )         //按键 8
56          back();                                //后退
57        if (results.value == left_car )         //按键 4
58          left();                                //左转
59        if (results.value == right_car )        //按键 6
60          right();                               //右转
61        if (results.value == stop_car )         //按键 5
62          brake();                               //停车
63        if (results.value == left_turn )        //按键 1
64          spin_left();                           //左旋转
65        if (results.value == right_turn )       //按键 3
66          spin_right();                          //右旋转
67      last = millis();
68      irrecv.resume();                           //接收下一个值
69      }
70    }
```

### 11.6.3　操作说明

　　将第三方库（红外库）IRremote 复制
到 Arduino 文件夹下的 libraries 文件夹
中。在完成接线后，编译并上传程序，开启
底板供电开关 12，便可以通过红外遥控器
对小车进行遥控操作。红外遥控器的有效
遥控距离为 8 m 左右，控制说明如
图 11-17 所示。

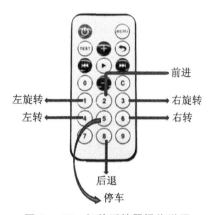

图 11-17　红外遥控器操作说明

## 11.7　智能小车蓝牙遥控

### 11.7.1　蓝牙遥控原理

　　蓝牙遥控小车原理及相关蓝牙模块知识参见 8.6 节。

### 11.7.2　软、硬件分析

#### 1. 目标功能

　　实现小车的蓝牙遥控功能。通过建立手机 APP（可在公众号中获取）与蓝牙模
块的通信对小车进行遥控操作，除了可以实现全向运行控制之外，还可以实现点灯、

唱歌、鸣笛、速度控制，舵机转动等功能，如图 11 - 18 所示。

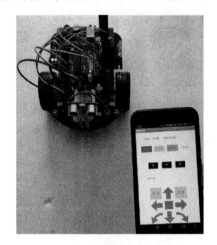

**图 11 - 18　小车蓝牙遥控操作**

## 2. 硬件条件及接线图

所需硬件：Arduino UNO 开发板、面包板、BT - 04 蓝牙模块、LED 灯（红、蓝各一个）、固定电阻、有源蜂鸣器、无源蜂鸣器、舵机云台以及杜邦线若干。相关接线如图 11 - 19 所示。

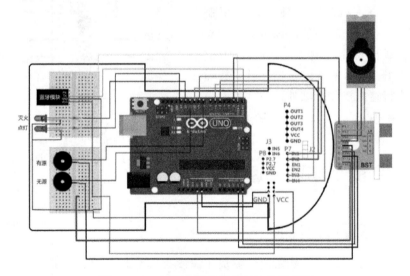

**图 11 - 19　智能小车蓝牙控制接线示意图**

## 3. 程序代码

```
1    # define run_car      '1'                    //按键前
2    # define back_car     '2'                    //按键后
3    # define left_car      '3'                    //按键左
```

```
4      #define right_car        '4'              //按键右
5      #define stop_car         '0'              //按键停
6      #define left_turn        0x06             //按键左旋转
7      #define right_turn       0x07             //按键右旋转
8      /* 小车运行状态枚举 */
9      enum{
10         enSTOP = 0,
11         enRUN,
12         enBACK,
13         enLEFT,
14         enRIGHT
15     }enCarState;
16     //车速控制量 control
17     #define level1  0x08                       //速度控制标志位 1
18     #define level2  0x09                       //速度控制标志位 2
19     #define level3  0x0A                       //速度控制标志位 3
20     #define level4  0x0B                       //速度控制标志位 4
21     #define level5  0x0C                       //速度控制标志位 5
22     #define level6  0x0D                       //速度控制标志位 6
23     #define level7  0x0E                       //速度控制标志位 7
24     #define level8  0x0F                       //速度控制标志位 8
25     int Left_motor_back = 9;                   //左电机后退(IN1)
26     int Left_motor_go = 5;                     //左电机前进(IN2)
27     int Right_motor_go = 6;                    //右电机前进(IN3)
28     int Right_motor_back = 10;                 //右电机后退(IN4)
29     int buzzer = 8;                            //设置控制蜂鸣器的数字 I/O 脚
30     int control = 150;                         //PWM 控制量
31     int incomingByte = 0;                      //接收到的 data byte
32     String inputString = "";                   //用来储存接收到的内容
33     boolean newLineReceived = false;           //前一次数据结束标志
34     boolean startBit   = false;                //协议开始标志
35     int g_carstate = enSTOP;                   //1 前 2 后 3 左 4 右 0 停止
36     /* 超声波 */
37     int Echo = A5;                             //Echo 回声脚(P2.0)
38     int Trig = A4;                             //Trig 触发脚(P2.1)
39     int Distance = 0;
40     String returntemp = "";                    //存储返回值
41     /* 舵机 */
42     int servopin = 2;                          //设置舵机驱动脚到数字口 2
43     /* 点灯 */
44     int Led = 13;
45     /* 灭火 */
```

```
46      int Fire = 12;
47      /* 唱歌 */
48      int speakerPin = 11;
49      /* 所有音调,列出部分 */
50      #define BL1 248
51      #define BL2 278
52      #define BL3 294
53      #define BL4 330
54      #define BL5 371
55      #define BL6 416
56      #define BL7 467
57      //列出部分节拍(小苹果)
58      int tune[] = {                              //根据简谱列出各频率
59        B3, B1, B2, BL6,
60        B3,B2,B1,B2,BL6,
61        B3,B1,B2,B2,
62        B5,B3,BL7,B1,B1,BL7,
63        BL6,BL7,B1,B2,BL5,
64        B6,B5,B3,B3,B2,
65        B1,B2,B3,B2,B3,B2,B3,B5,
66        B5,B5,B5,B5,B5,B5,
67      };
68      float durt[] = {                            //根据简谱列出各节拍
69        1,1,1,1,
70        0.5,0.5,0.5,0.5,2,
71        1,1,1,1,
72        0.5,0.5,1,1,0.5,0.5,
73        1,0.5,0.5,1,1,
74        0.5,0.5,1,1.5,0.5,
75        1,0.5,0.5,0.5,0.5,0.5,0.25,0.25,
76        1,0.5,0.5,0.5,0.5,1,
77      };
78      void setup(){                               //初始化电机驱动 I/O 为输出方式
79        pinMode(Left_motor_go, OUTPUT);           //PIN 5 (PWM)
80        pinMode(Left_motor_back, OUTPUT);         //PIN 9 (PWM)
81        pinMode(Right_motor_go, OUTPUT);          //PIN 6 (PWM)
82        pinMode(Right_motor_back, OUTPUT);        //PIN 10 (PWM)
83        pinMode(buzzer,OUTPUT);                   //设置数字 I/O 脚模式,OUTPUT 为输出
84        pinMode(Echo, INPUT);                     //定义超声波输入脚
85        pinMode(Trig, OUTPUT);                    //定义超声波输出脚
86        Serial.begin(9600);                       //波特率9 600(蓝牙通信设定波特率)
87        pinMode(servopin,OUTPUT);                 //设定舵机接口为输出接口
```

```
88        pinMode(Led, OUTPUT);                      //定义点灯输出脚
89        pinMode(Fire, OUTPUT);                     //定义灭火输出
90        pinMode(speakerPin, OUTPUT);               //定义唱歌引脚
91    }
92    void Distance_test()
93    void run(){                                    //前进
94        digitalWrite(Right_motor_back,LOW);
95        digitalWrite(Left_motor_back,LOW);
96        digitalWrite(Right_motor_go,HIGH);         //右电机前进
97        digitalWrite(Left_motor_go,HIGH);          //左电机前进
98      analogWrite(Right_motor_go,control);         //PWM 比例 0~255 调速,左右轮差异略增减
99        analogWrite(Left_motor_go,control-25);     //PWM 比例 0~255 调速,左右轮差异略增减
100       //delay(time * 100);                       //执行时间,可以调整
101   }
102   void brake()                                   //刹车,停车
103   void left(){                                   //左转(左轮不动,右轮前进)
104       digitalWrite(Right_motor_go, HIGH);        //右电机前进
105       digitalWrite(Right_motor_back, LOW);
106       analogWrite(Right_motor_go, 200);          //设置速度 200
107       digitalWrite(Left_motor_go, LOW);          //左轮不动
108       digitalWrite(Left_motor_back, LOW);
109   }
110   void spin_left(){                              //原地左转(左轮后退,右轮前进)
111       digitalWrite(Right_motor_go, HIGH);        //右电机前进
112       digitalWrite(Right_motor_back, LOW);
113       analogWrite(Right_motor_go,control);
114       digitalWrite(Left_motor_go, LOW);          //左轮后退
115       digitalWrite(Left_motor_back, HIGH);
116      analogWrite(Left_motor_back,control);       //PWM 比例 0~255 调速
117   }
118   void right(){                                  //右转(右轮不动,左轮前进)
119       digitalWrite(Right_motor_go, LOW);         //右电机不动
120       digitalWrite(Right_motor_back, LOW);
121       digitalWrite(Left_motor_go, HIGH);         //左电机前进
122       digitalWrite(Left_motor_back, LOW);
123       analogWrite(Left_motor_go,200);            //设置速度 200
124   }
125   void spin_right(){                             //原地右转(右轮后退,左轮前进)
126       digitalWrite(Right_motor_go, LOW);         //右电机后退
127       digitalWrite(Right_motor_back, HIGH);
128     analogWrite(Right_motor_back,control);       //PWM 比例 0~255 调速
129       digitalWrite(Left_motor_go, HIGH);         //左电机前进
```

```
130        digitalWrite(Left_motor_back, LOW);
131       analogWrite(Left_motor_go,control);          //PWM 比例 0～255 调速
132     }
133     void back(){                                    //后退
134        digitalWrite(Right_motor_back, HIGH);
135        digitalWrite(Left_motor_back, HIGH);
136        digitalWrite(Right_motor_go, LOW);           //右轮后退
137        digitalWrite(Left_motor_go, LOW);            //左轮后退
138        analogWrite(Right_motor_back,control);       //PWM 比例 0～255 调速
139        analogWrite(Left_motor_back,control - 15);   //PWM 比例 0～255 调速
140        //delay(time * 100);                         //执行时间,可以调整
141     }
142     void whistle(){                                 //鸣笛
143         int i;
144         for(i = 0;i＜80;i ++ ){                      //输出一个频率的声音
145           digitalWrite(buzzer,HIGH);                //发声音
146           delay(10);                                //延时 1ms
147           digitalWrite(buzzer,LOW);                 //不发声音
148           delay(1);                                 //延时 1 ms
149         }
150         for(i = 0;i＜100;i ++ ){                     //输出另一个频率的声音
151           digitalWrite(buzzer,HIGH);                //发声音
152           delay(20);                                //延时 2 ms
153           digitalWrite(buzzer,LOW);                 //不发声音
154           delay(2);                                 //延时 2 ms
155         }
156     }
157     / * 舵机控制 * /
158     void servopulse(int servopin, int myangle){/ * 定义一个脉冲函数,用来模拟方式产生 PWM 值 * /
159         int pulsewidth;                             //定义脉宽变量
160         pulsewidth = (myangle * 11) + 500;          //将角度转化为 500～2 480 的脉宽值
161         digitalWrite(servopin,HIGH);                //将舵机接口电平置高
162         delayMicroseconds(pulsewidth);              //延时脉宽值的微秒数
163         digitalWrite(servopin,LOW);                 //将舵机接口电平置低
164         delay(20 - pulsewidth/1000);                //延时周期内剩余时间
165     }
166     void front_detection(){
167     //此处循环次数减少,为了增加小车遇到障碍物的反应速度
168         for(int i = 0;i＜ = 5;i ++ ){               //产生 PWM 个数,等效延时以保证能转到响应角度
169           servopulse(servopin,90);                  //模拟产生 PWM
170         }
171     }
```

```
172   void left_detection(){
173     for(int i = 0;i< = 15;i ++ ){        //产生 PWM 个数,等效延时以保证能转到响应角度
174       servopulse(servopin,175);          //模拟产生 PWM
175     }
176   }
177   void right_detection(){
178     for(int i = 0;i< = 15;i ++ ){        //产生 PWM 个数,等效延时以保证能转到响应角度
179       servopulse(servopin,5);            //模拟产生 PWM
180     }
181   }
182   /* 唱歌相关 */
183   void PlayTest(){
184    int length = sizeof(tune)/sizeof(tune[0]);    //计算长度
185    for(int x = 0; x < length;x ++ ){
186       tone(speakerPin,tune[x]);
187       delay(500 * durt[x]);    //这里用来根据节拍调节延时,500 这个指数可以自己调整
188       noTone(speakerPin);
189     }
190   }
191   void loop() {
192     if (newLineReceived){
193       switch(inputString[1]){
194         case run_car:    g_carstate = enRUN; Serial.print("run\r\n"); break;
195         case back_car:   g_carstate = enBACK;  Serial.print("back\r\n");break;
196         case left_car:   g_carstate = enLEFT; Serial.print("left\r\n");break;
197         case right_car:  g_carstate = enRIGHT; Serial.print("right\r\n");break;
198         case stop_car:   g_carstate = enSTOP;  Serial.print("brake\r\n");break;
199         default:g_carstate = enSTOP;break;
200       }
201       if(inputString[3] == '1') {          //左旋
202         spin_left();
203         delay(2000);                       //延时 2 s
204         brake();
205       }
206       else if(inputString[3] == '2') {     //右旋
207         spin_right();
208         delay(2000);                       //延时 2 s
209         brake();
210       }
211       if(inputString[5] == '1') {          //鸣笛
212         whistle();
213         Serial.print("whistle\r\n");
```

```
214            }
215            if(inputString[7] == '1') {              //加速
216               control += 50;
217               if(control > 255){
218                  control = 255;
219               }
220               Serial.print("expedite\r\n");
221            }
222            if(inputString[9] == '1') {              //减速
223               control -= 50;
224               if(control < 50){
225                  control = 100;
226               }
227               Serial.print("reduce\r\n");
228            }
229            if(inputString[11] == '1') {             //左摇
230               left_detection();
231            }
232            if(inputString[13] == '1') {             //右摇
233               right_detection();
234            }
235            if(inputString[15] == '1') {             //唱歌
236               PlayTest();
237            }
238            if(inputString[17] == '1') {             //点灯
239               digitalWrite(Led, ! digitalRead(Led));    //反转电平
240            }
241            if(inputString[19] == '1') {             //灭火
242               digitalWrite(Fire, ! digitalRead(Fire));  //反转电平
243            }
244            if(inputString[21] == '1') {             //复位
245               front_detection();
246            }
247            //返回状态
248            Distance_test();
249            returntemp = "$0,0,0,0,0,0,0,0,0,0,0,";
250            returntemp.concat(Distance);
251            returntemp += "cm,4.2V#";
252            Serial.print(returntemp);
253            inputString = "";                        //清空字符串
254            newLineReceived = false;
255         }
```

```
256          switch(g_carstate){
257            case enSTOP: brake();break;
258            case enRUN:run();break;
259            case enLEFT:left();break;
260            case enRIGHT:right();break;
261            case enBACK:back();break;
262            default:brake();break;
263          }
264    }
265    //serialEvent()是 IDE1.0 及以后版本新增的功能,这个相当于中断功能
266    void serialEvent(){
267      while (Serial.available()){
268        incomingByte = Serial.read();   //一个字节一个字节地读
269        if(incomingByte == '$'){
270          startBit = true;
271        }
272        //将读到的放入字符串数组中组成一个完成的数据包
273        if(startBit == true){
274          inputString += (char) incomingByte;
275        }
276        if (incomingByte == '#') {
277          newLineReceived = true;
278          startBit = false;
279        }
280      }
281    }
```

## 11.7.3　操作说明

建立 BT-04 蓝牙模块和手机蓝牙之间的通信,通过 APP 控制小车,具体操作步骤如下:

① 完成小车连线,编译并上传程序。

② 开启智能小车,确保蓝牙模块供电正常(蓝牙模块指示灯闪烁状态)。

③ 打开手机蓝牙,并在蓝牙设置中找到蓝牙模块设备,设备名称为 BT04-A(不同蓝牙设备其名称可能不同),单击后输入密码"1234"。

④ 打开蓝牙 APP 遥控界面如图 11-20 所示。在软件中单击"蓝牙列表"选项,在弹出的列表中选择上一步配对成功的智能小车设备,或者选择相应的设备 ID 为"AB:18:04:57:34:02"(不同蓝牙设备 ID 可能不同)。

⑤ 选择完成后,软件界面会自动跳转回主界面。

⑥ 若提示"连接失败",则返回第一步进行检查,尝试重新连接。

⑦ 成功连接后,可自由操控小车。

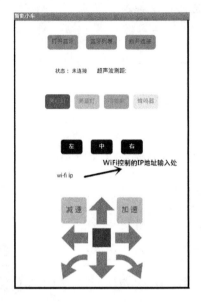

图 11 - 20　蓝牙(Wi-Fi)APP 遥控界面

# 11.8　智能小车 Wi-Fi 遥控

## 11.8.1　Wi-Fi 遥控原理

Wi-Fi 遥控小车原理及相关 Wi-Fi 模块知识参见第 10 章。

## 11.8.2　软、硬件分析

### 1. 目标功能

实现小车的 Wi-Fi 遥控功能。通过建立手机 APP(可在公众号中获取)与 Wi-Fi 模块之间的通信对小车进行遥控操作,除了可以实现全向控制之外,还可以实现点灯、唱歌、鸣笛、速度控制、舵机转动等功能。

### 2. 硬件条件及接线

所需硬件:Arduino UNO 开发板、面包板、Wi-Fi 模块、USB - TLL 转接线一条、LED 灯(红、蓝各一个)、固定电阻、有源蜂鸣器、无源蜂鸣器、舵机云台以及杜邦线若干。相关接线如图 11 - 21 所示。

### 3. 程序代码

Wi-Fi 控制程序与蓝牙控制程序区别不大,具体如下:

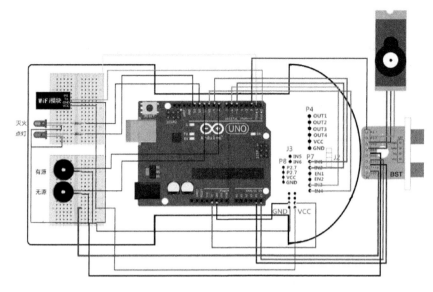

**图 11 - 21　智能小车 Wi-Fi 控制接线示意图**

在程序宏定义中加入以下代码：

```
1    #define SSID ""
2    #define PASS ""
3    String state = " ";
```

其中，SSID 中填写连接路由器的名称，PASS 中填写路由器的密码。

在 setup 函数中添加以下代码：

```
1    Serial.begin(115200);
2    sendData("AT + CWMODE = 3\r\n",1800);
3
4    String cmd = "AT + CWJAP = \"";
5    cmd + = SSID;
6    cmd + = "\",\"";
7    cmd + = PASS;
8    cmd + = "\"";
9    Serial.println(cmd);
10   delay(2000);
11
12   sendData("AT + RST\r\n",5000);
13   sendData("AT + CIPMUX = 1\r\n",3000);
14   sendData("AT + CIPSERVER = 1,8089\r\n",3000);
```

增加一个 sendData()子函数：

```
1    String sendData(String command, const int timeout){
2        String response = "";
3        Serial.print(command);                              //将字符发送给串口
4        long int time = millis();
5        while( (time + timeout) > millis()){
6    while(Serial.available()){
7            char c = Serial.read();
8            response + = c;
9            }
10       }
11       //Serial.print(response);
12       return response;
13    }
```

**将主循环函数更改为以下代码：**

```
1    void loop(){                                            //主循环函数
2      if (Serial.available()>0) {
3          char t = (char)Serial.read();
4          //Serial.write(t);
5          state + = t;
6          if(state.endsWith("g")){
7              goForward();
8              sendData(" AT + CIPCLOSE = 0\r\n",30);
9          }
10          else if(state.endsWith ("s")) {
11              goStop();
12              delay(1000);
13              sendData(" AT + CIPCLOSE = 0\r\n",30);
14          }
15          else if(state.endsWith ("l")){
16              turnLeft();
17              delay(1000);
18              sendData(" AT + CIPCLOSE = 0\r\n",3000);
19          }
20          else if(state.endsWith ("r")) {
21              turnRight();
22              delay(1000);
23              sendData(" AT + CIPCLOSE = 0\r\n",3000);
24          }
25          else if(state.endsWith ("b")) {
26              goBack();
27              delay(1000);
```

```
28              sendData(" AT + CIPCLOSE = 0\r\n",3000);
29          }
30      else if(state.endsWith ("zuo")) {
31              left_detection();
32              delay(1000);
33              sendData(" AT + CIPCLOSE = 0\r\n",3000);
34          }
35      else if(state.endsWith ("z")){
36              front_detection();
37              delay(1000);
38              sendData(" AT + CIPCLOSE = 0\r\n",3000);
39          }
40      else if(state.endsWith ("you")){
41              right_detection();
42              delay(1000);
43              sendData(" AT + CIPCLOSE = 0\r\n",3000);
44          }
45      else if(state.endsWith ("h")){
46              digitalWrite(12, HIGH);
47              delay(1000);
48              sendData(" AT + CIPCLOSE = 0\r\n",3000);
49          }
50      else if(state.endsWith ("e")){
51              digitalWrite(13, HIGH);
52              delay(1000);
53              sendData(" AT + CIPCLOSE = 0\r\n",3000);
54          }
55      else if(state.endsWith ("in")){
56              PlayTest();
57              delay(1000);
58              sendData(" AT + CIPCLOSE = 0\r\n",3000);
59          }
60      else if(state.endsWith ("md")){
61              whistle();
62              delay(1000);
63              sendData(" AT + CIPCLOSE = 0\r\n",3000);
64          }
65      String  state = " ";
66      }
67  }
```

### 11.8.3　操作说明

在连接各元件之前,首先应将 Wi-Fi 模块与手机接入同一个无线路由器,以下介绍 Wi-Fi 模块连接路由器的方法:

将 Wi-Fi 模块与 USB - TLL 线相连接,USB - TLL 红线接模块 3.3 V,黑线接 GND,白线接 TX,绿线接 RX。连线接好后,将 USB - TLL 线接入电脑,等待电脑自动安装相应的驱动之后,在电脑的设备管理器中,查看其对应的端口(见图 11 - 22)。

**图 11 - 22　端口图**

在网上下载相应的端口调试工具,这里使用的是"SSCOM42"软件。选择相应的端口,选择完成后单击"打开串口",如图 11 - 23 所示。

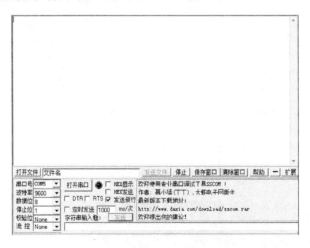

**图 11 - 23　端口调试图**

　　串口打开之后,通过调试软件给 Wi-Fi 模块发送以下指令:

　　① 重启模块命令:"AT+RST",等待字符框中显示出"ready"后,证明 Wi-Fi 模块重启成功,如图 11 - 24 所示。

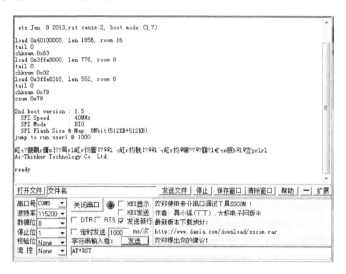

**图 11 - 24　Wi-Fi 模块重启**

　　② 接着输入"AT+CWMODE=3",把模块设置为客户端模式与接入点模式共存。等待字符框中显示"ok"后,证明模式设置成功,如图 11 - 25 所示。

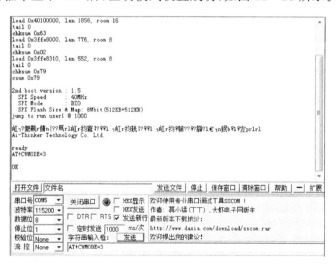

**图 11 - 25　客户端模式与接入点模式共存**

　　③ 输入"AT+CWJAP="SSID","PASS""。这里的 SSID 为需要连接无线网的名称,PASS 为无线网的密码,如图 11 - 26 所示。等待字符框中显示"ok"后,证明连接成功。

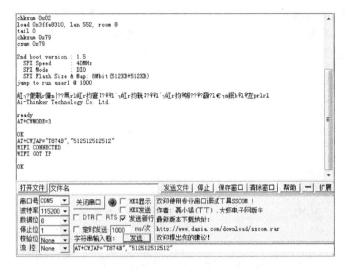

图 11 - 26　设置无线网名称与密码

④ 输入"AT＋CIPMUX＝1"打开多连接模式,允许多个设备连接 Wi-Fi。等待字符框中显示"ok"后,证明设置成功,如图 11 - 27 所示。

图 11 - 27　打开多链接模式

⑤ 输入"AT＋CIPSERVER＝1",8089 设置网络端口为 8089。等待字符框中显示"ok"后,证明设置成功,如图 11 - 28 所示。

⑥ 输入"AT＋CIFSR",查看模块的 IP 地址,如图 11 - 29 所示。等待字符框中显"ok"后,记录下参数"＋CIFSR:STAIP"后的 IP 地址,在下一步手机连接时会使用。

图 11 - 28　设置端口号

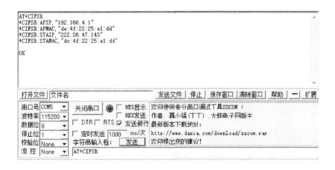

图 11 - 29　查看模块的 IP 地址

⑦ 手机下载好控制软件并打开,如图 11 - 20 所示。在界面 Wi-Fi IP 后面填入上一步记录下的 IP 地址,并在 IP 后面加入相应的端口信息,如"222. 28. 47. 53: 8089"。然后便可以对智能小车进行控制。若路由器的账号密码发生改变,则需要重复上面步骤,重新进行设置。

# 第 **12** 章

# 桌面式 3D 打印机

## 12.1　3D 打印技术介绍

　　3D 打印技术(3D Printing)即增材制造技术,又称三维打印技术,是一种以经过智能化处理的 3D 数字模型文件为基础,运用粉末状金属或塑料等可黏合材料,通过分层加工、叠加成型的方式来构造 3D 实体的技术。如图 12-1 所示,它无需机械加工或任何模具,就能直接从计算机图形数据中生成任何复杂形状的实体,从而极大地缩短产品的研制周期,提高生产效率并降低生产成本。

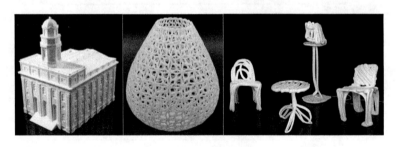

图 12-1　3D 打印件

　　3D 打印已经渗透到我们生活中的方方面面,广泛用于工业制造、珠光首饰、玩具设计、机器人、生物医学、食品制作、航空航天、考古科研等领域,3D 打印技术在将来会给我们的生活带来翻天覆地的变化。相信随着 3D 打印技术的发展,3D 打印技术将会使人们的生活变得更好。

### 12.1.1　3D 打印原理

　　熔融沉积成型技术(FDM)的工作原理(见图 12-2)是在计算机的控制下,按照3D 数字化模型确定的实体截面层轮廓信息,挤压式喷头沿水平 $X$、$Y$ 方向运动;丝状(直径≤2 mm)热塑性材料通过喷头加热融化,成为熔融态"墨水",喷头底部带有微细喷嘴(直径为 0.2～0.6 mm),"墨水"通过喷嘴挤出并沉积在工作台前一层面上,快速冷却固化后形成实体截面轮廓和支撑结构。一层实体截面成型完成后,工作台下降(或喷头上升)一个分层厚度(一般为 0.1～0.2 mm),再继续下一层截面的熔融沉积,直至完成整个实体造型。FDM 可使用两种材料:一种是制作实体的成型材料;

另一种是支撑材料,以防空腔或悬臂部分坍陷。

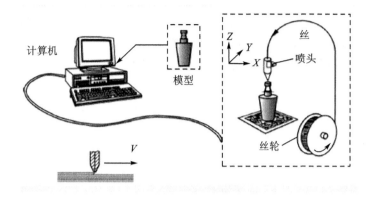

图 12 - 2　FDM 工作原理及成品

　　简单来说,FDM 的工作原理类似于挤牙膏,一层一层将实体堆积起来。FDM 操作环境干净、安全,可在办公室环境下进行,没有产生毒气及化学污染的危险;价格低廉,无需激光器等贵重元器件,工艺简单、干净、不产生垃圾;原材料以丝卷形式提供,易于搬运和快速更换;材料利用率高,可选择多种材料,如 ABS、PLA、PC、PPSF 等。现在市场上的桌面级 3D 打印机大多数采用这种工艺。

## 12.1.2　3D 打印流程

3D 打印流程如图 12 - 3 所示。

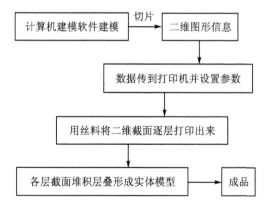

图 12 - 3　3D 打印流程图

　　3D 打印流程主要以计算机三维设计模型为蓝本,用软件将其离散分解成若干层平面切片,然后由 3D 打印机利用热熔喷嘴将丝状 ABS、PLA 等材料进行逐层融化堆积黏结,最终叠加成型,制造出实体产品。

### 12.1.3　3D 打印特点

3D 打印技术的神奇之处在于,它可以根据 3D 模型信息一层一层地将材料粘合起来得到实物模型,可加工任意复杂形状的实体,提高了生产的灵活性。与传统减材制造技术相比,3D 打印技术是制造业一体化、智能化、数字化的典型代表,不需预先准备任何模具和刀具,产品品质、成本、生产效率与产品的批量无关,因此更适用于生产数量少且高度个性化定制的产品,符合第三次工业革命中新型生产模式的需求。

## 12.2　桌面式 3D 打印机结构

桌面上 3D 打印机如图 12-4 所示,包括如下 7 个模块:

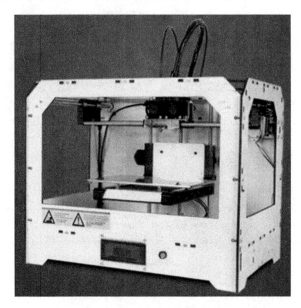

图 12-4　桌面式 3D 打印机

① 上位机(主要是计算机)是 3D 打印机的上司,它负责处理打印三维模型信息并将打印三维模型信息传输给 3D 打印机,比如打印材料、打印方式及打印轨迹等信息。

② 下位机,即 Arduino 单片机,是 3D 打印机的大脑,负责控制 3D 打印机完成打印流程。3D 打印机接收到上位机传输过来的数据信息后,下位机开始处理数据信息,给各个功能模块布置具体的任务,比如控制运动模块将打印头移到待打印的位置;控制打印模块开始打印;控制显示模块显示打印参数;传感器模块返回打印头温度、加热板温度等信息。

③ 存储模块负责存储待打印的三维模型信息。上位机通过 SD 卡存储三维模型

信息,将三维模型信息从上位机传输到下位机。

④ 显示模块负责显示打印参数,人机交互。在打印过程中,将打印头温度、热床温度、打印进度及剩余时间等数据显示出来,方便用户监控打印流程;配合按键,方便用户调试 3D 打印机。

⑤ 运动控制模块负责打印过程中 $X$、$Y$、$Z$ 轴的运动。在打印过程中,随着待打印位置三维坐标$(x, y, z)$的不同,通过控制 $X$、$Y$、$Z$ 轴步进电机转动,将打印头移动到指定打印位置。

⑥ 加热与温度模块加热并检测喷头和热床温度。在打印过程开始时,打印模块开始加热打印头和热床到达打印温度,当打印头运动到指定打印位置且打印头和热床已加热到打印温度时,打印头开始挤出塑料丝,打印实体模型。

⑦ 限位开关模块,负责传递是否限位信息。在打印过程中,限位开关模块检测 $X$、$Y$、$Z$ 轴步进电机是否运动到最小位置和最大位置。

# 12.3　3D 打印机打印使用说明

## 12.3.1　3D 打印机软件使用说明

3D 打印机软件主要完成切片工作,在这里我们使用的是 Cura – 15.04.6(见图 12 – 5),不同版本之间的界面和操作可能会有细微差别,可到 Cura 切片引擎的官网 https://ultimaker.com/en/products/ultimak3D 打印机 er – cura – software 下载最新版本。

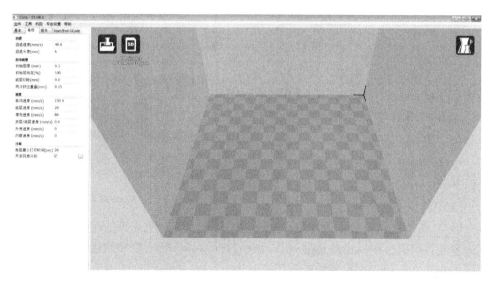

**图 12 – 5　Cura 软件切片画面**

双击 Cura 安装程序进行安装,选择安装位置(**注意**:目录名和文件名均为英文字符,因为该软件暂不支持中文字符);然后选择需要安装的组件,如果还需使用 OBJ 格式文件,请选中"Open OBJ files with Cura"复选框。

用户可以通过选择菜单栏中的"文件"→"读取模型文件"命令或者单击模型视图中🗁图标来选择要切片的 STL 模型文件,如图 12-6 所示。

在模型读取时,将会出现一个进度条;在模型读取完成后,该图标下面的位置将会显示打印所需时间、用料长度和质量(见图 12-7)。例如,所要切片的模型打印所需时间是 2 h16 min,所需丝料 8.97 m,质量 27 g,此时如果切片参数已经设置好了,单击"保存"按钮即可保存模型的 G 代码,以便 3D 打印机进行打印。

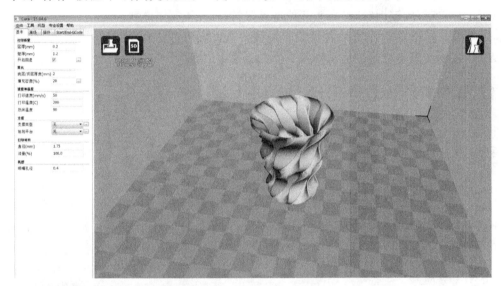

图 12-6　Cura 读取模型文件

Cura 屏蔽了用户不需要知道的细节,又能满足 3D 打印用户的需求,灵活简易,下面逐一介绍 Cura 软件切片参数。

### 1."基础"配置界面

"基础"配置界面(见图 12-8)各项目描述如下:

#### (1)"打印质量"一栏

层厚:指的是每一层中的厚度,这个设置

图 12-7　Cura 读取模型文件

直接影响打印机打印模型的速度,层高越小,打印时间越长,打印精度越高。在此,我们填入 0.2。

壁厚:指的是保护模型内部填充的多层塑料壳,外壳的厚度很大程度上影响打印出的 3D 模型的坚固程度。在此,我们填入 1.2。

开启回退:指的是打印机打印头在两个较远距离位置间移动时,出料电机是否需要将丝料回退进打印头内。开启回退可以减少拉丝的产生,避免多余塑料在间隔期挤出而影响打印质量。

需要注意的是,外壳厚度不能低于打印头直径的80%,而层高不能高于80%。如果用户填入的参数违反了该规则,则 Cura 将把输入框的颜色设置为黄色;如果用户填入的参数是错误的,则输入框的颜色将会变为红色以提醒用户更正。

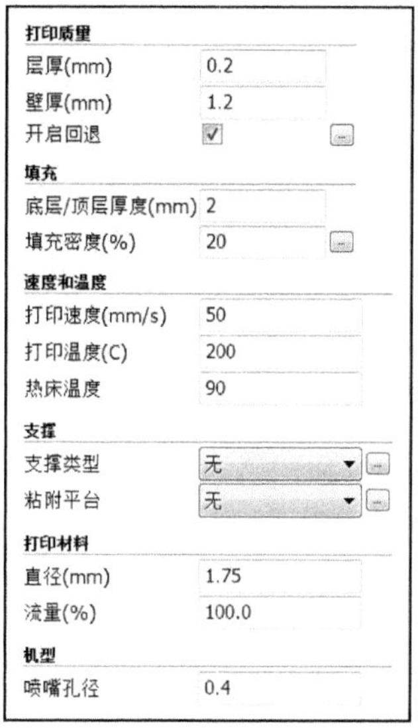

**(2)"填充"一栏**

底层/顶层厚度:与外壳厚度很相似,这个值需要为层厚和打印头直径的公倍数。在此,我们填入2。

填充密度:指的模型内部填充的密度,这个值的大小将影响打印出模型的坚固程度,且该值越小越节省材料和打印时间。在此,我们填入20。

图 12 - 8 "基础"配置界面

**(3)"速度和温度"一栏**

打印速度:指每秒挤出多少毫米的塑料丝。一般情况下,打印头每秒能融化的塑料丝是有限的,这个值需要设置在50~60范围内。层高设置较大的时候就应该选择较小的值。在此,我们填入50。

打印温度:指的是打印头加热块的温度,对于 PLA 材料温度设置应该在185~210 ℃范围内;对于 ABS 材料,温度选择应该在210~240 ℃范围内。我们使用的是 PLA 材料。在此,我们填入200。

热床温度:指的是打印机平台的工作温度,对于 PLA 材料,该项温度设置应该在60~70 ℃范围内;对于 ABS 材料,温度应该控制在80~110 ℃范围内。在此,我们填入90。

**(4)"支撑"一栏**

支撑类型:有三种选择,即默认的无支撑、延伸到平台支撑以及所有悬空支撑。在这里,延伸到平台支撑指所有的支撑都将附着于平台,而内部支撑将被忽略;所有悬空支撑则是指将所有悬空实体都加支撑的情况。

粘附平台:在解决模型翘边问题时很有用,默认为无类别,用户可以选择沿边型或者底座型。相比之下,沿边型会让模型与热床之间接触得更好,且底座型更加结实但不易去除。这个选项应根据模型的实际情况进行选择。

**(5)"打印材料"一栏**

直径:设置的值为1.75。

流量：设置的值为 100。

**(6)"机型"一栏**

喷嘴孔径：不同的打印头规格可能不同，具体需要询问供给打印头的厂家，这里介绍的打印机打印头直径 0.4 mm，在此项对应的输入框中填入 0.4。

### 2. "高级"配置界面

"高级"配置界面（见图 12-9）各项目描述如下：

**(1)"回退"一栏**

回退速度：对应打印头的回退速度，该值越大，打印效果就越好，但到某个值后会出现丝料网格化的现象。这里我们保持默认值 40.0。

回退长度：决定出料电机每次回退的距离，官方默认值为 4.5。考虑到打印机的性能局限性，我们将精度折中，设该值为 6。

**(2)"打印质量"一栏**

初始层厚：其设置是为了在层高非常小的情况下，保证第一层与热床的粘连性，如果没有特殊要求则保持与层高相同。

初始层线宽：其设置也是为了加强第一层的黏合强度，这里默认值为 100。一般来说，该值越大，第一层越容易附着。

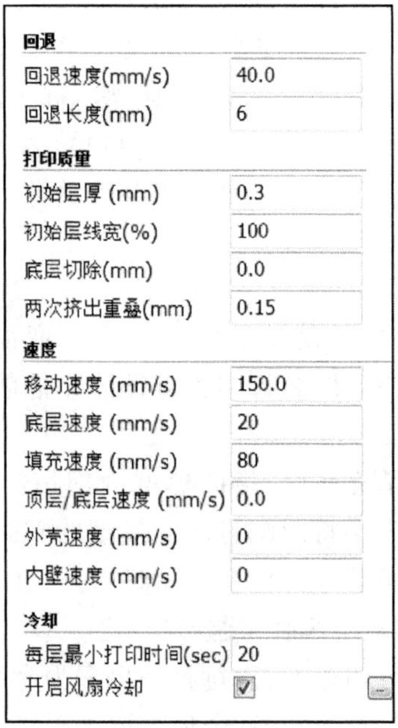

| 回退 | |
|---|---|
| 回退速度(mm/s) | 40.0 |
| 回退长度(mm) | 6 |
| **打印质量** | |
| 初始层厚 (mm) | 0.3 |
| 初始层线宽(%) | 100 |
| 底层切除(mm) | 0.0 |
| 两次挤出重叠(mm) | 0.15 |
| **速度** | |
| 移动速度 (mm/s) | 150.0 |
| 底层速度 (mm/s) | 20 |
| 填充速度 (mm/s) | 80 |
| 顶层/底层速度 (mm/s) | 0.0 |
| 外壳速度 (mm/s) | 0 |
| 内壁速度 (mm/s) | 0 |
| **冷却** | |
| 每层最小打印时间(sec) | 20 |
| 开启风扇冷却 | ✓ |

图 12-9 "高级"配置界面

底层切除：用于一些不规则的 3D 模型的修剪，以便于更好地与热床附着，此处填 0.0 即可。

两次挤出重叠：用于双打印头打印机，此处保持默认值。

**(3)"速度"一栏**

移动速度：打印头的移动速度，一般小于 250。在此我们填入 140。

底层速度：指的是打印第一层的速度，速度越慢，黏合性越好。此处，我们填入 20。

填充速度：指的是内部填充的速度，该值越大，打印的耗时就越少，但打印质量也会越差。此处，我们填入 80。

顶层/底层速度：与填充速度意义相同，此处使用默认值 0。

外壳速度：与内壁速度一般使用默认值即可。

**(4)"冷却"一栏**

每层最小打印时间：指的是一层打印后的冷却时间，此项保证在打印过快时，所打印的每一层都有时间来冷却，当丝料被打印得过快时，这个值将会保证每一层由这个值大小的时间来冷却。为确保打印质量,在此我们填入 20。

开启风扇冷却:对于此项,一定要记得勾选上。

在这之后,Cura 会自动完成切片任务,进度条完成后,单击选择"文件"→"打印"菜单命令,或者使用快捷键 Ctrl+G,将 G 代码保存起来,通过 SD 卡保存,传输给 3D 打印机开始打印。

## 12.3.2　3D 打印机硬件使用说明

在桌面式 3D 打印机安装完毕后,需要对 3D 打印机平台进行校准。3D 打印机平台的校准程度,将直接决定模型打印效果的好坏。

校准最重要的部分就是调节打印头与热床之间的距离。要想打印出高质量的 3D 模型,3D 打印机的打印头和热床之间的配合和第一层的打印效果至关重要。3D 打印机打印头和热床之间的距离太近或太远,都将使得打印效果不理想:太近会使打印头和热床之间互相刮擦,造成 3D 打印机打印头和热床损坏;太远会使打印头挤出的塑料丝无法黏着在热床上,没有办法完成打印。

为了提高打印质量,首先粗调打印头和热床的相对位置。移动打印头,检查打印平台是否与打印头平行,控制好间隙。结合通电情况下,检查打印头的原始位置与打印平台的间距;移动打印头,确保打印头与打印平台的间距越小越好,尽量将 $Z$ 轴的复位位置设置为打印头恰好停在热床上的位置。

其次,精调打印头和热床的相对位置。如图 12-10 所示,先将打印机打印头步进电机复位后移动到热床距离零点最近的一个角,调节打印头和热床的相对位置,将一张平整的 A4 纸放在打印机热床上,晃动 A4 纸看是否能插入打印头和热床之间(注意:在精调过程中,手不能按压热床,防止热床产生微变形,影响精调准确度);如果晃动纸条可插入打印头和热床之间,则说明打印头已经在正确的位置上了;否则,需要调节热床角的螺丝(即图 12-11 中圈内螺丝),稍稍拧紧或松开固定螺丝,反复调节以获得最佳效果。

图 12-10　精调打印头和热床的相对位置

图 12-11　调节热床角的螺丝

接着固定第二个角,慢慢将热床移动到远端,注意不要让打印头和热床互相刮擦。精调步骤同上,也是利用一张 A4 纸测试打印头和热床之间的距离,反复调节以获得最佳效果。

第三、四个角精调步骤同上,反复调节床角螺丝。

3D 打印机校准完毕后,需安装耗材。上料和退料的方法相同,首先将打印机喷头加热到 220 ℃,让打印机喷头正向转动后,装入塑料丝(**注意**:温度必须达到后才能上料,禁止用蛮力压入塑料丝,损坏打印头电机);退料与上料相反,电机反向转动就可取出塑料丝。

在打印机处于正常使用状态而且打印材料充足的情况下,可以按照如下步骤进行打印操作:

① 采用 Cure 软件将待打印实体 STL 模型转化为 G 代码文件。

② 将装有 G 代码文件的 SD 卡插入 3D 打印机卡槽,通过菜单操作选中该文件。

③ 等待打印机自动完成。

3D 打印机 LCD 显示屏初始画面如图 12 - 12 所示,显示了 3D 打印过程信息,按压控制面板旋钮后进入主菜单(见图 12 - 13),其他显示屏中英文参见 12.4.4 小节中的显示模块详解。

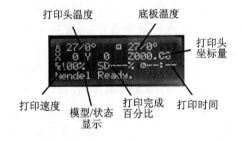

图 12 - 12　3D 打印机 LCD 显示屏初始画面

图 12 - 13　3D 打印机 LCD 显示屏主菜单画面

## 12.3.3　3D 打印使用案例

以打印一个骰子为例,如图 12 - 14 所示,将骰子的 STL 模型导入到 Cura 切片软件工具中,导出可被 3D 打印机识别的 G 代码文件,将骰子导出的 G 代码文件命名为 test.GCO,然后将文件复制到 SD 卡中,插入到 3D 打印机的卡槽中。

在打印前需要校准打印机,进行 3D 打印前的准备工作,包括校准 3D 打印机,调平 3D 打印机打印平台,确保料丝满足打印需求等。准备工作就绪后,将 3D 打印机插上电源,开机启动,3D 打印机显示初始画面(见图 12 - 12),按压控制面板旋钮,进入主菜单(见图 12 - 13),选择"Print from SD",并按压控制面板旋钮进入 SD 卡菜单,顺时针转动控制面板旋钮,选择已经生成好的 test.gcode 文件,按压旋钮确认打印,如图 12 - 15 和图 12 - 16 所示,选择 TEST.GCO 文件进行打印。

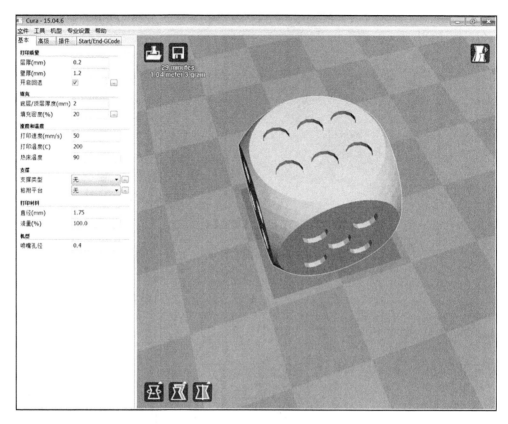

图 12-14 骰子 STL 模型

图 12-15 选择 Print from SD

图 12-16 选择 TEST. GCO 文件进行打印

  进入打印状态后,3D 打印机会自动进行加温。请等待加温,待温度达到后将会自动进入打印状态。此时 LCD 显示屏会显示打印进度、打印时间、打印速度等参数,等待打印结束,监控 3D 打印机,防止打印过程出现错误。

  打印过程结束后,打印头会自动归位,但 3D 模型"牢牢地粘在了"打印平台上,使用小铲子慢慢将 3D 模型从打印平台上剥离下去,打印好的模型如图 12-17 所示。

图 12 – 17　打印的骰子模型

## 12.3.4　3D 打印机维护与保养

对于一个长时间运转的机械而言,经常维护和保养可以使机械设备长时间处于良好的运行状态,也能够有效地提高机械的使用寿命,为用户创造更大的价值。3D打印机作为新型机械,与传统的机械设备相比,结构相对简单,维护与保养起来也比较简便。平时只要做好关键部件的日常保养工作,打印过程中就不会出现棘手的问题。

### 1. 开机前的检查

在开启打印机进行打印前,要做的检查包括:控制板上的连线是否有松动;打印头是否有堵塞;步进电机轴承和导轨上是否有污物;打印机平台是否需要重新校准;如果发现打印头内有滞留废料,要立即清理干净,以免堵塞打印头;要注意的是各个轴步进电机同步带轮上的螺母需要经常检查,发现松动需要及时拧紧;衰老和磨损的零件要及时更换;定期给运动部件添加润滑油。

### 2. 打印过程中的检查

一个模型打印可能要花费数个小时甚至更久,打印过程需要安全的环境并保证打印过程中不能出现停顿。让用户长时间在打印机旁守候模型的打印显然是很不明智的。如果你的打印机是经过合理维护和保养的,且在数次打印测试过程中工作状态良好,那么在长时间的打印过程中,每 1 个小时检查一次打印机和模型成型的状态就已经足够。除此之外,应该在打印工作时留意以下几点状态:

① 注意打印机各个部件的温度,包括打印头、热床、步进电机、控制板和电源,闻一闻有没有明显的焦糊味。如果闻到焦糊味,则打印机很可能正在超负荷工作,停止打印并检查 3D 打印机各部件。

② $X$、$Y$、$Z$ 轴行进过程中是否有障碍物。例如:$X$ 轴负方向是否有电线堆积,$Y$ 轴方向是否有打结的丝料,$Z$ 轴方向是否有导线牵连阻碍运动等。3D 打印机的连线较多,且大部分线路裸露在外面,这些裸露线路将妨碍打印机的正常工作,导致打印失败。

③ 皮带松紧是否合适。判断打印机皮带是否松弛,要听 3D 打印机正常工作时的声音,通常皮带自然下垂就代表皮带过松了,需要更换皮带;相反,如果步进电机在工作的时候发出很大的声音,并且在其停止工作时拉动皮带,皮带发出比较响的声音,则表明皮带太紧了。皮带太松,打印出的作品精度会降低;皮带过紧,则会给电机轴和滑轮带来很大的压力,加速部件磨损。一般来说,皮带稍稍紧绷就好。

④ 打印过程中是否有异响。当 3D 打印机发出噪声并震动时,检查噪声是否来自丝杠,丝杠是否需要清理,添加润滑油可以有效减少轴承与滑杆之间的摩擦,延长打印机的使用寿命。

### 3. 打印完成后的维护

如果打印机将搁置一段时间不用,就需要做到以下几点,以便下次启动后正常使用:

① 务必将打印头内的废丝清理掉。

② 用毛巾蘸上酒精将热床平台轻轻擦拭干净。使用干净的布将步进电机等组件上的油污擦拭干净,并给缺油部件上油。

③ 使用牙刷横向扫去 $Z$ 轴丝杆上的污物。

## 12.3.5 3D 打印机常见故障分析

### 1. 丝料无法附着在热床上

#### (1) 调整热床与打印头的间距

正常情况下,打印头将丝料融化后由打印头挤出,然后由塑料丝线凝固在打印平台上聚集成一层薄薄的模型,在打印完成一层后,往下层打印累积形成实物模型。但在实际的打印过程中,ABS/PLA 材料在离开打印头后会迅速降温凝固在打印头周围形成网状缠绕物,导致打印失败。

在安装好 3D 打印机后不会在打印头与热床间留下较大的间隙,打印头与热床的间隙刚好可以允许一张 A4 纸前后移动,调整间隙使之符合要求。请务必注意不要让打印头与热床碰撞,以免对打印头造成机械损坏。

#### (2) 清理热床平台

打印头升高,用一块不掉毛的绒布和酒精将热床轻轻擦拭干净,如果使用的蓝色纸胶带出现了破损,须及时更换新的纸胶带。

**(3) 热床与打印头温度**

若尝试过上述两种方法仍无法解决丝料无法附着的问题,则可尝试以下这种方法,即在打印前将打印机打印头和热床的温度提高 5~20 ℃。

对于 PLA 材料,通常来说热床只需要 65 ℃,打印头只需要 185 ℃;对于 ABS 材料,热床只需要 110 ℃,打印头只需要约 210 ℃。实际打印过程中,如果室温较低,丝料在离开打印头后会迅速凝固,出现这种情况时,必须将打印头和热床的温度提高,这样打印才能继续。但要注意的是,升温前需留意打印机电源、热床、打印头所能承受的极限,防止过升温,烧毁 3D 打印机。

**(4) 打印耗材的问题**

在打印过程中,用户还可能会遇到打印耗材导致的丝料无法附着热床问题。如果用户尝试了上述三种方法后,丝料还是无法正常附着在平台上,那就很可能是打印耗材出现了问题,这种情况下需要与耗材供应商联系。

### 2. 模型错位原因

模型错位是 3D 打印过程中偶尔会遇到的问题,也是造成打印失败的一个重要原因。如果模型错位发生,则很可能是下面几种情况导致的:

- ➢ 机械部分:打印机缺少零部件或者与皮带相连的组件螺丝没有固定。
- ➢ 控制部分:单片机 $X$、$Y$ 轴步进电机联动控制出错。
- ➢ 软件部分:模型格式或者切片软件出错。

如果要打印的实体模型是从各大网站上下载且确保正确的,且切片过程中参数无变更,那么应该先从机械部分寻找答案。安装一个 3D 打印机是一项相当烦琐的工作,安装过程中很容易遗忘一些细节问题。要先检查与皮带相连的轴承或者同步带轮是否已经安装,固定同步带轮和轴承的支撑组件是否已经固定到位,底座是否固定且水平,皮带是否过紧。如果针对 3D 打印机的安装过程不清楚,就需要将打印机各组件重新检查一遍。

此外,需要检查同步带的松紧程度。若同步带过紧,则会导致电机所受的力过大。合适的松紧不仅有助于减少同步带与同步轮之间的阻力,也有利于电机的顺利运转,提高模型的精确度。

# 12.4　3D 打印机功能技术分析

## 12.4.1　3D 打印机控制系统分析

### 1. 3D 打印机控制系统硬件组成

由于桌面式 3D 打印机需要控制多个功能模块协同工作,故需要大量 I/O 接口传输数据,简单实用的 Arduino UNO 控制板不能满足桌面式 3D 打印机下位机控制需求,故采用 Arduino 系列 Arduino Mega 2560 作为 3D 打印机下位机,搭配 RAMPS 1.4 扩展板组成整个打印机的硬件电路(见图 12-18)。

RAMPS 系列扩展板(见图 12-19)除了步进电机驱动器接口外,RAMPS 提供了大量其他应用电路的扩展接口。RAMPS 的特点具体如下:

> 支持其他器件的控制扩展。
> 支持组件和其他安全设施的 5A 过流保护(可选)。
> 支持 SD 存储卡扩展。
> 支持两个 $Z$ 轴电机同时工作。
> 最多支持 5 路步进电机驱动模块。
> 板载 3 个 MOSFET 驱动器,支持加热器/风扇和 3 个热敏电阻电路。
> 热床具有 11 A 的限流保护。
> $I^2C$ 和 SPI 引脚可以用来维持未来硬件扩展。

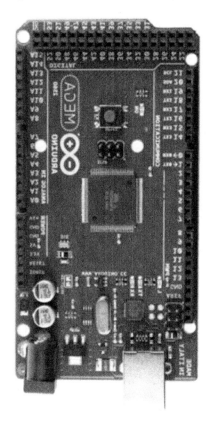

图 12-18　Arduino Mega 2560 控制板　　　　图 12-19　RAMPS 1.4 扩展板

### 2. Arduino 单片机中的中断功能

#### (1) 中断(Interrupt)的基本概念

中断(Interrupt)是计算机的一个重要概念,现代计算机普遍采用中断功能。

所谓中断,是指 CPU 在正常运行程序时,由于内部/外部事件或由程序预先安排的事件,引起 CPU 中断正在运行的程序,而转到为内部/外部事件或为预先安排的事件服务的程序中去;服务完毕,再返回去执行被暂时中断的程序,这个程序被称为中断处理程序或中断服务程序(ISR)。CPU 执行时原本是按程序指令逐条向下顺序执行的。但如果此时发生了某一事件 B 请求 CPU 迅速去处理(中断发生),CPU暂时中断当前的工作,转去处理事件 B(中断响应和中断服务)。待 CPU 将事件 B 处理完毕后,再回到原来被中断的地方继续执行程序(中断返回),这一过程称为中断。当中断发生时,程序执行流程图如图 12 - 20 所示。

中断功能的应用在计算机的应用中至关重要,为了说明中断功能的重要性,再举一个例子。假设你有一个朋友来拜访你,但是由于不知道何时到达,你只能在大门等待,于是什么事情也干不了。如果在门口装一个门铃,你就不必在门口等待而去做其他的工作,朋友来了按门铃通知你,这时你才中断你的工作去开门,这样就避免浪费等待的

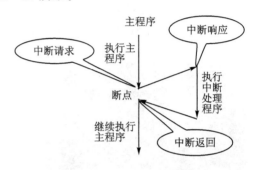

图 12 - 20　程序执行中断流程图

时间。计算机也是一样,例如键盘输入,如果不采用中断技术,CPU 将不断扫描键盘是否有输入,经常处于等待状态,效率极低。而采用了中断方式,CPU 可以进行其他的工作,只有键盘上有按键被按下并发出中断请求时,才予以响应,暂时中断当前工作转去执行读取键盘按键,读完后又返回执行原来的程序。这样就大大提高了计算机系统的效率。

使用中断功能后,可实现分时操作,提高 CPU 的效率,只有当服务对象向 CPU发出中断申请时,才去为它服务,这样就可以利用中断功能,同时为多个对象服务,从而大大提高了 CPU 的工作效率;利用中断技术,也可实现实时处理,各个服务对象可以根据需要,随时向 CPU 发出中断申请。及时发现和处理中断请求并执行相应的程序。

#### (2) Arduino 单片机的中断功能

中断会带来一个关键优势——它们是异步的。异步事件是在程序正常流程之外发生的事情,无论主程序目前处于何种状态,异步事件都可能随时发生。这意味着,主程序并不需要一直检测异步程序是否发生,触发中断,主程序就知道此时要处理异步程序了。

大多数 Arduino 单片机不具备并行处理能力,即它们不能一次完成多件事情。通过中断使用异步处理使我们能够最大限度地提高代码的效率,因此我们不会在轮询循环或等待事件发生时浪费时间,也可以设置固定时间触发中断,这样中断也适用于需要精确时序的应用程序。

Arduino 单片机支持几种中断:RESET 中断、外部中断(又称为硬件中断)、时钟中断(又称为软件中断)。RESET 中断就是按下 RESET 键,即 RESET 引脚接低电平,中止当前程序,重启 Arduino 单片机;外部中断就是当 CPU 的外部中断引脚电平变动时,将产生中断请求,常用于键盘输入、串口通信等;时钟中断是指通过软件指令,设定 CPU 内部定时器后,在到达指定时间后,将产生中断请求,常用于定时。

本章主要采用定时器中断功能,即可以设置一个定时器触发中断。定时器具有如下优点:①定时器独立于主程序运行,实现了异步运行功能,例如:主程序运行 delay()函数进行延时操作时,不能运行其他代码,而定时器进行延时操作时,主程序可运行其他代码;②定时器可以实现精确控制,Mega 2560 使用的是 16 MHz 时钟,这意味着定时器最小可识别 $\dfrac{1}{16\times10^6}=6.25\times10^{-8}$ s 即 ISR(中断程序)可以每 $6.25\times10^{-8}$ s 执行一次,远远超出了我们可以检测的范围。

**(3) 中断功能在下位机中的应用**

3D 打印机下位机 Arduino 单片机的控制流程如图 12-21 所示。3D 打印机开机后,首先在 setup()函数中初始化单片机和各模块设置,并将 3D 打印机状态数据

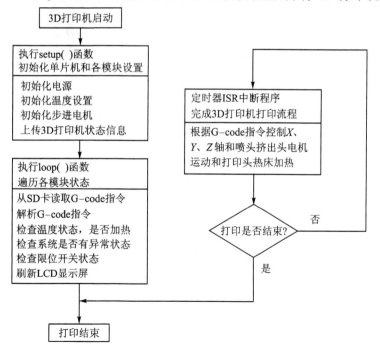

**图 12-21  3D 打印机下位机 Arduino 单片机的控制流程图**

通过串口传输到上位机中；然后，完成 3D 打印机查询功能，在 loop()函数中读取和解析 G 代码指令，并反复访问各模块状态，采用定时器中断功能控制 $X$、$Y$、$Z$ 轴和打印头步进电机运动及打印头热床加热，完成打印流程。

3D 打印控制系统共有两个中断计时器，分别用于运动控制和温度检测及加热，电机的 ISR 和加热及温度检测的 ISR 同步进行。

### 3. 所需元件及接线图

3D 打印机控制系统所需元件如表 12 - 1 所列，接线图如图 12 - 22 所示，RAMPS 1.4 扩展板引脚定义如图 12 - 23 所示。

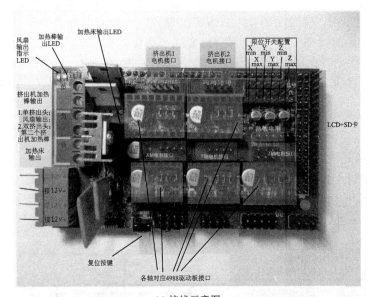

(a) 接线示意图

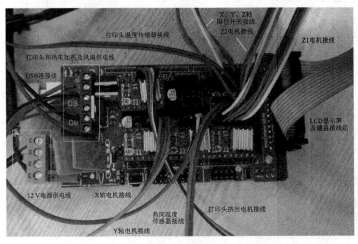

(b) 实物图

**图 12 - 22　RAMPS 1.4 扩展板接线图**

表 12 - 1　3D 打印机控制系统所需元件

| 序　号 | 硬件名 | 数　量 | 备　注 |
|---|---|---|---|
| 1 | X、Y、Z 轴 42 步进电机 | 1 | 电机接到图 12 - 22 中 X、Y、Z 轴电机接口,注意电机 4 线相序 |
| 2 | 步进电机驱动模块 A4988 或 DRV8825 | 4 | 模块接到图 12 - 22 中驱动板接口,注意驱动板引脚与 RAMPS1.4 扩展板的引脚对应 |
| 3 | 喷头挤出电机 42 电机 | 1 | 电机接到图 12 - 22 中挤出电机 1 电机接口,注意电机 4 线相序 |
| 4 | 限位开关 | 3 | 限位开关接到图 12 - 22 中限位开关配置的 Xmin、Ymin、Zmin,注意信号线、VCC 和 GND 位置 |
| 5 | 温度传感器 | 2 | 图 12 - 22 中热敏电阻区 T0 接打印头温度传感器,T1 接热床温度传感器 |
| 6 | 热床加热板 | 1 | 接到图 12 - 22 中挤出电机加热输出处即 D10 引脚 |
| 7 | 风扇 | 1 | 接到图 12 - 22 中风扇输出处即 D9 引脚 |
| 8 | 喷头加热块 | 1 | 接到图 12 - 22 中加热床输出处即 D8 引脚 |
| 9 | LCD＋键盘＋SD 卡 | 1 | 插到图 12 - 22 右侧 LCD＋SD 卡区 |
| 10 | 电源 | 1 | 接到图 12 - 22 左下角 12 V 对应引脚 |

3D 打印控制系统硬件引脚在软件程序中的定义如表 12 - 2～表 12 - 8 所列。

表 12 - 2　X 轴步进电机相关引脚

| 序　号 | 程序中的关键字定义 | 程序中的引脚定义 | 实际硬件引脚 | 具体功能 |
|---|---|---|---|---|
| 1 | X_STEP_PIN | 54 | A0 | X 轴电机输入引脚 |
| 2 | X_DIR_PIN | 55 | A1 | X 轴电机运动方向 |
| 3 | X_ENABLE_PIN | 38 | D38 | X 轴电机使能开关 |
| 4 | X_MIN_PIN | 3 | D2 | X 轴最小限位 |

表 12 - 3　Y 步进电机相关引脚

| 序　号 | 程序中的关键字定义 | 程序中的引脚定义 | 实际硬件引脚 | 具体功能 |
|---|---|---|---|---|
| 5 | Y_STEP_PIN | 60 | A6 | Y 轴电机输入引脚 |
| 6 | Y_DIR_PIN | 61 | A7 | Y 轴电机运动方向 |
| 7 | Y_ENABLE_PIN | 56 | D2 | Y 轴电机使能开关 |
| 8 | Y_MIN_PIN | 14 | D14 | Y 轴最小限位 |

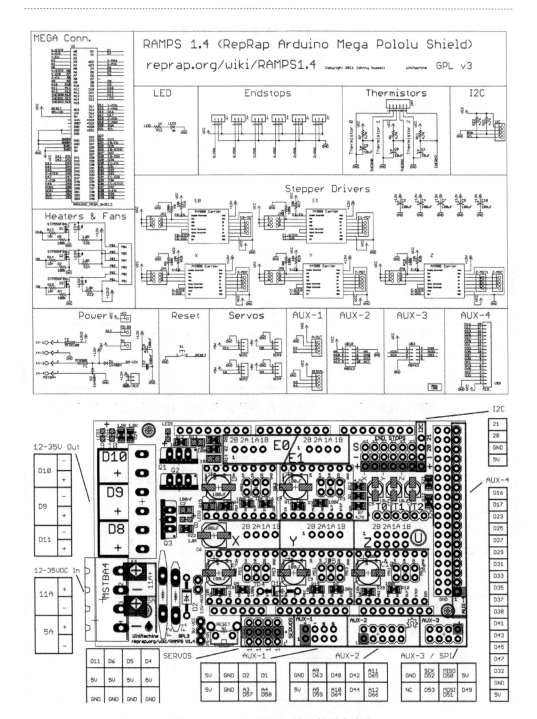

图 12 - 23　RAMPS 1.4 扩展板引脚定义

**表 12 - 4　Z 步进电机相关引脚**

| 序　号 | 程序中的关键字定义 | 程序中的引脚定义 | 实际硬件引脚 | 具体功能 |
|---|---|---|---|---|
| 9 | Z_STEP_PIN | 46 | D46 | Z 轴电机输入引脚 |
| 10 | Z_DIR_PIN | 48 | D48 | Z 轴电机运动方向 |
| 11 | Z_ENABLE_PIN | 62 | A8 | Z 轴电机使能开关 |
| 12 | Z_MIN_PIN | 18 | D18 | Z 轴最小限位 |

**表 12 - 5　E0 步进电机相关引脚**

| 序　号 | 程序中的关键字定义 | 程序中的引脚定义 | 实际硬件引脚 | 具体功能 |
|---|---|---|---|---|
| 12 | E_STEP_PIN | 26 | D26 | 打印头挤出电机输入引脚 |
| 13 | E_DIR_PIN | 28 | D28 | 打印头挤出电机运动方向 |
| 14 | E_ENABLE_PIN | 24 | D24 | 打印头挤出电机使能开关 |

**表 12 - 6　温度相关引脚**

| 序　号 | 程序中的关键字定义 | 程序中的引脚定义 | 实际硬件引脚 | 具体功能 |
|---|---|---|---|---|
| 15 | FAN_PIN | 9 | D9 | 风扇 |
| 16 | PS_ON_PIN | 12 | D12 | 电源开关 |
| 17 | KILL_PIN | 41 | D41 | 断电保护 |
| 18 | HEATER_BED_PIN | 8 | D8 | 热床电源 |
| 19 | HEATER_0_PIN | 10 | D10 | 打印头加热电源 |
| 20 | TEMP_0_PIN | 13 | A13 | 喷头温度传感器 |
| 21 | TEMP_BED_PIN | 14 | D14 | 热床温度传感器 |

**表 12 - 7　SD 相关引脚**

| 序　号 | 程序中的关键字定义 | 程序中的引脚定义 | 实际硬件引脚 | 具体功能 |
|---|---|---|---|---|
| 22 | SDSS | 53 | D53 | SPI 通信引脚 |
| 23 | LED_PIN | 13 | D13 | SPI 通信引脚 |
| 24 | SCK | 52 | D52 | SPI 通信时钟 |
| 25 | MISO | 50 | D50 | 数据输出 |
| 26 | MOSI | 51 | D51 | 数据输入 |
| 27 | SDCARDDETECT | 49 | D49 | 检测 SD 卡是否插入 |

**表 12 - 8　LCD 显示屏与键盘相关引脚**

| 序　号 | 程序中的关键字定义 | 程序中的引脚定义 | 实际硬件引脚 | 具体功能 |
|---|---|---|---|---|
| 28 | LCD_PINS_RS | 16 | D16 | LCDRS 引脚 |
| 29 | LCD_PINS_ENABLE | 17 | D17 | LCDEN 使能引脚 |

| 序　号 | 程序中的关键字定义 | 程序中的引脚定义 | 实际硬件引脚 | 具体功能 |
|---|---|---|---|---|
| 30 | LCD_PINS_D4 | 23 | D23 | LCD D04 引脚 |
| 31 | LCD_PINS_D5 | 25 | D25 | LCD D05 引脚 |
| 32 | LCD_PINS_D6 | 27 | D27 | LCD D06 引脚 |
| 33 | LCD_PINS_D7 | 29 | D29 | LCD D07 引脚 |
| 34 | BTN_EN1 | 31 | D31 | 控制面板旋钮转动引脚 |
| 35 | BTN_EN2 | 33 | D33 | 控制面板旋钮转动引脚 |
| 36 | BTN_ENC | 35 | D35 | 控制面板旋钮按压引脚 |
| 37 | BEEPER | 37 | D37 | 蜂鸣器 |

### 4. 控制系统程序分析

由于 3D 打印机控制系统所实现功能多,代码量大,如果将所有功能代码都放置在 ino 文件中,代码繁琐、冗余,查找起来也不方便,将代码归类放置,不同功能都各自封装在功能类中,在主函数中调用,显得代码层次清晰,简洁明了,可读性强,3D 打印机控制系统程序归类整理后,文件如图 12 - 24 所示。3D 打印机控制系统程序共30 个程序,功能如表 12 - 9 所示。

Configuration.h
Configuration_adv.h
ConfigurationStore.h
dogm_font_data_marlin.h
dogm_lcd_implementation.h
DOGMbitmaps.h
fastio.h
language.h
Marlin.h
motion_control.h
MyCardReader.h
pins.h
planner.h
speed_lookuptable.h
stepper.h
temperature.h
thermistortables.h
ultralcd.h
ultralcd_implementation_hitachi_HD44780.h
watchdog.h
ConfigurationStore.cpp
Marlin_main.cpp
motion_control.cpp
MyCardReader.cpp
planner.cpp
stepper.cpp
temperature.cpp
ultralcd.cpp
watchdog.cpp
Marlin.ino

**图 12 - 24　3D 打印机控制系统程序文件目录**

3D 打印机控制系统程序共 30 个程序,包括 1 个 Arduino IDE 所读取的 Marlin. ino 文件,20 个 H 头文件和 9 个 CPP 实现文件,其中主函数 void setup()和 void loop()在 Marlin_main. cpp 中存放。

表 12 - 9　　3D 打印机控制系统程序功能表

| 序　号 | 文件名称 | 功　　能 |
|---|---|---|
| 1 | Marlin. ino | Arduino IDE 的工程文件,但主函数 setup()函数和 loop()函数在 Marlin_main 程序中实现 |
| 2 | Marlin. h | Marlin. h 是整个控制系统的声明文件,Marlin_main. cpp 是整个控制系统主函数的实现文件 |
| 3 | Marlin_main. cpp | |
| 4 | fastio. h | fastio. h 是 3D 打印机控制系统对引脚数字量和模拟量输入、输出操作的声明,引脚响应速度更快 |
| 5 | language. h | language. h 是 3D 打印机控制系统显示界面语言的声明,可以选择不同的语言显示在 3D 打印机 LCD 显示屏上 |
| 6 | pins. h | pins. h 是 3D 打印机控制系统对硬件引脚定义的声明 |
| 7 | Configuration. h | Configuration、Configuration_adv 和 ConfigurationStore 定义了 3D 打印机控制系统的工作参数,比如加热最低和最高温度、$X$、$Y$ 和 $Z$ 轴零点位置,电机归零点速度和急停速度等工作参数 |
| 8 | Configuration_adv. h | |
| 9 | ConfigurationStore. h | |
| 10 | ConfigurationStore. cpp | |
| 11 | dogm_font_data_marlin. h | dogm_font_data_marlin、dogm_lcd_implementation 和 DOGMbitmaps 定义了 3D 打印机控制系统 LCD 显示界面显示字体和特殊图标,是 Arduino 底层类 |
| 12 | dogm_lcd_implementation. h | |
| 13 | DOGMbitmaps. h | |
| 14 | ultralcd_implementation_hitachi_HD44780. h | ultralcd_implementation_hitachi_HD44780 和 ultralcd 类声明和实现了 3D 打印机控制系统 LCD 显示和键盘功能,实现了人机交互功能 |
| 15 | ultralcd. h | |
| 16 | ultralcd. cpp | |
| 17 | MyCardReader. h | MyCardReader 类是在 Arduino 自带库 SD 类中进行了再次封装,满足了 3D 打印机控制系统的 SD 卡使用需要 |
| 18 | MyCardReader. cpp | |
| 19 | thermistortables. h | Thermistortables 声明了温度传感器热敏电阻值与温度的对照关系,实现了温度检测功能,temperature 声明并实现了 3D 打印机控制系统加热与温度测量模块的功能 |
| 20 | temperature. h | |
| 21 | temperature. cpp | |
| 22 | watchdog. h | Watchdog 类声明并实现了 3D 打印机控制系统的失电保护功能 |
| 23 | watchdog. cpp | |
| 24 | motion_control. h | motion_control、planner、speed_lookuptable 和 stepper 类声明并实现了 3D 打印机控制系统对 $X$、$Y$、$Z$ 轴和打印头挤出电机的控制,比如电机运动路径规划、读取限位开关状态、归零指令的实现等 |
| 25 | planner. h | |
| 26 | speed_lookuptable. h | |
| 27 | stepper. h | |
| 28 | motion_control. cpp | |
| 29 | planner. cpp | |
| 30 | stepper. cpp | |

　　通过 Arduino IDE 打开 Marlin. ino,如图 12 - 25 所示,只包含了 Configuration
类和 pins 类的声明,这是由于 3D 打印机控制系统程序代码量大,为方便管理代码,
将 void setup()和 void loop()两个主函数放在了 Marlin_main. cpp 中。打开 Marlin
_main. cpp(见图 12 - 26),可以找到 void setup()和 void loop()两个主函数,程序从
这里开始执行。

图 12 - 25　　Arduino IDE 打开 Marlin. ino

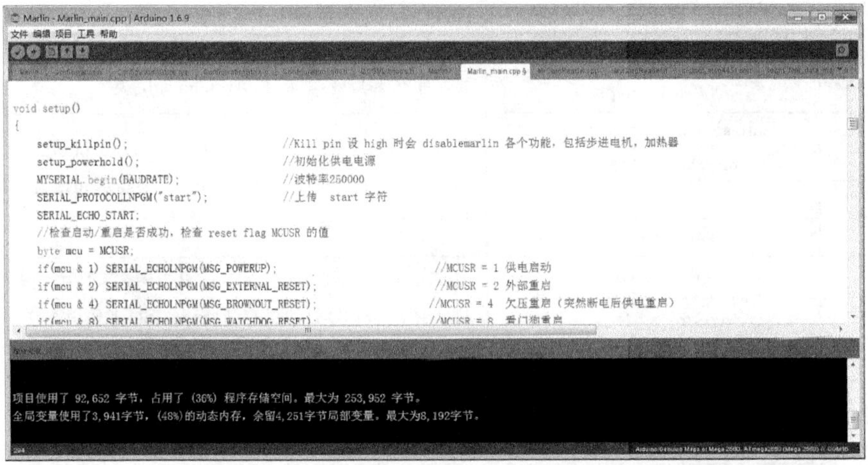

图 12 - 26　　Arduino IDE 打开 Marlin_main. cpp

　　将程序上传至 Arduino 单片机后,通过串口监视器可监控 setup()初始化如
图 12 - 27 所示,setup()函数通过执行各模块初始化函数初始化 3D 打印机控制系
统,执行完毕后,向上位机发送"Initialization done!",loop()函数执行查询和更新功
能,通过反复调用 get_command()、process_commands()、manage_heater()、manage
_inactivity()、checkHitEndstops()和 lcd_update()函数查询和更新各模块状态。
　　Arduino 主程序 void setup()和 void loop()流程如图 12 - 28 所示。主程序在前
台的任务如下:

① 通过 SD 卡文件获得 G 指令；

② 进行 G 指令解析，区分指令内容及指令参数，并将参数换算为整数；

③ G 指令的分类执行；

④ 温度管理、限位开关和 LCD 的控制。

图 12 - 27　setup( )初始化结果

void setup( )函数将 3D 打印控制系统初始化，包括 KILL_PIN(D41)引脚、电源、打印参数、温度、路径规划、看门狗重启、步进电机、SD 卡、LCD 显示屏等模块初始化，初始化成功后，向上位机发送"Initialization done!"。

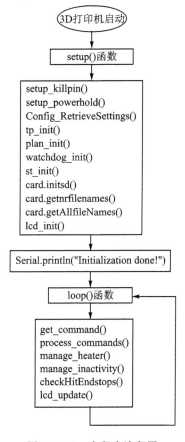

图 12 - 28　主程序流程图

3D 打印机的下位机有两大功能：第一个功能（执行功能）是指挥各模块完成打印流程，比如控制 $X$、$Y$、$Z$ 轴电机运动，控制喷头喷打印丝，控制热床加热等；第二个功能（查询和更新功能）是检测各模块的当前状态，比如限位开关是否被触发，LCD 显示屏上当前显示什么内容,热床和喷头当前的温度是多少。执行功能不需要反复执行,比如 $X$、$Y$、$Z$ 轴电机不需要时时刻刻运动,热床和喷头加热也不是一直加热,执行功能只在需要的时候对相应的 3D 打印机模块进行长时间的精确控制,移动距离、加热温度等都会对打印效果产生影响,而查询和更新功能检测各传感器的状态,执行速度非常快,但需要反复执行。这两大功能需要下位机同时进行,但是 Arduino 单片机不具备并行处理能力,不能同时完成多个功能,只能完成主函数,即反复执行 loop() 函数,遍历各模块状态;而定时中断(ISR)程序分别用于运动控制、加热与温度检测。

Arduino 主程序 void setup() 和 void loop() 程序如下:

```
1    /* Marlin_main.cpp */
2    void setup (){
3        setup_killpin();                                        //初始化 Kill pin
4        setup_powerhold();                                      //初始化供电电源
5        Serial.begin(BAUDRATE);                                 //波特率 250 000,与上位机通信
6        SERIAL_ECHO_START;            //检查启动/重启是否成功,检查 reset flag MCUSR 的值
7        byte mcu = MCUSR;
8        if(mcu&1) SERIAL_ECHOLNPGM(MSG_POWERUP);                //MCUSR = 1  供电启动
9        if(mcu&2) SERIAL_ECHOLNPGM(MSG_EXTERNAL_RESET);         //MCUSR = 2  外部重启
10       if(mcu&4) SERIAL_ECHOLNPGM(MSG_BROWNOUT_RESET);         //MCUSR = 4  欠压重启
11       if(mcu&8) SERIAL_ECHOLNPGM(MSG_WATCHDOG_RESET);         //MCUSR = 8 看门狗重启
12       if(mcu&32) SERIAL_ECHOLNPGM(MSG_SOFTWARE_RESET);        //MCUSR = 32JTAGReset
13       MCUSR = 0;                                              //MCUSR = 0  正常
14       //各模块初始化
15       Config_RetrieveSettings();                              //从 EEPROM 载入系统参数
16       tp_init();                                              //温度设置初始化
17       plan_init();                                            //路径规划初始化
18       watchdog_init();                                        //看门狗的初始化
19       st_init();                                              //步进电机的初始化
20       card.initsd();                                          //SD 卡的初始化程序
21       card.getnrfilenames();                                  //获得 SD 卡中文件总数
22       card.getAllfileNames();                                 //获得 SD 卡中所有文件名字
23       lcd_init();                                             //LCD 的初始化
24       delay(1000);                                            //延时等待处理初始化完毕
25       Serial.println("Initialization done!");                //初始化成功
26    }
27    void loop (){
28    /* 读取 G 代码的 buffer 为 cmdbuffer[BUFSIZE][MAX_CMD_SIZE], BUFSIZE 为 4,最多
29    存 4 条指令,MAX_CMD_SIZE 为 96,一条指令最多存 96 字节 */
30        if(buflen < (BUFSIZE - 1))   //如果 cmdbuffer 有空间,则读取 G 代码指令
31        get_command();   //读取 SD 卡的 G 代码,存进 cmdbuffer,buflen 存储 G 代码指令数
32        card.checkautostart(false); //检测 SD 卡是否初始化,否则初始化
```

```
33        if(buflen)                    //如果 G 代码指令数不为 0,则解析 G 代码
34        {
35          process_commands();        //解析 G 代码
36          buflen = (buflen-1);       //本条指令读取完毕,代码长度减一
37          bufindr = (bufindr + 1)% BUFSIZE;   //载入 cmdbuffer 下一条指令
38        }
39      manage_heater();              //加热温度的控制
40      manage_inactivity();          //检查系统是否有异常状态
41      checkHitEndstops();           //检查 endstop 的状态
42      lcd_update();                 //刷新 LCD
43    }
```

在 Arduino 主程序 void setup() 函数初始化时,有个关键变量 MCUSR。MCUSR 寄存器是 Arduino 处理器的状态寄存器。在 setup() 函数初始化中通过检查 MCUSR 的值,判断 3D 打印机是怎么启动的,MCUSR 的值为 1,说明是正常供电启动;MCUSRMCUSR 的值为 2,说明是外部重启 Arduino 单片机;MCUSR 的值为 4,说明是欠压重启,可能是突然断电后供电启动;MCUSR 的值为 8,说明是看门狗重启,系统控制下重启;MCUSR 的值为 32,说明是 JTAG 重启,一种 Arduino 芯片内部协议启动。

## 12.4.2　G 代码文件分析

G 代码是数控加工指令。一般都称为 G 指令。G 代码包括了所有打印信息,具体 G 代码含义注解参见附录 A.9 G 代码含义注解。

12.3.3 小节中,我们用 3D 打印机打印了一个骰子模型,使用 Cura 软件打开 test.gcode,如图 12-29 所示,可以看出这个模型有 80 层切片,通过拖动右侧滚动条可以查看每一层的填充轨迹。下面结合 G 代码文件格式分析 G 代码是如何组成 3D 打印模型的。

通过 Cura 软件导出骰子 G 代码文件如下:

```
1    / * test.gcode * /
2    //G 代码文件有固定的开头和结尾文件格式,是切片软件自动生成的
3    M190 S90.000000                         //设置热床温度为 90℃ 并等待加热
4    M109 S200.000000      ;                 //设置打印头温度为 200℃ 并等待加热
5     //Sliced at: Sat 05-05-2018 22:25:52   //此为切片日期
6     //基本设置:层高:0.2,墙壁:1.2,填充:20%
7     //打印时间:29 分钟
8     //使用丝料:1.04 m,重 3.0 g
9     //丝料成本:无
10    //设置热床温度为 90℃ 并等待加热,可更改为热床所需打印温度
11    //M190 S90 ;Uncomment to add your own bed temperature line
```

**图 12-29　Cura 打开 test. gcode**

| 12 | //设置打印头温度为 200℃ 并等待加热，可更改为热床所需打印温度 | |
|---|---|---|
| 13 | //M109 S200 ;Uncomment to add your own temperature line | |
| 14 | G21　　　　　;metric values; | //初始化 SD 卡 |
| 15 | G90　　　　　;absolute positioning | ;//使用绝对坐标 |
| 16 | M82　　　　　;set extruder to absolute mode | ;//设置打印头挤出电机使用绝对坐标模式 |
| 17 | M107　　　　;start with the fan off | ;//关闭风扇 |
| 18 | G28 X0 Y0　;move X/Y to minendstops | ;//移动 X/Y 轴电机到限位开关位置 |
| 19 | G28 Z0　　　;move Z to minendstops | ;//移动 Z 轴电机到限位开关位置 |
| 20 | G1 Z15.0 F9000 ;move the platform down 15mm | ;//将 Z 轴电机上移 15 mm |
| 21 | G92 E0　　　;zero the extruded length | ;//设置打印头挤出电机当前坐标为绝对零点 |
| 22 | G1 F200 E3　;extrude 3mm of feed stock | ;//打印头挤出电机吐丝 3mm,将开始废丝吐出 |
| 23 | G92 E0　　　;zero the extruded length again | ;//设置打印头挤出电机当前坐标为绝对零点 |
| 24 | G1 F9000 | ;//电机移动速度为 9 000 |
| 25 | //Put printing message on LCD screen | |
| 26 | M117 Printing...; | //在打印 LCD 显示屏上显示 Printing... |
| 27 | | |
| 28 | //Layer count:80 | ;//共分层 80 层 |
| 29 | //LAYER:0 | ;//当前为第 0 层 |
| 30 | M107 | ;//关闭风扇 |
| 31 | //X 轴移动 91.529,Y 轴移动 91.877,Z 轴移动 0.3 mm,开始打印 | |
| 32 | G0 F9000 X91.529 Y91.877 Z0.300 | |
| 33 | //TYPE:SKIRT | ;//先打印一层最大轮廓,确定打印范围 |
| 34 | G1 F1200 X92.549 Y90.917 E0.06988 | ;//开始打印,移动 X、Y 轴和打印头电机 |
| 35 | G1 X93.550 Y90.181 E0.13187 | |
| 36 | G1 X94.379 Y89.699 E0.17971 | |
| 37 | …… | |
| 38 | //TYPE:WALL - INNER | ;//打印内轮廓 |
| 39 | G1 F2400 E10.66379 | ;// 开始打印,移动 X、Y 轴和打印头电机 |
| 40 | G1 F1200 X95.751 Y94.769 E10.70737 | |

| 41 | G1 X96.298 Y94.367 E10.74124 | |
|---|---|---|
| 42 | …… | |
| 43 | //TYPE:WALL－OUTER | ;//打印外轮廓 |
| 44 | G1 F1200 X92.590 Y98.584 E16.49216 | ;// 开始打印,移动 X、Y 轴和打印头电机 |
| 45 | G1 X92.760 Y97.893 E16.52766 | |
| 46 | G1 X92.931 Y97.391 E16.55412 | |
| 47 | …… | |
| 48 | //TYPE:SKIN | ;//打印内外轮廓里面的轨迹 |
| 49 | G1 F1200 X94.453 Y96.433 E19.56161 | ;//开始打印,移动 X、Y 轴和打印头电机 |
| 50 | G0 F9000 X94.684 Y96.098 | |
| 51 | G1 F1200 X97.584 Y98.999 E19.76626 | |
| 52 | …… | |
| 53 | //LAYER:1 | ;//第 0 层打印完毕,开始打印第 1 层 |
| 54 | M106 S255 | ;//开启风扇 |
| 55 | G0 F9000 X93.805 Y103.054 Z0.500 | ;//移动 X、Y、Z 轴电机到指定位置 |
| 56 | //TYPE:WALL－INNER | ;//打印内轮廓,后续打印层与打印第 0 层步骤相同 |
| 57 | G1 F1440 X93.559 Y102.530 E33.69207 | |
| 58 | G1 X93.344 Y101.945 E33.71275 | |
| 59 | …… | |
| 60 | M107 | ;//打印完毕,关闭风扇 |
| 61 | G1 F2400 E1034.09083 | |
| 62 | G0 F9000 X94.717 Y103.624 Z21.001 | |
| 63 | //End GCode | ;// 打印完毕,开始收尾步骤 |
| 64 | M104 S0　　;extruder heater off | ;//设置打印头温度为 0℃ 并开始降温 |
| 65 | M140 S0　　;heated bed heater off（if you have it） | ;//设置热床温度为 0℃ 并开始降温 |
| 66 | G91　　　;relative positioning | ;//设置使用相对坐标 |
| 67 | //移动打印头挤出电机回退 1 mm | |
| 68 | G1 E－1 F300 ;retract the filament a bit before lifting the nozzle, to release some of | |
| 69 | the pressure | |
| 70 | //移动打印头挤出电机回退 5 mm,并移动 X、Y、Z 轴电机归位 | |
| 71 | G1 Z＋0.5 E－5 X－20 Y－20 F9000 ;move Z up a bit and retract filament even more | |
| 72 | //打印头回 0 点,确保打印头在打印平台外边,防止在后续操作中碰撞到已打印好的模型 | |
| 73 | G28 X0 Y0　　;move X/Y to minendstops, so the head is out of the way | |
| 74 | M84　　;steppers off | ;//直到下次运动前,关闭所有步进电机 |
| 75 | G90　　;absolute positioning | ;//设置使用绝对坐标 |

　　一个完整的 3D 打印 G 代码文件由开始指令、中间打印指令、结尾指令组成,开始指令进行打印前找机械原点、打印头和热床预热、文件显示、移动电机到指定位置等打印前准备工作;中间打印指令开始打印切片层轨迹,从第 0 层打印到最后一层即第 80 层,每一层先打印内轮廓,再打印外轮廓,最后填充中间轮廓;结尾指令进行打印头和热床降温,X、Y、Z 轴电机归位操作。

## 12.4.3　存储模块

### 1. EEPROM 存储模块

第9章中已经介绍过一些关于 EEPROM 的基础知识和简单的读/写,在桌面式 3D 打印机中,我们用 EEPROM 完成 3D 打印过程中的相关重要参数的存储,以便下次打印时直接调用。

#### (1) 关键函数

EEPROM 相关的关键函数都在 ConfigurationStore. cpp 这个 C++文件当中。对关键函数的介绍如下:

_EEPROM_writeData(),功能:逐字节地往 EEPROM 中写入数据。

_EEPROM_readData(),功能:逐字节从 EEPROM 中读取数据。

Config_StoreSettings(),功能:将所有要存储的参数存储到 EEPROM 中,主要调用_EEPROM_writeData()函数。

Config_RetrieveSettings(),功能:将所有参数从 EEPROM 中读出来,主要调用_EEPROM_readData()函数。

Config_ResetDefault(),功能:将所有参数用默认值代替。

_EEPROM_writeData()函数和_EEPROM_readData()函数分别在 Config_StoreSettings()函数和 Config_RetrieveSettings()函数当中以宏的方式调用,分别完成对 EEPROM 的写和读操作。Config_StoreSettings()函数和 Config_RetrieveSettings()函数在显示类中调用,完成所有参数的存和取功能。Config_ResetDefault()函数在存储的参数出现问题时调用,为了给各个重要参数一个默认值,保证 3D 打印装置能够正常运行。

#### (2) 程序分析

EEPROM 的存储流程程序实现较为简单,其工作流程图如图 12-30 所示。

在显示类的 lcd_control_menu()函数中,在"control"菜单的子菜单下,添加了与 EEPROM 相关的3个菜单。程序如下:

```
1    lcd_control_menu()
2    {
3      ......
4      #ifdef EEPROM_SETTINGS
5        MENU_ITEM(function, MSG_STORE_EPROM, Config_StoreSettings);
6        MENU_ITEM(function, MSG_LOAD_EPROM, Config_RetrieveSettings);
7      #endif
8        MENU_ITEM(function, MSG_RESTORE_FAILSAFE, Config_ResetDefault);
9      ......
10   }
```

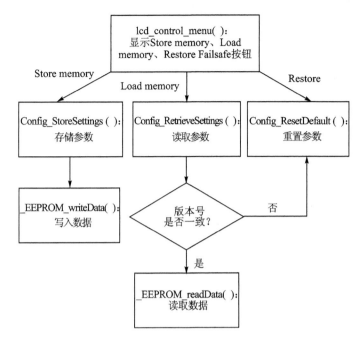

**图 12 - 30 EEPROM 工作流程图**

其中,宏定义 EEPROM_SETTINGS 表示是否启用 EEPROM 的存储参数功能。当单击不同的菜单命令时,就会调用各自的函数。当单击 Store memory 时,进入如下程序:

```
1    Config_StoreSettings ()
2    {
3      char ver[4] = "000";
4        int i = EEPROM_OFFSET;
5        EEPROM_WRITE_VAR(i,ver);       //先存储一个无效的"000"
6        EEPROM_WRITE_VAR(i,axis_steps_per_unit);
7        EEPROM_WRITE_VAR(i,max_feedrate);
8        ……
9        char ver2[4] = EEPROM_VERSION;
10       i = EEPROM_OFFSET;
11       EEPROM_WRITE_VAR(i,ver2);       //把正确的版本号存到 100 的位置把原来的"000"覆盖
12       ……
13   }
```

宏定义 EEPROM_OFFSET 是一个 100 的数值,表示所有数据都从 EEPROM 中 100 的位置开始存储,后面的读取数据也从这个位置开始。宏定义 EEPROM_WRITE_VAR()即函数_EEPROM_writeData(),是为了减少代码量的一个简略写法。这里还用到了一个版本号的宏定义 EEPROM_VERSION,该宏定义的作用是

在存储的开头位置加一个标识,读取的时候只有读取到了这个标识才能确定后面的
参数数据没有错误。

当单击 Load memory 时,进入如下程序:

```
1    Config_RetrieveSettings ()
2    {
3    int i = EEPROM_OFFSET;
4        char stored_ver[4];
5        char ver[4] = EEPROM_VERSION;
6        EEPROM_READ_VAR(i,stored_ver);              //读取已存储的版本
7        if (strncmp(ver,stored_ver,3) == 0)
8        {
9            EEPROM_READ_VAR(i,axis_steps_per_unit);
10           EEPROM_READ_VAR(i,max_feedrate);
11           EEPROM_READ_VAR(i,max_acceleration_units_per_sq_second);
12           ……
13       }
14       else
15       {
16           Config_ResetDefault();
17       }
18       ……
19   }
```

同样从 EEPROM_OFFSET 的位置开始读取数据,前 4 个字节是版本号,将读
取到的版本号跟指定的版本号作对比,如果版本号正确,则继续往下读数据,如果版
本号不对应,则进入 Config_ResetDefault()函数,将各个参数的值重置为默认值。
另外,也可以在界面中单击 Restore Failsafe 命令重置参数。

## 2. SD 卡存储模块

SD 卡存储模块主要实现的是存储 G 代码的功能,将 Cura 生成的 G 代码文件从
电脑端导入 SD 卡中,再用 3D 打印机读取其中的 G 代码。如果说 EEPROM 是 Ar-
duino 自带的硬盘,只能存储少量的打印数据,那么 SD 卡就相当于可移动式的大容
量的移动硬盘,可以存放大量的打印信息,以备设备调用。

### (1) 基本原理及接线

桌面式 3D 打印机所使用的存储模块(SD 卡)的实物图如图 12 - 31 所示。它一
般与 LCD 显示屏及键盘集成在一起,再与控制板或扩展板相连,由下位机实现对模
块的控制。前面已经介绍了 3D 打印机控制系统整体硬件的组成及连接方式,其中
扩展板上负责 SPI 通信的 AUX - 3 辅助板块就负责控制该 SD 卡存储模块。AUX
辅助板块上有 8 个引脚,其中 NC 引脚指的是空引脚,不需要连接,其余 7 个引脚分

图 12 - 31　3D 打印机 SD 卡实物图

别表示的是从 SD 卡模块到 Arduino Mega 2560 控制板的接线方式,如表 12 - 10 所列。本章中的桌面式 3D 打印机采取的是控制板与扩展板直插相连,再由扩展板去控制各个模块,无须考虑接线问题,若存储模块与控制板直接相连,则应采取这种接线方式。其他的 SD 卡相关知识参见 9.2 节。

表 12 - 10　SD 卡模块与 Arduino Mega 2560 的连接

| SD 卡模块 | Arduino Mega 2560 |
| --- | --- |
| CD | 用户可用来检测卡是否插入,连接到 D49(也可不连) |
| CS | SD 卡片选,连接到 D53 |
| MOSI | 数据输入,连接到 D51 |
| MISO | 数据输出,连接到 D50 |
| SCK | SPI 时钟,连接到 D52 |
| VCC | 电源供电正端,连接到 5 V |
| GND | 电源供电负端,连接到电源负极,GND |

### (2) 存储类及关键变量、函数

桌面式 3D 打印机的存储模块主要实现的是从 SD 卡的根目录读取相应文件中的 G 代码的功能。为了实现这一功能并且增强程序的可读性,需要在 9.2.2 小节所讲的 SD 卡类库的基础上,对 SDClass 类和 File 类中的相关函数进行封装,新建一个 C++类——CMyCardReader。下面介绍该类中的几个关键变量及功能函数。

关键变量如下:

➢ CMyCardReader card,功能:调用 CMyCardReader 类的函数与变量。

➢ bool cardOK,功能:判断 SD 卡是否初始化。true 表示已初始化,false 表示未初始化。

- ➤ bool sdprinting,功能:控制是否开始打印。true 表示开始打印,false 表示暂停或结束打印。
- ➤ File myFile,功能:调用 File 类的函数与变量,执行打开文件,读取文件等功能。
- ➤ File myRoot,功能:调用 File 类的函数与变量,执行获取文件数,获取文件名等功能。
- ➤ charfilenames[10][11],功能:按序存储 SD 卡中的文件名,10 表示文件最大数目,若 SD 卡中有大于 10 个文件,可将数值增大。11 表示文件名最大为 11 位,即"8+3"的最大限制。
- ➤ uint32_t sdpos,功能:记录当前文件的读取位置。
- ➤ uint32_t filesize,功能:记录当前文件的大小。
- ➤ bool isFileOpen,功能:记录是否有文件打开。

其中,CMyCardReader card 为全局变量,可以在整个工程中调用;File myFile、File myRoot、uint32_t sdpos、uint32_t filesize 为 CMyCardReader 类成员变量,只能在 CMyCardReader 类内部调用;bool cardOK、bool sdprinting、char filenames[10][11]、bool isFileOpen 为公共变量,可以在包含了 CMyCardReader 类头文件的类内部调用。

关键功能函数如下:

- ➤ initsd(),功能:初始化 SD 卡。用到 pinMode()和 begin()两个函数,完成对控制板 SS 引脚的置高和 SD 卡片选的初始化,并且显示初始化结果。
- ➤ getnrfilenames(),功能:获得 SD 卡中文件总数。这里只讨论 G 代码文件全都放在 SD 卡的根目录下的情况,用 open()函数打开 SD 卡的根目录,利用 openNextFile()函数能够打开下个文件的功能遍历整个根目录列表,每打开一个文件就计数+1,直到获得文件总计数。最后用 rewindDirectory()函数回退到根目录顶部。返回 16 位的 int 型值。
- ➤ getAllFilenames(),功能:获得 SD 卡中所有文件名字。根据获得的文件总计数,利用 openNextFile()函数对根目录进行遍历,有序地用 C++标准库 strcpy()函数将打开文件的 name()函数返回值保存到文件名数组。最后用 rewindDirectory()函数退回到根目录顶部。
- ➤ openFile(),功能:打开屏幕中选择的文件。用 open()函数以只读的方式打开显示模块传过来的文件名,用 size()函数获得文件可读大小,初始化一些关键变量,并且让屏幕显示当前在读的文件名。
- ➤ readAvailable(),功能:返回是否已读完当前文件。用 available()函数返回当前文件是否可读。返回 boolean 型值。
- ➤ get(),功能:读取 1B 数据。用 position()函数存储当前文件的读取位置,并且用 read()函数读取 1B 数据。返回 8 位 int 型值。

> percentDone()，功能：返回当前文件读取位置在文件中的百分比。根据当前文件的读取位置和文件可读大小计算读取进度。返回 8 位 int 型值。

> printingHasFinished()，功能：结束读取文件。等待打印完成，然后用 close()函数关闭当前文件，结束读取文件。设置相关关键变量，跟运动模块与温度模块同步结束运行。

initsd()、getnrfilenames()、getAllFilenames()函数在 setup()初始化函数中开始运行，打印一个文件的过程中只调用一次。当 loop()循环函数中的 process_commands()函数读取到显示模块传过来的"M23 文件名"的指令时，开始调用 openFile()函数，从 SD 卡中打开相应文件，若打开成功，则开始在 get_command()中调用 get()函数从打开的文件中获取 G 代码。用 readAvailable()函数控制是否还能读取，用 percentDone()函数在显示模块中显示读取进度，若读取结束，则调用 printingHas-Finished()函数，结束打印。

**(3) 程序分析**

SD 卡存储类读取 G 代码的工作流程如图 12-32 所示。

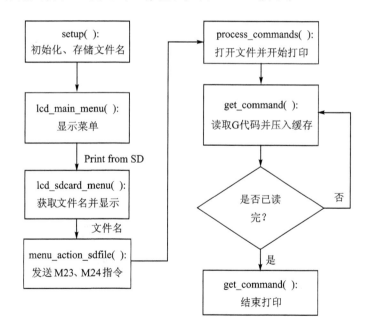

**图 12-32　SD 卡工作流程图**

SD 卡类的类对象 card 为一全局变量，在本类的头文件中声明，在 Marlin_main.cpp 中定义，并在 setup()函数中初始化。初始化调用 3 个函数如下：

```
1    void setup()
2    {
3      ……
4      card.initsd();
5      card.getnrfilenames();
6      card.getAllFilenames();
7      ……
8    }
```

在 setup()函数中调用 3 个函数的目的是获取当前 SD 卡根目录文件数目和文件名,并保存起来,以备调用。在 ultralcd.cpp 中的 lcd_main_menu()函数中,有如下代码:

```
1    static void lcd_main_menu()
2    {
3      ……
4      if (card.cardOK)
5      {
6        if (card.isFileOpen)
7        {
8          if (card.sdprinting)
9            MENU_ITEM(function, MSG_PAUSE_PRINT, lcd_sdcard_pause);.     //暂停打印
10         else
11           MENU_ITEM(function, MSG_RESUME_PRINT, lcd_sdcard_resume);   //恢复打印
12         MENU_ITEM(function, MSG_STOP_PRINT, lcd_sdcard_stop);         //停止打印
13       }else{
14         MENU_ITEM(submenu, MSG_CARD_MENU, lcd_sdcard_menu);           //显示"Print from SD"
15       ……
16    }
```

这段代码根据存储类的 cardOK、isFileOpen、sdprinting 等关键变量的状态控制屏幕上显示不同的功能按键。其中宏定义 MSG_CARD_MENU 表示在主屏幕中显示"Print from SD",单击即执行 lcd_sdcard_menu()函数,如下:

```
1    void lcd_sdcard_menu ()
2    {
3      ……
4      uint16_t fileCnt = card.getnrFiles();                            //获得 SD 卡中文件总数
5      ……
6      for(uint16_t i = 0; i < fileCnt;i++)
7      {
8        ……
9        MENU_ITEM(sdfile, MSG_CARD_MENU, card.getfilename(i), NULL);//显示第 i 个文件名
```

```
10        }
11        ……
12      }
```

通过 getnrFiles() 函数获得 SD 卡中文件总数,再通过 for 循环,将初始化时存储的文件名有序地显示在屏幕上。

当操作者单击界面上的某个文件名时,触发 menu_action_sdfile() 函数,如下:

```
1    static void menu_action_sdfile()
2    {
3        ……
4        sprintf_P(cmd, PSTR("M23 % s"), filename);
5        enquecommand(cmd);
6        enquecommand_P(PSTR("M24"));
7        ……
8    }
```

在 menu_action_sdfile() 函数中,会生成一条"M23 文件名"的 G 代码指令,意思是选择了该文件名的文件进行打印。enquecommand() 函数会把这条指令存入 cmd-buffer 这个存储指令的缓存变量当中。此时,在无限循环的 loop() 函数中,会有不断读取并运行 cmdbuffer 这个缓存当中指令的函数 process_commands(),在其中找到 M23 指令的执行代码,如下:

```
1    void process_commands()
2    {
3        ……
4        case 23:                  //M23 - Select file
5          ……
6          card.openFile(strchr_pointer + 4);
7          break;
8        case 24:                  //M24 - Start SD print
9          card.startFileprint();
10         ……
11     }
```

在这个函数的 M23 指令中,执行打开相应文件的操作。同时在前面的 menu_action_sdfile() 函数中还会发送一条"M24"的指令,这里会调用存储类的函数,把 sd-printing 变量置为 true,开始打印。此时在 loop() 的 get_command() 函数中,会持续地读取当前文件中的 G 代码,如下:

```
1    void get_command()
2    {
3        ……
```

```
4      while( card.readAvailable()    && buflen < BUFSIZE && ! stop_buffering) {
5        int16_t n = card.get();          //读取 1 B数据到 n 中
6        serial_char = (char)n;           //把 n 中的数据转换成字符存入 serial_char 中
7        if(serial_char == '\n' ||                              //换行符
8            serial_char == '\r' ||                             //回车符
9            (serial_char == '#' && comment_mode == false) ||   //井号且不是注释
10           (serial_char == ':' && comment_mode == false) ||   //冒号且不是注释
11           serial_count >= (MAX_CMD_SIZE - 1)||n == -1)       //指令超过 96 个字节
12       {
13           if(! card.readAvailable()){                        //如果文件不可读则进入结束代码
14             SERIAL_PROTOCOLLNPGM(MSG_FILE_PRINTED);
15             stoptime = millis();                             //记录结束时间
16             char time[30];
17             unsigned long t = (stoptime - starttime)/1000;   //换算成秒
18             int hours, minutes;
19             minutes = (t/60) % 60;
20             hours = t/60/60;
21             sprintf_P(time, PSTR("% i hours % i minutes"),hours, minutes);
22             SERIAL_ECHO_START;
23             SERIAL_ECHOLN(time);
24             lcd_setstatus(time);                             //状态栏显示打印所用时间
25             card.printingHasFinished();                      //结束打印
26           }
27           if(serial_char = = '#')                            //读取到井号且不是注释
28             stop_buffering = true;                           //停止读取
29           if(! serial_count)                                 //指令为空则重置返回读取新指令
30           {
31             comment_mode = false;
32             return;
33           }
34           ……
35       }
36       else
37       {
38           if(serial_char == ';') comment_mode = true;        //读取到分号表示后面是注释内容
39           if(! comment_mode) cmdbuffer[bufindw][serial_count ++ ] = serial_char;
40                                                              //压入指令到缓存
41       }
42     }
43   }
```

当打开的当前文件可读且缓存中还有空间时，就用 card.get()读取 1 B 的数据。

若读取到的数据是换行符(\n)、回车符(\r)、井号(#)、冒号(:),则进入是否读完文本的判断,一旦读完就执行结束打印的函数;若未读完且读取到井号,则暂停读取。若读取到的数据是分号(;),则表示后面读取到的数据是注释,后面读取到的数据都不会被存储,直到再次读到上面的 4 个字符之一。执行一次 get_command()函数读取到的指令都存储到 cmdbuffer 数组变量当中,在 process_commands()函数中执行所读指令。最后在 get_command()函数中不再能读到 G 代码时,停止打印。

## 12.4.4 显示模块

桌面式 3D 打印机所使用的显示模块(LCD)型号为 2004LCD,实物图如图 12 - 32 所示。

### 1. 所需元件及接线图

所需元件:2004LCD、旋钮开关、按键开关、蜂鸣器、集成电路板、接线组。

调控方式:①选择菜单栏及编辑文本——旋转控制面板旋钮;②确认选择——按压控制面板旋钮。

显示模块实物图如图 12 - 33 所示。该模块通过集成电路板将 LCD、旋钮、按键开关、蜂鸣器电路集成在了一起,利用两组接线组 EXP1、EXP2 与 AUX - 4 相连。接线组 EXP1 与 EXP2 的引脚图如图 12 - 34、图 12 - 35 所示,旋钮原理图如图 12 - 36 所示。

**图 12 - 33　显示模块实物图**

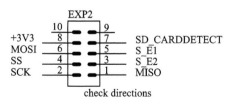

**图 12 - 34　旋钮引脚图**

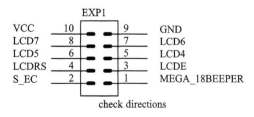

**图 12 - 35　LCD 引脚图**

以上引脚定义及具体功用见表 12 - 4。控制面板旋钮共三个引脚,分别为 EN_1、EN_2 和 EN_C。输入引脚 EN_1 和 EN_2 的电平决定着正旋、反旋的功能,并设置了旋转编码器的值:encrot0、encrot1、encrot2 和 encrot3,每次旋转旋钮都会更新编码器,并将其添加到每次 LCD 更新的编码位置中,继而实现对 LCD 菜单栏功能的选择。按压旋钮会触发引脚 EN_C,可以实现旋钮开关的"确定选择"功能。

## 2. 显示菜单内容

3D 打印机开启后的状态界面是整机工作状态,该界面区域功能如图 12 - 37 所示。

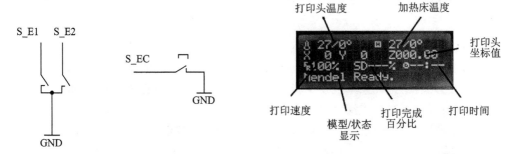

图 12 - 36 旋钮原理图      图 12 - 37 界面区域功能图

LCD 显示菜单共可分为四级,菜单显示层次图如图 12 - 38 所示。

在 Temperature、Motion、Move Axis 等菜单栏下存在着可编辑菜单界面。以 Move Axis 菜单为例,可以通过旋转控制面板旋钮调节喷头的位置,操作过程如图 12 - 39 所示。

上述是控制 3D 打印机喷头在 X 轴方向移动 10 mm 的过程。此外,通过相似操作可以实现对喷头温度、热床温度、风扇速度、移动速度等的调节。

## 3. 关键变量

显示模块的变量及变量含义如表 12 - 11 所列。

表 12 - 11 显示模块变量列表

| 变量名 | 含义 | 变量名 | 含义 |
|---|---|---|---|
| int plaPreheatHotendTemp | PLA 打印头预热温度 | uint8_t lastEncoderBits | 编码器最后位置 |
| int plaPreheatHPBTemp | PLA 热床预热温度 | uint32_t encoderPosition | 编码器位置 |
| int plaPreheatFanSpeed | PLA 风扇速度 | uint32_t lcd_next_update_millis | LCD 下次刷新时间 |
| int absPreheatHotendTemp | ABS 打印头预热温度 | uint8_t lcd_status_update_delay | LCD 状态更新延迟 |
| int absPreheatHPBTemp | ABS 热床预热温度 | uint8_t lcdDrawUpdate | LCD 更新重绘 |
| int absPreheatFanSpeed | ABS 风扇速度 | uint16_tprevEncoderPosition | 上一个编码器位置 |

| 变量名 | 含　义 | 变量名 | 含　义 |
|---|---|---|---|
| char lcd_status_message | LCD 状态信息 | float move_menu_scale | 喷头移动数值范围 |
| uint8_tcurrentMenuViewOffset | 当前菜单视图偏移 | int32_t minEditValue | 最小编辑值 |
| menuFunc_t currentMenu | 当前菜单 | int32_t maxEditValue | 最大编辑值 |
| menuFunc_t callbackFunc | 回调函数 | | |

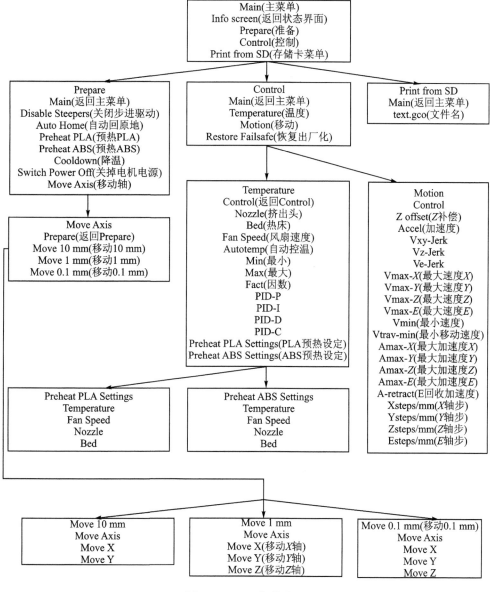

图 12 - 38　四级菜单图

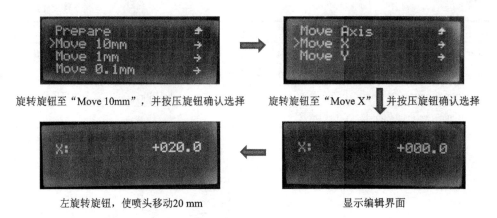

旋转旋钮至"Move 10mm"，并按压旋钮确认选择      旋转旋钮至"Move X"并按压旋钮确认选择

左旋转旋钮，使喷头移动20 mm              显示编辑界面

**图 12 - 39　操作喷头沿 X 轴运动**

## 4. 关键函数与宏定义

### (1) 宏定义

在 LCD 各级菜单函数中,例如 lcd_main_menu()、lcd_prepare_menu()等,存在固定的菜单格式,如下:

```
static void lcd_..._menu()
{
    START_MENU();
    MENU_ITEM(type, label, args...);
    MENU_ITEM_EDIT(type, label, args...);
    END_MENU();
}
```

以下对相关宏定义进行解读:

① #define START_MENU()

功能:构建菜单开始项。

② #define MENU_ITEM(type, label, args...)

功能:添加菜单栏,实现对应功能。例如:MENU_ITEM(back, MSG_CONTROL, lcd_control_menu);添加 Control 菜单栏,可实现返回上级 Control 菜单功能。

参数:type,类型,如:back(返回)、submenu(子菜单)、function(函数)、gcode(G代码)等;label,标签信息,如:"Info screen","Prepare"等;Args…,参数(可多个),需要调用的信息。

③ #define lcd_implementation_drawmenu_setting_edit_..._selected(row, pstr, pstr2, data, minValue, maxValue);

#definelcd_implementation_drawmenu_setting_edit_...(row, pstr, pstr2, data，minValue，maxValue)

功能:行选择器,对选中的菜单栏前进行箭头"＞"的绘制,见图 12 - 40。如:

lcd_implementation_drawmenu_setting_edit_generic(row，pstr，'＞'，…( * (data)))

lcd_implementation_drawmenu_setting_edit_generic(row，pstr，",…( * (data)))

参数:row,行号;pstr,pstr2,字符串;data,对应菜单栏函数。

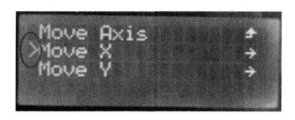

**图 12 - 40　箭头指示**

④ ♯define MENU_ITEM_EDIT(type，label，args...)

功能:添加可编辑菜单栏,用于参数调整。例如:MENU_ITEM_EDIT(int3, MSG_FAN_SPEED，&plaPreheatFanSpeed，0，255);添加可编辑菜单栏 Fan speed,可实现对风扇速度的调整,调速等级 0~255。

参数:Type,参数类型,例如:int3、bool、float3 等;Label,标签信息,例如:Nozzle、Speed、Bed 等;Args…,参数(可多个),参数调整规则。

⑤ ♯define END_MENU()

功能:构建菜单结束项。

**(2) 关键函数**

同类型函数不全部介绍,仅介绍其中典型的几种。

① lcd_init()

功能:初始化 LCD。通过函数 lcd_implementation_init()显示自定义字符;置高旋钮开关的三个引脚,通过 lcd_buttons_update()刷新旋钮状态,初始编码器位置置零;检测 SD 卡状态。

② lcd_update()

功能:刷新 LCD。当屏幕处于初始界面时,实时检测 SD 卡状态、打印进度、打印时间与温度等,反馈至初始界面;当屏幕不处于初始界面时,实时检测旋钮状态,若对旋钮有操作,则刷新菜单显示;若超过 15 s 未对旋钮进行操作,则屏幕会由当前界面返回至初始界面。

③ lcd_status_screen()

功能:构建初始界面。调用 lcd_implementation_status_screen()以实现对可变信息(温度、打印时间等)的获取与显示。

④ lcd_main_menu()

功能:构建主菜单项。利用已定义的宏 MENU_ITEM(),实现返回初始界面或进入下级子菜单或直接实现菜单栏功能,并且将定义好的信息 Info screen、Tune、Prepare、Control、Print from SD、Pause Print、Resume Print、Stop Print、No card 选择性地置于主菜单项中。

⑤ lcd_prepare_menu()

功能:构建 Prepare 菜单项。利用已定义的宏 MENU_ITEM(),实现返回主菜单或进入下级子菜单或直接实现菜单栏功能,并且将定义好的信息 Main、Disable Steppers、Auto Home、Preheat PLA、Preheat ABS、Cooldown、Switch Power On、Switch Power Off、Move Axis 选择性地置于 Prepare 菜单项中。

⑥ lcd_sdcard_menu()

功能:构建 SD 卡菜单项。获取 SD 卡中的文件夹名,并显示于菜单中。

⑦ lcd_quick_feedback()

功能:刷新 LCD,并给予用户视觉与听觉反馈。3D 打印机表现为 LCD 界面菜单的改变以及蜂鸣器的响起。

⑧ lcd_move_x()

功能:控制喷头在 $X$ 轴的移动。使用 current_position[X_AXIS]记录 $X$ 轴位置,调节编码器以控制移动距离,可选用移动距离等级为 10 mm、1 mm 和 0.1 mm, $X$ 轴最大运动范围为 200 mm。

⑨ lcd_buttons_update()

功能:刷新旋钮位置,并判断旋钮旋转方向。

⑩ ( * currentMenu)()

功能:函数指针,指向当前应显示的菜单界面。

⑪ menu_action_back(menuFunc_t data)

功能:菜单操作函数,返回上级菜单,置零编码器位置。

## 5. 程序执行分析

显示模块在 setup()函数中初始化,在 loop()函数中实时刷新。屏幕的刷新可分为两条逻辑线,其一是菜单的切换刷新显示,其二是状态界面对可变信息的刷新显示。流程图如图 12-41、图 12-42 所示。

控制面板旋钮、SD 卡状态的改变会触发 lcd_update()函数。在按压旋钮切换各级菜单时,菜单的刷新显示依赖于 lcd_update()中的指针函数( * currentMenu)(),该指针函数指向目标菜单栏所对应的上、下级菜单,单击旋钮,触发( * currentMenu)(),从而实现对菜单显示。

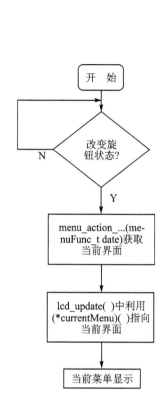

图 12 – 41　菜单切换显示流程图

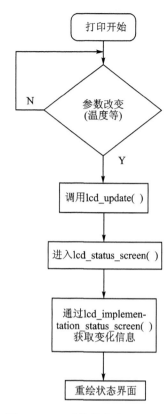

图 12 – 42　重绘状态界面流程图

初始化显示模块程序代码如下：

```
1    void lcd_init()                              //LCD 的初始化
2    {
3        lcd_implementation_init();                //显示自定义字符
4    # ifdef NEWPANEL
5        pinMode(BTN_EN1,INPUT);
6        pinMode(BTN_EN2,INPUT);
7        WRITE(BTN_EN1,HIGH);
8        WRITE(BTN_EN2,HIGH);                      //置高旋钮 BTN_EN1、BTN_EN2 引脚,对应转动操作
9    # if BTN_ENC > 0
10       pinMode(BTN_ENC,INPUT);
11       WRITE(BTN_ENC,HIGH);                      //置高旋钮 BTN_ENC 引脚,对应旋钮按压操作
12       ……
13       # if defined (SDSUPPORT) && defined(SDCARDDETECT) && (SDCARDDETECT > 0)
14                                                 //检测打印机是否支持 SD 卡,SD 卡插入状态
15       ……
16       lcd_buttons_update();                     //刷新旋钮状态,判断旋转方向
```

```
17        encoderDiff = 0;              //置零编码器位置
18    }
```

刷新显示模块的程序代码如下：

```
1    void lcd_update()                         //刷新 LCD
2    {
3        static unsigned long timeoutToStatus = 0;   //初始时间置零
4        lcd_buttons_update();
5        #if (SDCARDDETECT > 0)                //检测是否插入 SD 卡
6        if((IS_SD_INSERTED != lcd_oldcardstatus))
7        {
8            ……
9        }
10        #endif//CARDINSERTED
11          ……
12        if (LCD_CLICKED)                      //若有单击旋钮操作,则重新计时
13          ……
14        ( * currentMenu)();                   //指针函数,指向当前界面
15          ……
16        if(timeoutToStatus < millis() && currentMenu != lcd_status_screen)
17                                              //若超时(15 s)则跳转至初始界面
18        {
19            ……
20        }
21          ……
22    }
```

打印过程中,温度、打印时间、打印进度等参数的改变将实时反馈于显示模块状态界面。参数的改变会调用 lcd_update(),从而进入 lcd_status_screen,在 lcd_implementation_status_screen()中实现对信息的获取以及界面的重绘。

状态界面的程序代码如下：

```
1    static void lcd_status_screen()           //显示模块状态界面
2    {
3        if (lcd_status_update_delay)          //定时刷新状态界面
4          ……
5        if (LCD_CLICKED)                       //按压旋钮,进入主菜单,蜂鸣器响起
6        {
7            ……
8        }
9          ……
10    }
```

绘制状态界面的程序代码如下：

```
1    static void lcd_implementation_status_screen()
2    {
3        int tHotend = int(degHotend(0) + 0.5); //获取喷头温度
4        int tTarget = int(degTargetHotend(0) + 0.5);
5
6    # if LCD_WIDTH < 20
7        ……
8    #else//LCD_WIDTH > 19                    //判断 LCD 规格,绘制状态界面
9        ……
10       tHotend = int(degHotend(1) + 0.5);   //获取热床温度
11       tTarget = int(degTargetHotend(1) + 0.5);
12       ……
13   # if LCD_HEIGHT > 2                      //2~4 行 LCD
14   # if LCD_WIDTH < 20
15       ……
16   # if LCD_HEIGHT > 3                      //判断 LCD 行数,绘制状态界面
17       ……
18   # if LCD_WIDTH > 19
19       ……
20       if(starttime != 0)                  //打印时间
21       ……
22       lcd.setCursor(0, LCD_HEIGHT - 1);   //获取模型/状态显示信息
23       lcd.print(lcd_status_message);
24   }
```

## 12.4.5　运动控制模块

### 1. 运动模块机械结构

桌面式 3D 打印机大多是笛卡儿式 3D 打印机。顾名思义,笛卡儿式 3D 打印机就是将机械运动方向像空间笛卡儿坐标一样分为 3 条相互垂直的直线,分别记为 $X$ 轴、$Y$ 轴和 $Z$ 轴,通过 $X$、$Y$、$Z$ 坐标可以表达实体任何一点的空间位置。要做到 3D 打印机打印头能在 3 个轴独立运动就需要至少 3 个独立电机,每个电机的运动步伐需要得到精准控制,且每次转动带动传动机构运动的度数要足够小,才能提高 3D 打印精度。笛卡儿式结构的优点在于计算简单,3 个方向的电机分别带动打印头向 3 个方向运动,在打印的过程中,$Z$ 轴运动与水平面(桌面)垂直,控制打印头随着打印层次的需要上下运动,$X$ 轴和 $Y$ 轴电机则联动控制打印头前后、左右运动。四个方向的电机均为 42 步进电机,并且均由一个电机来控制;采用的步进电机驱动芯片为 DRV8825 驱动芯片(关于该芯片的介绍详见 7.3.3 小节)。

　　该 3D 打印机机身采用框架式结构,其基本特点是电源、驱动板等硬件电路结构均放置在打印机底部,LCD 显示屏及控制按钮放置在框架外部,打印平台以及 $X$、$Y$、$Z$ 轴传动组件在框架内,$X$、$Y$ 轴导轨均放置在框架顶部,电机的放置及传动机构位置如图 12 - 43 所示。

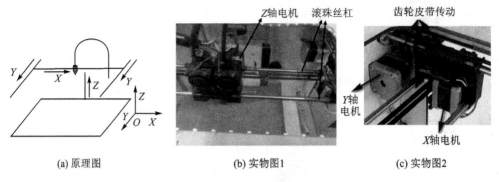

(a) 原理图　　　　　　　　(b) 实物图1　　　　　　　　(c) 实物图2

**图 12 - 43　3D 打印机传动机构**

　　对于 $X$、$Y$ 轴运动,步进电机输出轴通过带动齿轮和同步带来驱动打印头 $X$、$Y$ 轴运动,步进电机转一圈带动同步带轮转一圈,驱动打印头走相当于同步带轮周长的距离。

　　$X$、$Y$ 轴采用同步带传动能够保证工作时无滑动,有准确的传动比;传动效率高,节能效果好;维护保养方便,运转费用低;恶劣环境条件下仍能正常工作。

　　由于 3D 打印机是按一层一层的顺序熔融堆积打印的,每打印完一层,$Z$ 轴即向下移动一层的距离,故对于精度要求较高的打印,$Z$ 轴的稳定性显得非常重要。基于此,$Z$ 轴机械结构不同于 $X$、$Y$ 轴,打印头上下运动为 $Z$ 轴方向,远离原点为 $Z$ 轴正方向,3D 打印机 $Z$ 轴需带动 $X$ 轴导轨及打印头一起运动。

　　3D 打印机 $Z$ 轴采用滚珠丝杠传动,可满足 3D 打印机高精度要求,相比于同步带传动,滚珠丝杠运动副无侧隙,刚性高,不会出现同步带滑动现象,能保证实现精确微进给,传动效率高,精度高,噪声低,可实现高速进给。

　　打印头即 $E$ 方向的电机控制丝的流动,在电机输出轴上装有一个直径为 38 mm 的齿轮。该齿轮带动另外一个带有凹槽的轮控制丝的运动,具体结构见图 12 - 44。

　　该 3D 打印机的控制系统是由 Arduino Mega 2560 单片机 RAMPS 1.4 扩展板组成的,四个方向的电机驱动芯片分别插在扩展板上各轴对应的 DRV8825 驱动芯片接口,各个电机的四根线分别接在扩展板上的 $X$、$Y$、$Z$、$E$ 轴方向电机(挤出电机)接口处。电机接线口处有 1A、1B、2A、2B 四个接口,其中 1A、1B 接电机的同一相的两根线,2A、2B 接电机的另外一相的两根线。具体的接线图见图 12 - 23 所示 RAMPS 1.4 扩展板接线图。另外 $X$、$Y$、$Z$、$E$ 轴方向电机的脉冲控制引脚号和方向控制引脚号参见表 12 - 4 中硬件引脚在软件程序中定义。

　　3D 打印机打印时,喷头沿零件截面轮廓和填充轨迹在二维平面 $OXY$ 平面运动,需要同时控制 $X$、$Y$ 轴电机联动,即两电机同时转动,比如喷头沿直线从 $A$ 点运动到 $B$ 点(见图 12 - 45),需要 $X$、$Y$ 轴电机同时运动 4 步(如图中粗实线所示),而不是 $X$ 轴电机运动 4 步,$Y$ 轴电机再运动 4 步(如图中细实线所示)。

图 12 - 44 挤出电机机构

### 2. 脉冲数相关计算

DRV8825 驱动芯片的细分数是可以进行控制的,这是将 3D 打印机的细分数设置成了 16 细分,实现的方法是将引脚 1 和 3 短接,相当于将 M0 和 M1 设置为低电平,引脚 5 和 6 短接,相当于将 M2 设置为高电平,如图 12 - 46 所示。

桌面式 3D 打印机 XY 轴 42 步进电机步距角(电机每接收一个脉冲信号所转过的角度)是 1.8°,步进电机驱动器默认 16 细分(即将步距角 1.8°再 16 等分),则

$$步进电机转动一圈所需脉冲数=\frac{360°\times16}{1.8°}=3\ 200$$

采用常用的 GT2 20 齿齿轮(GT 代表齿型,2 代表齿距,单位为 mm),则

$$同步带轮转一圈走过的距离=同步带轮齿数\times齿距=20\times2\ mm=40\ mm$$

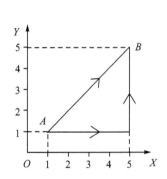

图 12 - 45 $X$、$Y$ 轴电机联动

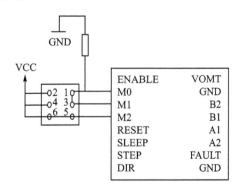

图 12 - 46 DRV8825 驱动芯片细分数设置

即打印头 $X$、$Y$ 轴运动 1 mm 所需脉冲数为 3 200/40=80 脉冲/mm。

$Z$ 轴采用常用的 T802 梯形丝杠(T 代表梯形丝杆,8 代表丝杆直径,02 代表丝杆导程),则

$$滚珠丝杠转一圈走过的距离=导程=2\ mm$$

即打印头 $Z$ 轴运动 1 mm 所需脉冲数为 3 200/2=1 600 脉冲/mm。

打印头挤出电机挤出量的计算如下:

$$每毫米需要的脉冲数=\frac{360°/步进电机步距角\times细分数}{挤出轮周长}$$

    步进电机步距角为 1.8°,细分数为 16,挤出轮周长为 38 mm,故计算出的每毫米需要的脉冲数为 85 个脉冲。

### 3. 关键类

    在整个控制程序中,有关电机控制的基础类有 planner 类、stepper 类、motion_control 类和 speed_lookuptable 类。其中 planner 是路径规划器,它在程序执行步进电机的动作之前,就已经计算好了整个过程的速度曲线,包括 $X$、$Y$、$Z$、$E$ 轴方向的梯形加减速段及匀速运动段的初速度、末速度、加速度以及各段需要走的步数的计算、各轴位置的计算、所有 block 的连接速度的计算以及路径规划。stepper 是 planner 规划路径的执行者,stepper 严格按照规划器规划好的移动速度进行移动,并通过设置每次中断的周期寄存器 ISR 来实现规划结果。speed_lookuptable 里面定义了速度的查阅数据表,用于计算降低或者增大步进速度的定时器时钟。

### 4. 关键变量

> int buflen,功能:当前的打印队列长度。
> float destination[i],功能:目标坐标的数值,是从 process_command()函数中 G 指令读取 $X$、$Y$、$Z$、$E$ 轴参数获取的。
> float current_position[i],功能:当前坐标的数值,是从 G 指令 get_coordinates()中传递过来的。如果 3 个轴都归零,那么 current_position 就储存三个坐标原点,如果开始运动了,那么这里的值就是上一个 prepare_move()循环执行后上一次的 destination[i] 的值。
> block_t * block,功能:设定的新的加工块。
> extern block_t * current_block,功能:当前正在加工的块。
> static long counter_x, counter_y,counter_z,counter_e,功能:计算各轴运动脉冲时要用到的变量。
> block_t block_buffer[BLOCK_BUFFER_SIZE],功能:路径规划的缓存结构,BLOCK_BUFFER_SIZE=16。
> volatile unsigned char block_buffer_head;volatile unsigned char block_buffer_tail,功能:记录队列中的头和尾。
> int32_t accelerate_steps,功能:关于加速步数的变量。
> int32_t decelerate_steps,功能:关于减速步数的变量。
> int32_t plateau_steps,功能:关于匀速步数的变量。
> unsigned long initial_rate,功能:梯形曲线的初始速度/进入速度,即每秒的步距数。
> unsigned long final_rate,功能:梯形曲线的退出速度,即每秒的步距数。
> unsigned long step_events_completed,功能:当前 block 的完成度。
> unsigned long step_event_count,功能:存放当前 block 中各轴需要走的步数

中的最大步数。

## 5. 关键函数

➢ st_init()，功能：步进电机初始化。

➢ get_coordinates()，功能：获取目标位置。

➢ prepare_move()，功能：电机的移动准备，通过调用 plan_buffer_line()函数对电机的运动轨迹进行规划。

➢ plan_buffer_line()，功能：进行运动轨迹的规划，包括各轴要走的步数，各轴的移动方向，各轴加减速的计算以及初始速度、匀速运动时的速度、末速度和进给速度的计算。通过调用 calculate_trapezoid_for_block()和 planner_recalculate_trapezoids()函数，对梯形的关键速度节点及其对应的 step 数目进行计算，并且更新了所有 block 的连接速度。

➢ calculate_trapezoid_for_block()，功能：对梯形的关键速度节点及其对应的 step 数目进行计算，包括加速、减速、匀速分别对应的 step 数以及初速度和末速度等。

➢ planner_recalculate_trapezoids()，功能：对 block 做正反向检查，更新所有 block 的连接速度。

➢ st_wake_up()，功能：打开步进电机中断。

➢ plan_get_current_block()，功能：获取当前 block。如果缓冲区为空，则返回 NULL；如果不为空，则返回当前的 block。

➢ trapezoid_generator_reset()，功能：梯形生成重置。

➢ ISR(TIMER1_COMPA_vect)，功能：负责在主循环 loop 之外，执行队列里可能存在的所有 block。

➢ checkHitEndstops()，功能：限位开关的检测。

## 6. 程序分析

Arduino 主函数 void setup()和 void loop()程序如下：

```
1    /* Marlin_main.cpp */
2    void setup ()
3    {
4        ...
5    st_init();                          //步进电机的初始化
6        ...
7    }
8    void loop (){
9    /* 读取 G 代码的 buffer 为 cmdbuffer[BUFSIZE][MAX_CMD_SIZE]，BUFSIZE 为 4，最多存
10   4 条指令，MAX_CMD_SIZE 为 96，一条指令最多存 96 个字节 */
11       if(buflen < (BUFSIZE-1))         //如果 cmdbuffer 有空间，则读取 G 代码指令
```

```
12            get_command();
                        //读取 SD 卡的 G 代码,存进 cmdbuffer,buflen 存储 G 代码指令数
13        card.checkautostart(false);     //检测 SD 卡是否初始化,否则初始化
14    if(buflen)                          //如果 G 代码指令数不为 0,则解析 G 代码
15      {
16        process_commands();             //解析 G 代码
17        buflen = (buflen-1);            //本条指令读取完毕,代码长度减 1
18        bufindr = (bufindr + 1)% BUFSIZE;   //载入 cmdbuffer 下一条指令
19      }
20    …
21    }
```

其中和电机控制有关的有函数 st_init()和 process_commands()。函数 st_init()为电机初始化,电机的控制主要通过 loop 中的 process_commands()开始为电机的运动做准备工作。在进入 process_commands()函数后,从 cmdbuffer 中读取到 G 代码,然后进入到 get_coordinates()函数,获取目标位置的 destination[i],即 G 指令每次将新读到的 G 代码参数传递到 destination[i]数组;之后进入到 prepare_move()函数,prepare_move()就会将 destination[i]传递到 plan_buffer_line()中,plan_buffer_line()函数就被调用,新的 block_t 首先被创建,并且排入打印队列的队尾;然后执行 calculate_trapezoid_for_block(),计算新的 block_t 的关键速度节点及其对应的 step 数目;接下来,执行 planner_recalculate_trapezoids()更新队列里面所有 block_t 的连接速度;之前队尾的 block_t 的收尾速度和相关速度节点会被更新;最后调用 st_wake_up()保证 stepper 执行的中断打开。流程图见图 12 - 47(a)。

主要程序代码如下。

加工指令处理主函数:

```
1    void process_commands()             //代码解析
2    {
3      unsigned long codenum;            //扔掉变量
4      char * starpos = NULL;
5      if(code_seen('G'))                //从 cmdbuffer 读到 G 代码
6      {
7        switch((int)code_value())
8        {
9        case 0:                         //G0,G1 指令,为读取目标位置,准备做路径规划
10        case 1:
11          if(Stopped == false) {
12            get_coordinates();         //获取目标位置的 destination[i]
13            prepare_move();            //移动准备
14            return;
15          ……
16          }
```

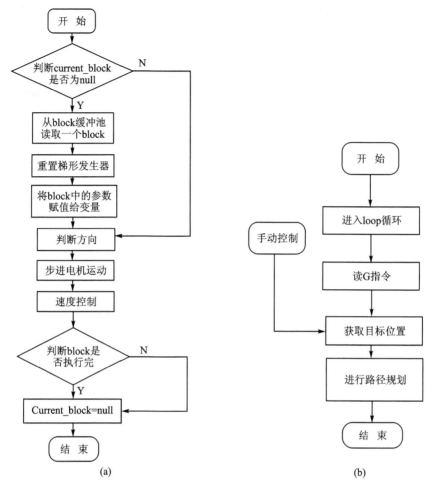

图 12-47　程序流程图

获取打印头加工坐标函数：

```
1     void get_coordinates()                              //获取目标位置的 destination[i]
2     {
3       bool seen[4] = {false,false,false,false};
4       for(int8_t i = 0; i < NUM_AXIS; i++) {
5         if(code_seen(axis_codes[i]))                    //解析到轴代码
6         {
7           destination[i] = (float)code_value() + (axis_relative_modes[i] ||
8           relative_mode) * current_position[i];         //根据各轴的位置模式状态,或确定
9                                                          //坐标状态,获取目标位置
10          seen[i] = true;
11        }
```

```
12      else destination[i] = current_position[i];  //将当前位置赋给目标位置
13    }
14    if(code_seen('F')) {
15      next_feedrate = code_value();                //取得下一个进给速度
16      if(next_feedrate > 0.0) feedrate = next_feedrate;
17                              //如果下一个进给速度大于零,则将该速度赋给进给速度
18    }
19  }
```

打印头加工前数据处理函数:

```
1   void prepare_move()                          //移动准备
2   {
3     clamp_to_software_endstops(destination);//目标位置最大行程检测(超打印范围检测)
4     previous_millis_cmd = millis();            //读取当前系统时间
5     if( (current_position[X_AXIS] == destination [X_AXIS]) && (current_position
6   [Y_AXIS] == destination [Y_AXIS]))
7     {
8         plan_buffer_line(destination[X_AXIS], destination[Y_AXIS], destination[Z_AXIS],
9          destination[E_AXIS], feedrate/60, active_extruder);
10    }                                    //进行路径规划
11    else {
12        plan_buffer_line(destination[X_AXIS], destination[Y_AXIS], destination[Z_AXIS],
13         destination[E_AXIS], feedrate * feedmultiply/60/100.0, active_extruder);
14                                         //进行路径规划
15    }
16    for(int8_t i = 0; i < NUM_AXIS; i++) {
17      current_position[i] = destination[i];  //将目标位置变为当前位置
18    }
19  }
```

进入到 ISR 后,如果当前的 block 为空,则由 plan_get_current_block()读取队列首的 block,然后调用 trapezoid_generator_reset()函数进行梯形生成重置,再将 block 中的参数赋值给变量,并设定各轴的 step 的计数;进行各个轴的方向判断,同时也要检查 endstop 限位开关;接下来就是控制步进电机运动,该部分是通过一个循环 step_loop 来进行的,根据判断条件分别对每个轴进行步进,通过直线步进方式进行运动,并通过相关数学计算,进行电机的加减速控制、中断时间更新以及速度限制控制;最后判定 block 是否执行完毕,如果执行完则令当前的 block 为零,然后结束,如果没有执行完则直接结束。如果当前的 block 不为空,则直接进行各个轴的方向判定,然后进行后面的步骤,流程图见图 12 - 47(b)。

通过给电机方向引脚设置高、低电平来控制电机的正、反转,当电机方向引脚 X_DIR_PIN 设置为高时,电机正转;当 X_DIR_PIN 设置为低时,电机反转。如果在调

试 3D 打印机时发现电机方向与预想的方向相反,则只需要改变程序中对 X_DIR_PIN 高、低电平的设置。

以 X 轴为例,说明脉冲数的分配以及何时发送脉冲。在 step_loop 的循环中,首先计算 X 轴计数器 counter_x 的值(见下述程序中 74 行),当 counter_x 的值大于零时,将 X 轴步进电机的 X_STEP_PIN 置高,再置低,完成一个脉冲的发送,并且重新计算 counter_x 的值(参见下述程序中第 77 行),请注意这两种 counter_x 的计算方法是不同的。随着 i 的不断加 1,X 轴循环进行是否发送脉冲的判断,从而完成 X 轴方向的步进。另外,Y、Z 轴方向对脉冲的控制和 X 轴方向相同。

下面以 X 轴为例进行中断程序的具体说明,具体程序如下:

```
1    ISR(TIMER1_COMPA_vect)                              //中断服务程序
2    {
3      if (current_block == NULL) {                      //当前 block 为空的
4        current_block = plan_get_current_block();       //载入新的 block
5        if (current_block != NULL) {                    //当前 block 为非空
6          current_block→busy = true;                    //设定 block 状态为 true
7          trapezoid_generator_reset();                  //梯形生成重置
8          counter_x = -(current_block->step_event_count >> 1);
9    //设定 X、Y、Z、E 轴 step 的计数
10            counter_y = counter_x;
11            counter_z = counter_x;                      //首先将 X、Y、Z、E 轴的计数器设置为同一个数
12            counter_e = counter_x;
13            step_events_completed = 0;                  //该 block 的完成度在刚开始时先设为 0
14          }
15        else {                                          //如果 block 为空,设定下次中断的时间
16            OCR1A = 2000;                               //设置中断时间为 1 ms
17          }
18        }
19      if (current_block != NULL) {                      //如果当前 block 为非空
20        if (current_block->steps_x == 0 && current_block->steps_y == 0 && current_block
21          ->steps_z > 0 && current_block->active_extruder == 1 && move_z_sign == 0)
22          {
23              move_z_sign = 1;
24          }
25    //在 trapezoid 的初始化过程中,应该进行以下设置
26          out_bits = current_block→direction_bits;      //读取当前 block 各轴步进方向参数
27          if((out_bits & (1<<X_AXIS))!=0){              //设定 X 轴方向工作
28            WRITE(X_DIR_PIN, INVERT_X_DIR);             //将 X 轴方向引脚设为低电平
29            count_direction[X_AXIS] = -1;               //反向运动
30          }
31          else{
32              WRITE(X_DIR_PIN, ! INVERT_X_DIR);         //将 X 轴方向引脚设为高电平
33      count_direction[X_AXIS] = 1;                      //正向运动
```

```
34          }
35      ......
36          //检查限位开关的设置方向
37          if ((out_bits & (1<<X_AXIS)) != 0) {            //步进电机往 X 小的方向移动
38            CHECK_ENDSTOPS                                 //限位开关检测
39            {
40              {
41                # if defined(X_MIN_PIN) && X_MIN_PIN > -1
42                  bool x_min_endstop = (READ(X_MIN_PIN) != X_MIN_ENDSTOP_INVERTING);
43                                              //设定 X 轴限位开关最小值的状态
44                  if(x_min_endstop && old_x_min_endstop && (current_block->steps_x > 0)){
45                                              //当 X 轴 endstop 被触动时
46                    endstops_trigsteps[X_AXIS] = count_position[X_AXIS];
47                                              //记录当时 X 轴的位置
48                    endstop_x_hit = true;          //设定 X 轴 endstop 的状态
49                    step_events_completed = current_block->step_event_count;
50                                              //设定该 block 已完成
51                  }
52                  old_x_min_endstop = x_min_endstop; //更新 X 轴限位开关最小值的状态
53                # endif
54              }
55            }
56          }
57          else {                                           //步进电机往 X 轴最大方向移动
58            CHECK_ENDSTOPS                                 
59            {
60              {
61                # if defined(X_MAX_PIN) && X_MAX_PIN > -1
62                  bool x_max_endstop = (READ(X_MAX_PIN) != X_MAX_ENDSTOP_INVERTING);
63                                              //设定 X 轴限位开关最小值的状态
64                  if(x_max_endstop && old_x_max_endstop && (current_block->steps_x > 0)){
65                                              //当 X 轴 endstop 被触动时
66                    endstops_trigsteps[X_AXIS] = count_position[X_AXIS];
67                                              //记录当时 X 轴的位置
68                    endstop_x_hit = true;          //设定 X 轴 endstop 的状态
69                    step_events_completed = current_block->step_event_count;
70                                              //设定该 block 已完成
71                  }
72                  old_x_max_endstop = x_max_endstop; //更新 X 轴限位开关最小值的状态
73                # endif
74              }
75            }
76          }
77      ......
78          for(int8_t i = 0; i < step_loops; i++) {
```

```
79              counter_x + = current_block->steps_x;     //X轴生成需要运动的脉冲数
80              if (counter_x > 0) {
81                  WRITE(X_STEP_PIN, ! INVERT_X_STEP_PIN);   //X轴步进电机 X_STEP_PIN 置高
82                  counter_x - = current_block->step_event_count;
83                                              //所需完成的脉冲数减一
84                  count_position[X_AXIS] + = count_direction[X_AXIS];
85                                              //X轴当前位置加一
86                  WRITE(X_STEP_PIN, INVERT_X_STEP_PIN);
87                  //X轴步进电机 X_STEP_PIN 置低,完成步进电机转一个步距角(一个脉冲)
88              }
89      ......
90          step_events_completed + = 1;                //更新 block 进度
91          if(step_events_completed > = current_block->step_event_count) break;
92      }
93      //计算新的定时器数值
94      unsigned short timer;                          //定时器
95      unsigned short step_rate;
96      if (step_events_completed < = (unsigned long int)current_block->accelerate_until) {
97                  //梯形加速段,如果当前 block 中完成的步数所完成的距离不大于加速距离
98          MultiU24X24toH16(acc_step_rate, acceleration_time, current_block->acceleration_rate);
99          acc_step_rate + = current_block->initial_rate;
100                             //更新加速段速度,加速段速度赋为梯形的初始速度
101         if(acc_step_rate > current_block->nominal_rate)
102             acc_step_rate = current_block->nominal_rate;
103         //如果当前 block 的加速段速度大于匀速段速度,则加速段速度赋为匀速段速度
104         timer = calc_timer(acc_step_rate);         //根据加速段速度计算定时器
105         OCR1A = timer;                             //更新下次中断时间
106         acceleration_time + = timer;               //更新加速时间
107     }
108     else if (step_events_completed > (unsigned long int)current_block->decelerate_after) {
109                 //梯形减速段,如果当前 block 中完成的步数大于加速和匀速距离
110         MultiU24X24toH16(step_rate, deceleration_time, current_block->acceleration_rate);
111         if(step_rate > acc_step_rate) {          //如果步进速度大于减速段起点速度
112             step_rate = current_block->final_rate;
113                     //更新减速段速度,将当前块中梯形的退出速度赋给减速段速度
114         }
115         else {
116             step_rate = acc_step_rate - step_rate;     //更新减速段速度
117         }
118         if(step_rate < current_block->final_rate)
119                         //如果步进速率小于当前块中的减速度退出速度
120             step_rate = current_block->final_rate;   //更新目前速度
121         timer = calc_timer(step_rate);
122         OCR1A = timer;                             //更新下次中断时间
123         deceleration_time + = timer;
```

```
124              }
125          else {                                      //梯形匀速段
126              OCR1A = OCR1A_nominal;                   //更新下次中断时间
127              step_loops = step_loops_nominal;
128          }
129          if (step_events_completed >= current_block->step_event_count) {
130                      //如果当前 block 的完成度不小于当各轴需要走的步数中的最大步数
131              current_block = NULL;                    //将该 block 设置为空
132           plan_discard_current_block();              //该 block 已完成被清除
133          }
134      }
135  }
```

## 12.4.6　加热与温度测量模块

加热及温度测量模块负责加热喷头和热床并检测它们的温度,主要由打印头和热床两部分组成,打印头由一个 42 步进电机、一个加热铝块(负责加热熔化塑料丝)和一个直径 0.4 mm 的喷嘴及其他零件组成。

### 1. 原　理

在打印过程开始时,打印模块开始加热打印头和热床到达打印温度,当打印头运动到指定打印位置且打印头和热床已加热到打印温度时,打印头开始挤出塑料丝,打印实体模型。

传感器模块负责采集温度等数据信息,在打印过程中,传感器模块采集打印头和热床的温度信息,返回给单片机进行数据处理并显示在 LCD 屏上,如果打印头或热床温度未达到指定温度,则单片机控制打印模块加热打印头和热床;如果打印头温度过高,则单片机控制打印模块开启散热风扇,降低打印头温度。

### 2. 组成及连线

#### (1) 3D 打印机的加热模块及连线

打印头的加热器是利用单头电热棒来加热,加热棒及热敏电阻如图 12 - 48 所示;热床是靠电阻热效应来加热的,热床处的热敏电阻如图 12 - 49 所示。

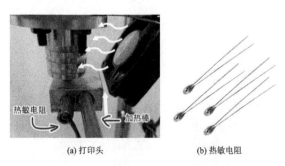

(a) 打印头　　　　　　(b) 热敏电阻

图 12 - 48　打印头的加热棒和热敏电阻

热敏电阻

图 12 - 49　热床处的热敏电阻

　　打印头和热床的加热器连接线一端连接两个部分的加热器,另一端分别连接驱动板的 D8、D10 引脚(见图 12-50),打印头处的散热风扇连接在 D9 引脚上。

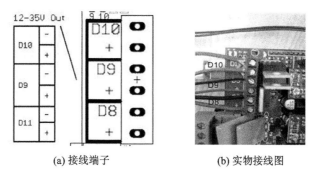

(a) 接线端子　　　　　　　　　(b) 实物接线图

**图 12-50　驱动板的 D8、D9、D10 输出端口及接线图**

### (2) 3D 打印机的传感器模块组成

　　传感器模块由两个热敏电阻组成,分别采集打印头和热床的温度信息,如图 12-48 所示。

　　用于测量热床温度的热敏电阻见图 12-49,热敏电阻使用玻封形式,用耐热胶带粘贴在热床的底部。

### (3) 热敏电阻在电路板上的连接

　　如图 12-51 所示,在电路板中的 T0、T1 接口是为热敏电阻专门准备的,T0 连接的是喷头的温度传感器,T1 连接的是热床的温度传感器。

　　热敏电阻部分的电路图如图 12-52 所示:其中 $R$ 为热敏电阻,$R_1$ 一般不连接,$V_2$ 为 +12 V 电压,在本电路中 $R_2$ 的值为 4.7 k$\Omega$,被 $R_2$ 和 $R$ 分压得到的 $V_1$ 的值经过 ADC 转换可以被单片机读取。计算出热敏电阻的电阻值,根据温度-阻值对应表得到所处的环境的温度值。

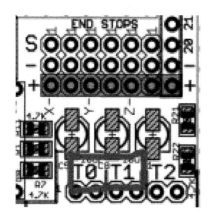

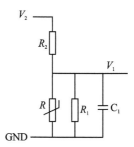

**图 12-51　电路板中热敏电阻的接口**　　**图 12-52　热敏电阻部分电路图**

3D 打印机的加热、风扇散热和温度传感器的程序引脚定义和实际硬件引脚参见表 12-3 和表 12-4。

## 3. 程　序

### (1) 关键变量

- int target_temperature、int target_temperature_bed，类型为整型，功能：打印头和热床的目标温度。
- int current_temperature_raw、int current_temperature_bed_raw，类型为整型，功能：打印头和热床的目前温度模拟值。
- float current_temperature、float current_temperature_be，类型为浮点型，功能：打印头和热床的目前温度。
- bool temp_meas_ready，类型为布尔型，功能：检测是否更新当前温度，当 true 时更新温度，false 时不更新。
- char soft_pwm、char soft_pwm_bed，类型为字符型，功能：打印头和打印床的温度控制输出值。
- int minttemp_raw、int maxttemp_raw、int bed_maxttemp_raw，类型为整型，功能：打印头和热床的最小及最大温度的模拟量。
- floatpid_error，类型为浮点型，功能：目标温度与目前温度的差值。

### (2) 关键函数

- analog2temp()，功能：将打印头的热敏电阻获得温度的模拟量转换成显示屏 LCD 上的温度的数字量。根据打印头的 ADC 值与温度的对照表可以得到温度的数字量，如果对照表上没有对应的温度则根据 A/D 转换公式来计算。
- analog2tempBed()，功能：将加热床的热敏电阻获得温度的模拟值转换成显示屏 LCD 上温度值。根据加热床的 ADC 值与温度的对照表设定可以得到温度的数字量，如果对照表上没有对应的温度则根据 A/D 转换公式来计算。
- updateTemperaturesFromRawValues()，功能：更新当前喷头和热床的温度，将所获得的模拟量转化成数字量。
- disable_heater()，功能：关闭所有的加热器，停止加热。
- PID_autotune()，功能：温度控制部分的一个功能函数，用来自动调整 P、I、D 三个参数。
- manage_heater()，功能：温度控制部分，控制喷头和热床的温度，根据 PID 算法计算出输出值。
- tp_init()，功能：温度设置初始化。
- max_temp_error()，功能：当喷头温度高于目标温度一定值时，加热器停止加热，打印头停止工作。
- updatePID()，功能：更新 P、I、D 三个参数。
- ISR(TIMER0_COMPB_vect)，功能：由测温和加热控制组成，根据 PID 计算出的输出值来负责控制加热开关和维持系统温度。

**(3) 程序执行分析**

系统在进行温度初始化 tp_init()之后进入 loop()循环,PID 温度控制 G 代码有 M190(设置打印床温度并通过 while 循环等待打印床达到目标温度)、M104(设置打印头目标温度但不等待)和 M109(设置打印头温度并通过 while 循环等待打印头达到目标温度),loop()调用 process_commands()针对解析过来的 G 代码执行设置目标温度并且调用 manage_heater()计算出一个输出值。流程图如图 12 - 53 所示。

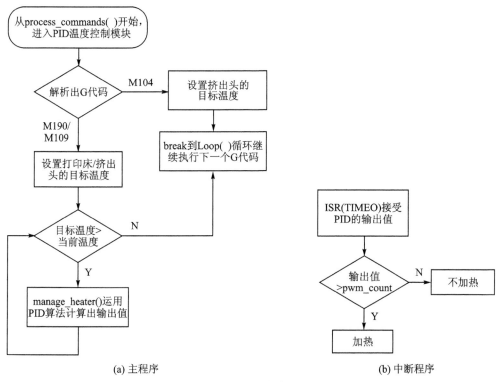

(a) 主程序　　　　　　　　　　　　　(b) 中断程序

**图 12 - 53　PID 温度控制流程图**

PID 温度控制部分主要可分为 manage_heater()和 ISR(TIME0)两部分,其中 manage_heater()根据 PID 算法,负责计算输出值,流程图如图 12 - 54 所示。manage_heater()函数流程:更新当前的打印头和热床的温度,计算出两部分的目标温度和当前温度的差值。根据差值对打印头及加热床进行 soft_pwm 的计算,计算打印头和热床需要加热的时间,检查温度是否在正确的范围内来决定是否进行加热和温度保持。

ISR(TIME0)根据输出值负责控制加热开关和维持系统温度。打印头和打印床的加热和温度保持恒定需要前台的 ISR(TIME0)中断程序根据 manage_heater()计算出的输出值来完成。PID 算法的采样周期 T=((16.0 * 8.0)/(F_CPU / 64.0 / 256.0)),而 TIME0 在比较定时中断模式下的中断时间 t=128Clocks/ F_CPU,可算

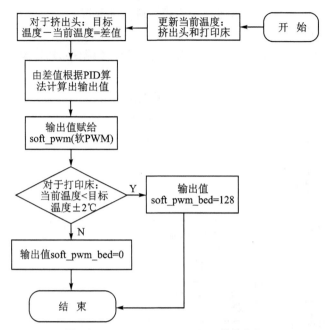

**图 12 - 54    manage_heater( )函数流程图**

出 T/t＝16 384。即在一个采样周期内,TIME0 共产生 16 384 次中断,ISR(TIME0)
通过连续不断地产生中断来控制加热开关并维持系统温度的稳定性和正确性。

只有打印头的加热采用了 PID 算法进行精确控制,而热床只是运用了继电器开
关来控制温度。

## 12.4.7    限位开关模块

限位开关又称行程开关,它是将机械的位移转变成电信号,限位开关是以限定机
械设备的运动极限位置的电气开关。在 3D 打印机中,3 个限位开关分别用于 $X$、$Y$、
$Z$ 轴最小位置限位,最大位置限位通过软件限位,规定各轴行程不得超过指定运动范
围。具体可参见第 5 章。

在 3D 打印中,3 个限位开关用于 $X$、$Y$、$Z$ 轴最小限位,最大限位通过软件限位,
规定各轴行程不得超过指定运动范围,限位开关引脚连接如表 12 - 12 所列。

**表 12 - 12    限位开关的引脚连接**

| 限位开关 | 实际硬件引脚连接 |
| --- | --- |
| $X$ 轴限位开关 | D2 |
| $Y$ 轴限位开关 | D14 |
| $Z$ 轴限位开关 | D18 |

### 1. 关键变量

① bool X_MIN_ENDSTOP_INVERTING,功能:默认设置 X 轴最小位置限位开关低电位,限位开关无效,限位开关高电平有效。

② bool Y_MIN_ENDSTOP_INVERTING,功能:默认设置 Y 轴最小位置限位开关低电位,限位开关无效,限位开关高电平有效。

③ bool Z_MIN_ENDSTOP_INVERTING,功能:默认设置 Z 轴最小位置限位开关低电位,限位开关无效,限位开关高电平有效。

④ bool endstop_x_hit,功能:X 轴 endstop 的状态,默认设置为 false 即限位开关无效,true 为有效。

⑤ bool endstop_y_hit,功能:Y 轴 endstop 的状态,默认设置为 false 即限位开关无效,true 为有效。

⑥ bool endstop_z_hit,功能:Z 轴 endstop 的状态,默认设置为 false 即限位开关无效,true 为有效。

### 2. 关键函数

void checkHitEndstops(),功能:检测限位开关状态。

3D 打印机控制系统对限位开关变量定义如下:

```
1    / * Configuration. h * /
2    const bool X_MIN_ENDSTOP_INVERTING = false; //默认设置 X 轴限位开关无效,高电平有效
3    const bool Y_MIN_ENDSTOP_INVERTING = false; //默认设置 Y 轴限位开关无效,高电平有效
4    const bool Z_MIN_ENDSTOP_INVERTING = false; //默认设置 Z 轴限位开关无效,高电平有效
5    static volatile bool endstop_x_hit = false;   //X 轴 endstop 的状态,true 为有效
6    static volatile bool endstop_y_hit = false;   //Y 轴 endstop 的状态,true 为有效
7    static volatile bool endstop_z_hit = false;   //Z 轴 endstop 的状态,true 为有效
```

3D 打印机控制系统对 checkHitEndstops()函数定义如下:

```
1    / * stepper.cpp * /
2    void checkHitEndstops()                    //限位的检测
3    {
4        //X 轴或 Y 轴或 Z 轴限位开关状态置为 true,限位开关有效
5      if( endstop_x_hit || endstop_y_hit || endstop_z_hit) {
6
7        if(endstop_x_hit) {                    //X 轴限位开关触发
8          LCD_MESSAGEPGM(MSG_ENDSTOPS_HIT "X"); //在 LCD 显示屏上发送 endstops hit:X
9        }
10       if(endstop_y_hit) {                    //Y 轴限位开关触发
11         LCD_MESSAGEPGM(MSG_ENDSTOPS_HIT "Y"); //在 LCD 显示屏上发送 endstops hit:X
12       }
13       if(endstop_z_hit) {                    //Z 轴限位开关触发
```

```
14          LCD_MESSAGEPGM(MSG_ENDSTOPS_HIT "Z");//在 LCD 显示屏上发送 endstops hit:X
15        }
16      //将 X、Y、Z 轴限位开关状态置为 false,限位开关无效
17      endstop_x_hit = false;
18      endstop_y_hit = false;
19      endstop_z_hit = false;
20    }
21   }
```

　　checkHitEndstops() 函数负责检查限位开关状态,并在限位开关触发时将触发的限位开关显示在 LCD 显示屏上,而限位开关对 X、Y、Z 轴电机运动的影响在运动控制模块的中断程序 ISR 中实现。具体实现程序如下:

```
1   /* stepper.cpp */
2   ISR(TIMER1_COMPA_vect)                        //步进电机中断服务程序
3   {
4       ……
5       //将 X 轴限位开关状态临时存储起来
6       bool x_min_endstop = (READ(X_MIN_PIN) != X_MIN_ENDSTOP_INVERTING);
7       //X 轴限位开关触发且上一个时钟周期的限位开关也触发,同时当前周期 X 轴需要运动
8       if(x_min_endstop && old_x_min_endstop && (current_block->steps_x > 0))
9       {
10          //当 X 轴 endstop 被触动时
11          endstops_trigsteps[X_AXIS] = count_position[X_AXIS];//记录当时 X 轴的位置
12          endstop_x_hit = true;                 //设定 X 轴 endstop 的状态,限位开关触发,有效
13                          //设定该 block 已完成,该 block 如果继续走,则将碰撞坏限位开关
14          step_events_completed = current_block->step_event_count;
15      }
16      //将当前时钟周期限位开关状态赋给上一个时钟周期的限位开关状态
17      old_x_min_endstop = x_min_endstop;
18      //Y、Z 轴步进电机限位开关工作原理同 X 轴步进电机限位开关工作原理
19      ……
20   }
```

## 12.4.8　3D 打印总流程分析

　　用户使用 3D 打印机打印 3D 模型之前,需要将 STL 格式的模型文件导入切片软件后,根据设置好的打印头和热床温度、打印速度、填充率等各项参数,切片软件会调用内嵌的切片算法,将模型信息转换成可以控制 3D 打印机运动的 G 代码。在 3D 打印过程中,G 代码告诉打印机的各个步进电机如何工作以及各个加热器件的温度等,打印机根据接收到的代码控制打印头按照预定的轨迹前进和出料,并完成复杂烦琐的打印过程。

　　在通过切片软件生成模型 G 代码文件后,3D 打印前的准备工作包括调平 3D 打印机打印平台、确保料丝满足打印需求等。

　　一切准备就绪,将储存有模型 G 代码文件的 SD 卡插入 3D 打印机卡槽,通过控制面板旋钮选中 G 代码文件并开始打印,用户只需等待打印完毕即可。

　　在 3D 打印机控制系统中,主程序 loop()函数一直在循环执行查询和更新功能,在选择好打印模型的 G 代码文件后,按压旋钮确认时,控制程序中 ultracld 类触发响应,将 M23 和 M24 指令压入 cmdbuffer 数组,控制程序如下:

```
1    /* ultracld.cpp */
2    static void menu_action_sdfile(const char * filename, char * longFilename)
3    {
4        char cmd[30];
5        char * c;
6        sprintf_P(cmd, PSTR("M23 %s"), filename);//把 M23 和 filename 连起来放到 cmd 中
7        for(c = &cmd[4]; * c; c++)        //直接对 cmd 的地址进行操作,从第 5 个字符开始
8                                          //即从 filename 开始,把字母转化成小写
9        *c = tolower(*c);
10       enquecommand(cmd);
11       enquecommand_P(PSTR("M24"));
12       lcd_return_to_status();
13   }
```

　　loop()函数将通过 get_command()和 process_commands()函数读取并解析 G 代码,控制程序如下:

```
1    /* Marlin_main.cpp */
2    void loop(){
3    /*读取 G 代码的 buffer 为 cmdbuffer[BUFSIZE][MAX_CMD_SIZE], BUFSIZE 为 4,最多存
4    4 条指令,MAX_CMD_SIZE 为 96,一条指令最多存 96 个字节 */
5        if(buflen < (BUFSIZE-1))      //如果 cmdbuffer 有空间,则读取 G 代码指令
6        get_command();     //读取 SD 卡的 G 代码,存进 cmdbuffer,buflen 存储 G 代码指令数
7        card.checkautostart(false);    //检测 SD 卡是否初始化,否则初始化
8        if(buflen)                      //如果 G 代码指令数不为 0,则解析 G 代码
9        {
10          process_commands();         //解析 G 代码
11          buflen = (buflen-1);        //本条指令读取完毕,代码长度减 1
12          bufindr = (bufindr + 1)%BUFSIZE;//载入 cmdbuffer 下一条指令
13       }
14       manage_heater();               //加热温度的控制
15       manage_inactivity();           //检查系统是否有异常状态
16       checkHitEndstops();            //检查 endstop 的状态
17       lcd_update();                  //刷新 LCD
```

18　　}

## 1. 关键变量

charcmdbuffer[BUFSIZE][MAX_CMD_SIZE]，功能：存储从 SD 卡读取的
G 代码，BUFSIZE 为 4，最多存 4 条指令；MAX_CMD_SIZE 为 96，一条指令最多存
96 字节。

## 2. 关键功能函数

① void get_command()，功能：从 SD 卡读取 G 代码文件，将 G 代码存放在 cm-
dbuffer 数组中，主要是一些字符串的处理，获得相应字符串及相关参数等等。

② void process_commands()，功能：从 cmdbuffer 数组中读取 G 指令，解析 G
代码，处理相关指令集。

③ boolcode_seen()，功能：读取 G 指令中的特殊字符，识别 G 指令。

④ doublecode_value()，功能：读取 G 指令中特殊字符后的数字，识别 G 指令。

3D 打印机控制系统在 void loop() 函数中读取 SD 卡 G 代码存放在 cmdbuffer
数组中，程序中对 cmdbuffer 数组定义如下：

```
1    /* Marlin_main.cpp */
2    #define MAX_CMD_SIZE 96
3    #define BUFSIZE 4
4    static char cmdbuffer[BUFSIZE][MAX_CMD_SIZE];
```

3D 打印机控制系统通过 get_command() 函数读取 SD 卡 G 代码存放在 cmd-
buffer 数组中，获取指令后，通过 process_commands() 函数解析 G 代码，其中 code_
seen() 函数用来识别 G 代码中的特征字符，识别到指定特征字符后，进行对应操作。
程序中对 get_command() 函数和 process_commands() 函数定义如下：

```
1    /* Marlin_main.cpp */
2    void get_command()                //从 SD 卡读指令
3    {
4        if(! card.sdprinting ){          //如果 SD 卡正在打印，被占用，则返回，不读取 G 代码
5        return;
6        }
7    static bool stop_buffering = false; //读取代码状态，false 时可读取代码，true 时不可读取代码
8    if(buflen == 0) stop_buffering = false;
9                     //buflen = 0，表示文件未开始读取，将 stop_buffering 置为 false
10   //当 SD 卡可读取、文件长度小于 4 字节不能超过 cmdbuffer 数组的长度且读取 G 代码状态
11   //为 false 时，开始读取 G 代码
12   while( card.readAvailable()  && buflen < BUFSIZE && ! stop_buffering)
13   {
14       int16_t n = card.get();
15       serial_char = (char)n;     //临时存放 SD 卡读取 G 代码
16   //当读'\n'或'\r'或('#'且不是注解)或(':'且不是注解)或(读字节满 95 个字节)时
```

```
17        if(serial_char == '\n' || serial_char == '\r' ||
18          (serial_char == '#' && comment_mode == false) ||
19          (serial_char == ';' && comment_mode == false) ||
20          serial_count >= (MAX_CMD_SIZE - 1) || n == -1)
21      {   //满足 if 条件,本行 G 代码已读完,停止读取 G 代码
22          if(! card.readAvailable()){"…" }
23          if(serial_char == '#') //如果读到 '#' 表明本行 G 代码已读完,读取 G 代码状态为 true
24              stop_buffering = true;
25          if(! serial_count){"…" }
26          cmdbuffer[bufindw][serial_count] = 0;
27          fromsd[bufindw] = true;
28          char a[30];
29          memccpy(a, cmdbuffer[bufindw],1, 30);
30          buflen += 1;
31          bufindw = (bufindw + 1) % BUFSIZE;
32          comment_mode = false;        //清空注解标志,准备读下一行代码
33          serial_count = 0;            //清空已读取字符数,准备读下一行代码
34      }
35      else                            //不满足 if 条件,表示本行 G 代码未读完,继续读取 G 代码
36      {
37          //如果读到';'表明本行 G 代码已读完,注解标志为 true
38          if(serial_char == ';') comment_mode = true;
39          //注解标志为 false,将临时存放的 G 代码存储至 cmdbuffer 中
40          if(! comment_mode) cmdbuffer[bufindw][serial_count ++ ] = serial_char;
41      }
42    }
43  }
```

G 代码解析:

```
1   /* Marlin_main.cpp */
2   void process_commands()
3   {
4       unsigned long codenum;          //throw away variable 扔掉变量
5       char * starpos = NULL;          //定义指针存放当前解析的 G 代码位置
6       if(code_seen('G'))      {"…"}   //从 cmdbuffer 读到 G 字符,解析 G 字符含义
7       else if(code_seen('M'))  {"…"}   //从 cmdbuffer 读到 M 字符,解析 M 字符含义
8       else if(code_seen('T'))  {"…"}   //从 cmdbuffer 读到 T 字符,解析 T 字符含义
9       else              {"…"}   //从 cmdbuffer 读到其他字符,解析其他字符含义
10      ClearToSend();                  //清空串口发生缓冲区
11  }
```

举个例子,当执行 G01 X 100 Y 100 时,通过 code_seen() 函数识别到"G"字符时,进入解析 G 字符含义的 if 条件语句,执行以下程序:

```
1   /* Marlin_main.cpp */
2   if(code_seen('G')){             //从 cmdbuffer 读到 G 字符
3       switch((int)code_value())    //判断 G 字符后数字
```

```
4          {
5            case 1:                        // G1 指令,为读取目标位置,准备做路径规划
6            if(Stopped == false) {         //如果限位开关没有触发
7              get_coordinates();           //获取目标 X、Y、Z 和挤出电机指定位置坐标
8              prepare_move();              //移动准备
9              ClearToSend();
10              return;
11           }
```

通过 code_value()函数判断"G"字符后的数字,不同的数字代表不同 G 指令,G01 指令为 X、Y、Z 轴和打印头挤出电机同步运行到指定位置,检查限位开关是否被触发,如果限位开关已触发,则不能移动,没有被触发,则同步移动到指定位置,通过 get_coordinates()函数获取指定位置坐标,通过 prepare_move()函数进行路径规划,跳转到运动控制模块,准备运动,其他 G 代码解析类似。

通过 process_commands()函数解析的 G 代码指令会传递到运动控制模块和加热与温度模块进行计算,将计算结果压入到执行队列(block)中并执行传递到中断服务程序(ISR)。

当执行 G 代码指令所在的 block 时,根据 G 代码指令要求,改变要运动电机或加热模块的引脚状态,执行 G 代码指令。以控制 X 轴步进电机运动为例,将当前 block 所需运动的距离转化为 X_STEP_PIN 所需发送的脉冲数,将 X_STEP_PIN 置高电平再置低电平,完成发送一个脉冲数,则步进电机转一下,运动经过细分的一个步距角并完成相应计算。步进电机反复运动,直到完成当前 block 所需运动的距离。

3D 打印控制系统共有两个中断计时器,分别用于运动控制和加热及温度检测,电机的 ISR 和温度检测及加热的 ISR 同步进行。

3D 打印机打印完成后,根据 G 代码自动喷头和热床降温,X、Y、Z 轴电机归位,用小铲子慢慢将 3D 模型从打印平台上剥离下去,就可以得到各种精美的模型了,如图 12 - 55 所示。

**图 12 - 55　3D 打印件**

# 附 录

## A.1 使用专业的 IDE 编写 Arduino 项目

如果想用 Arduino 开发比较大型的项目，则可能会感到简单直观的 Arduino IDE 不是太好用。因为它无法进行中文注释，没有代码补全功能，也不能很好地管理项目资源。对于新手，作者更推荐 Arduino IDE，因为它简单明了，能够很快地掌握。但对于已经掌握了 Arduino 的人，该 IDE 就显得过于简陋了。

其实还有很多 IDE 都可以通过自己配置或者安装插件的方式来支持 Arduino 的开发，如 Eclipse 和 Atmel Studio 等，但配置方式都较为复杂。

这里推荐使用 Microsoft Visual Studio 结合 Arduino for Visual Studio 插件的方法来安装配置基于 Microsoft Visual Studio 的 Arduino 开发环境。下面以 Visual-Studio2015 为例进行讲解，具体步骤如下：

① 先安装 ArduinoIDE，安装步骤参照 2.2.1 小节中的内容。

② 打开电脑中安装的 Visual Studio 2015，单击选择"工具"→"扩展和更新"菜单命令，弹出界面如图 A-1 所示。

图 A-1 扩展和更新界面

③ 下载并安装 Arduino for Visual Studio 插件。单击图 A-1 所示界面左侧的"联机"按钮,在右上角的输入框内输入 Arduino 进行搜索,搜索结果如图 A-2 所示。

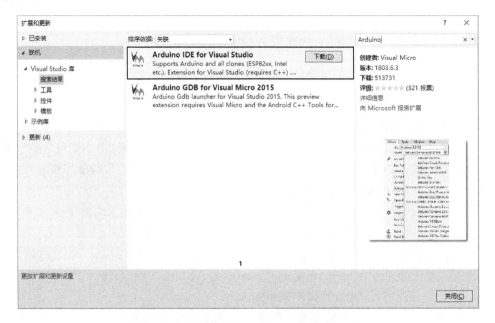

**图 A-2　下载安装 Arduino for Visual Studio**

选择 Arduino IDE for Visual Studio,单击"下载"按钮并安装。安装完成后,重新启动 Visual Studio。

④ 重新启动后,界面上的任务栏中会添加 vMirco 按钮,单击选择 vMirco→General→Configure Arduino IDE Locations 菜单命令,弹出界面如图 A-3 所示,选择 Arduino IDE 版本号和 Arduino IDE 安装位置,单击 OK 按钮。

⑤ 单击选择 vMirco→Debugger 菜单命令,取消 Automatic Debugging,这个按钮是用来进行调试的。在 vMirco 选项下选择合适的开发板,如图 A-4 所示。

至此,Arduino for Visual Studio 的开发环境就已经搭建完成了。

⑥ 单击选择"文件"→"新建"→"项目"菜单命令,弹出界面如图 A-5 所示,选择 ArduinoProject,修改项目名称,单击"确定"按钮,开始 Arduino 项目开发。

⑦ 使用 Visual Studio 开发 Arduino 项目时,为了方便开发,可以在 Visual Studio 中添加工具栏,具体步骤是在 Visual Studio 的工具栏处右击,将图 A-6 所示的四个选项全部勾选即可。

添加完成后,如图 A-7 所示。

这样就可以直接选择端口号、开发板以及编译和上传代码了。

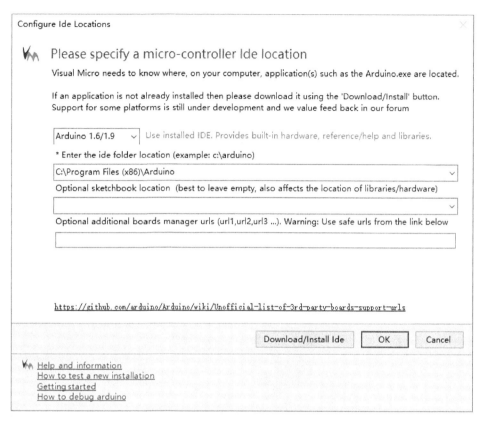

图 A－3　配置 Arduino IDE 路径

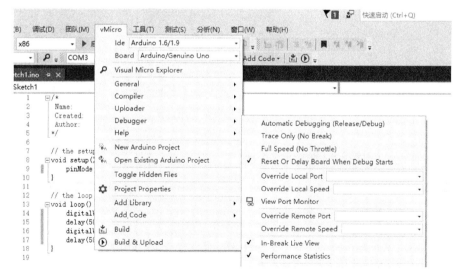

图 A－4　取消自动调试模式

图 A - 5　新建 Arduino 项目

图 A - 6　添加工具栏

图 A - 7　工具栏添加完成效果

# A. 2　常见问题及解决方法

## A. 2. 1　驱动无法正常安装

　　如果使用的是精简版的 Windows 系统,那么在安装 Arduino 驱动时,可能会遇到"系统找不到指定的文件"的问题,如图 A - 8 所示。

　　出现以上问题的原因是精简版的 Windows 系统删掉了一些不常用的驱动信息。

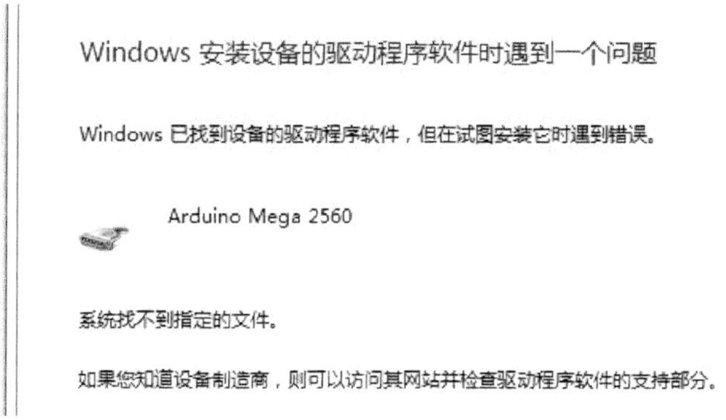


**图 A-8　驱动安装失败提示**

解决方法如下：

① 打开 C:\windows\inf\setupapi. dev. log 文件，该文件包含了有关即插即用设备和驱动程序安装的信息，当然也记录了 Arduino 驱动安装失败的原因。打开该文件，滚动到文件末尾附近，即可看到如图 A-9 所示的信息。

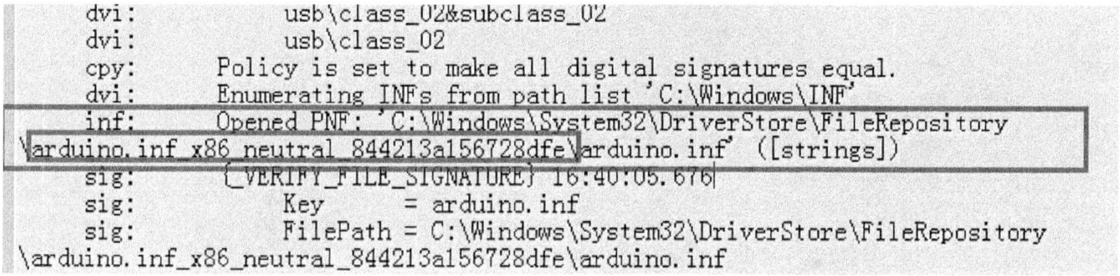

```
     dvi:            usb\class_02&subclass_02
     dvi:            usb\class_02
     cpy:       Policy is set to make all digital signatures equal.
     dvi:       Enumerating INFs from path list 'C:\Windows\INF'
     inf:       Opened PNF: 'C:\Windows\System32\DriverStore\FileRepository
\arduino.inf_x86_neutral_844213a156728dfe\arduino.inf' ([strings])
     sig:        {_VERIFY_FILE_SIGNATURE} 16:40:05.676
     sig:            Key       = arduino.inf
     sig:            FilePath = C:\Windows\System32\DriverStore\FileRepository
\arduino.inf_x86_neutral_844213a156728dfe\arduino.inf
```

**图 A-9　驱动安装提示信息**

正是这个文件的缺失，致使 Arduino 驱动无法安装。

② 在 C:\Windows\System32\DriverStore\FileRepository\路径下新建一个名为 mdmcpq. inf_x86_neutral_xxxxxxx 的文件夹，每台计算机后面的标示不一样，文件夹中的“xxxxxxx”具体是什么请参照图 A-9 中 setupapi. dev. log 文件给出的提示信息。根据该提示，在 C:\Windows\System32\DriverStore\FileRepository\路径下建立了一个同名的文件夹，如图 A-10 所示。

③ 下载文件。从网址 http://x. openjumper. com/mdmcpq 将如图 A-11 所示的文件下载到刚才新建的 mdmcpq. inf_x86_neutral_xxxxxxx 文件夹中。

④ 重新按步骤安装驱动。现在驱动就可以正常安装了，安装方法参照 2.2.3 小节中的内容。

**图 A-10　需要添加的文件夹**

**图 A-11　需要添加的驱动文件**

## A.2.2　avrdude:stk500_getsync():notinsync:resp=0x00 错误

这是由串口通信失败引起的错误提示,可能的原因如下:

**(1) 选错了串口或者板子型号**

解决办法:在"工具"菜单中正确选择对应的控制器型号及串口号。

**(2) Arduino 在 IDE 下载过程中没有复位**

在串口芯片 DTR 的输出脚与单片机的 Reset 脚之间有一个 100 nF 的电容。IDE 在向 Arduino 传输程序之前,会通过 DTR 引脚发出一个复位信号,使单片机复位,从而使单片机进入 bootloader 区运行下载所需的程序。如果这个过程出错,则也会出现"stk500_getsync():notinsync:resp＝0x00"的错误。

解决办法:当程序编译完成后提示进行下载时,手动按一下复位键,使 Arduino 运行 bootloader 程序。

**(3) 串口脚(0、1)被占用**

Arduino 下载程序时会使用 0、1 两个引脚,如果这两个引脚接有外部设备,则可能会导致通信不正常。

解决办法:拔掉 0、1 脚上连接的设备,再尝试下载。

**(4) USB 转串口通信不稳定**

该问题主要存在于一些劣质的 Arduino 兼容板及劣质的 Arduino 控制器上,通常由转串口芯片的质量问题引起,也可能是 USB 连接线的问题。

解决办法:更换控制板,或者更换 USB 连接线。

**(5) bootloader 损坏或 AVR 单片机损坏**

该问题出现的可能性极小,如果以上几种解决方法均尝试无果,则可能是 bootloader 程序损坏,或者 AVR 单片机损坏。

解决办法:使用烧写器,给 AVR 芯片重新写入 bootloader。如果无法写入,或写入后仍然不正常,则请更换 AVR 芯片再尝试。

# A.2.3　WProgram.h:Nosuchfile or directory:编译错误

这是因为程序中调用的库与最新版的 Arduino IDE 不兼容。可以尝试在库中的.h 和.cpp 文件中,用如下代码替换原来的"＃include"WProgram.h"",使之能够兼容最新版的 Arduino IDE。

```
1    # if ARDUINO >＝ 100
2        # include "Arduino.h"
3    #else
4        # include "WPrograin.h"
5    #endif
```

如果仍然无法编译通过,或运行不正常,请下载支持 Arduino 最新 IDE 的库版本。

# A.2.4　Arduino 是否支持其他型号的芯片

Arduino 官方支持的芯片型号有限,除了 Atmel SAM3X8E 之外,均为 AVR 芯片。对于官方不支持的 AVR 型号,可以寻找第三方支持库来使用。

对于 STM32 部分型号,可以使用 Maple 来开发,网址为 http://www.leaflabs.com/。

对于 MSP430 部分型号,可以使用 Energia 来开发,网址为 http://www.ener.

gia. nu/。

对于 PIC32 部分型号，可以使用 chipKIT 来开发，网址为 http://www.
chipkit. net/。

### A. 2. 5　Arduino 开源使用的协议是什么

Arduino 硬件使用 Creative Commons 发布，IDE 使用 GPL 发布，Arduino 库文件使用 LGPL 发布。

### A. 2. 6　能否使用 AVR. Libc 和汇编等开发 Arduino

可以使用 AVR. Libc 和汇编等开发 Arduino，Arduino IDE 支持这样的开发，如果要使用其他 AVR 开发工具来开发 Arduino 也是可以的。

## A. 3　数值计算

### A. 3. 1　十进制计算

十进制(Decimal)就像它的名字一样，是一种逢十进位的数字表示方法，它的数字组成共有 0、1、2、3、4、5、6、7、8、9，数字排列右小左大。以数字 9527 为例，9527 共由 4 个数字组成，从右至左每个数字都代表一个以 10 为底的指数，因此实际数值的表示如下：

$$9527 = 7 \times 10^0 + 2 \times 10^1 + 5 \times 10^2 + 9 \times 10^3$$
$$= 7 \times 1 + 2 \times 10 + 5 \times 100 + 9 \times 1\,000$$

相信十进制对于每个人来说都已经很熟悉，现在就以十进制为基础，来看看计算机信息世界中最底层的表示方式：二进制。

### A. 3. 2　二进制计算

十进制是逢十进位，那么二进制(Binary)就应该是逢二进位了？对，就是这样的，二进制的数字组成只有 0 和 1，数字排列同样右小左大，从右至左每个数字都代表一个以 2 为底的指数。下面以二进制数 1001 为例，来进行二进制的学习。

可以看出，二进制数 1001 由 4 个数字组成，如果把它转换成我们熟悉的十进制数，只需要将数字乘上所代表的数值：

$$1001: \quad 1 \times 2^0 + 0 \times 2^1 + 0 \times 2^2 + 1 \times 2^2$$
$$= 1 \times 1 + 0 \times 4 + 0 \times 2 + 1 \times 4$$
$$= 9$$

这样就可以轻松地将二进制换算成十进制了。

关于十进制到二进制转变，下面以 75 为例：

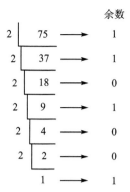

由下往上读取余数

除法运算结束后,将余数由下往上读取,即可得知十进制的 75 等于二进制的 1001011。通常二进制会以 8 个位数来表示,但是如果左方高位为 0,则省略表示,所以 1001011 也可以表示为 01001011。

二进制是计算机最熟悉的运算方式,不过当位数比较多时,二进制的表示方式就会显得比较冗长,这时我们习惯用十六进制来简化表示方式。

## A. 3. 3　十六进制计算

我们日常使用的数字只有 0 到 9,而十六进制(Hexadecimal)需要 16 个数字才能完整表示,所以十六进制引入了 A～F 这 6 个字母来表示 10～15,所以十六进制的数字组成为 0、1、2、3、4、5、6、7、8、9、A、B、C、D、E、F,数字排列右小左大,从右至左每个位数都代表一个以 16 为底的指数。

下面我们以一个十六进制数 4B6C 为例来开始十六进制的学习。

可以看出,十六进制数 4B6C 同样由 4 个数字组成,把它转换成我们熟悉的十进制数只需要将数字乘上所代表的值:

$$4B6C = C \times 16^0 + 6 \times 16^1 + B \times 16^2 + 4 \times 16^3$$
$$= 12 \times 1 + 6 \times 16 + 11 \times 256 + 4 \times 4\,096$$
$$= 19\,308$$

将十进制转换为十六进制的方法与十进制转换为二进制类似,以 19 308 为例:

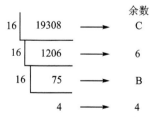

由下往上读取余数

将余数由下往上表示,即可得到十六进制的表示方式。十六进制的 1 个位数就表示二进制的 4 个位数,这样就达到了简化二进制的效果。

# A.4　ASCII 码对照表

ASCII 是为了能够方便地在电脑中使用常用的 128 个字符而为它们设置的专用标识符,其对应关系如表 A-1 所列。

**表 A-1　ASCII 码对照表**

| ASCII 值 | 控制字符 | ASCII 值 | 控制字符 | ASCII 值 | 控制字符 | ASCII 值 | 控制字符 |
|---|---|---|---|---|---|---|---|
| 0 | NUT | 32 | (space) | 64 | @ | 96 | 、 |
| 1 | SOH | 33 | ! | 65 | A | 97 | a |
| 2 | STX | 34 | ” | 66 | B | 98 | b |
| 3 | ETX | 35 | # | 67 | C | 99 | c |
| 4 | EOT | 36 | $ | 68 | D | 100 | d |
| 5 | ENQ | 37 | % | 69 | E | 101 | e |
| 6 | ACK | 38 | & | 70 | F | 102 | f |
| 7 | BEL | 39 | , | 71 | G | 103 | g |
| 8 | BS | 40 | ( | 72 | H | 104 | h |
| 9 | HT | 41 | ) | 73 | I | 105 | i |
| 10 | LF | 42 | * | 74 | J | 106 | j |
| 11 | VT | 43 | + | 75 | K | 107 | k |
| 12 | FF | 44 | , | 76 | L | 108 | l |
| 13 | CR | 45 | — | 77 | M | 109 | m |
| 14 | SO | 46 | . | 78 | N | 110 | n |
| 15 | SI | 47 | / | 79 | O | 111 | o |
| 16 | DLE | 48 | 0 | 80 | P | 112 | p |
| 17 | DCI | 49 | 1 | 81 | Q | 113 | q |
| 18 | DC2 | 50 | 2 | 82 | R | 114 | r |
| 19 | DC3 | 51 | 3 | 83 | X | 115 | s |
| 20 | DC4 | 52 | 4 | 84 | T | 116 | t |
| 21 | NAK | 53 | 5 | 85 | U | 117 | u |
| 22 | SYN | 54 | 6 | 86 | V | 118 | v |
| 23 | TB | 55 | 7 | 87 | W | 119 | w |
| 24 | CAN | 56 | 8 | 88 | X | 120 | x |
| 25 | EM | 57 | 9 | 89 | Y | 121 | y |
| 26 | SUB | 58 | : | 90 | Z | 122 | z |
| 27 | ESC | 59 | ; | 91 | [ | 123 | { |
| 28 | FS | 60 | < | 92 | / | 124 | \| |
| 29 | GS | 61 | = | 93 | ] | 125 | } |
| 30 | RS | 62 | > | 94 | ˆ | 126 | ~ |
| 31 | US | 63 | ? | 95 | — | 127 | DEL |

## A.5　串口通信可用的 config 配置

Arduino 串口通信可用的 config 配置如表 A-2 所列。

表 A-2　串口通信可用的 config 配置

| config 可用配置 | 数据位 | 校验位 | 停止位 |
|---|---|---|---|
| SERIAL_5N1 | 5 | 无 | 1 |
| SERIAL_6N1 | 6 | 无 | 1 |
| SERIAL_7N1 | 7 | 无 | 1 |
| SERIAL_8N1（默认配置） | 8 | 无 | 1 |
| SERIAL_5N2 | 5 | 无 | 2 |
| SERIAL_6N2 | 6 | 无 | 2 |
| SERIAL_7N2 | 7 | 无 | 2 |
| SERIAL_8N2 | 8 | 无 | 2 |
| SERIAL_5E1 | 5 | 偶 | 1 |
| SERIAL_6E1 | 6 | 偶 | 1 |
| SERIAL_7E1 | 7 | 偶 | 1 |
| SERIAL_8E1 | 8 | 偶 | 1 |
| SERIAL_5E2 | 5 | 偶 | 2 |
| SERIAL_6E2 | 6 | 偶 | 2 |
| SERIAL_7E2 | 7 | 偶 | 2 |
| SERIAL_8E2 | 8 | 偶 | 2 |
| SERIAL_5O1 | 5 | 奇 | 1 |
| SERIAL_6O1 | 6 | 奇 | 1 |
| SERIAL_7O1 | 7 | 奇 | 1 |
| SERIAL_8O1 | 8 | 奇 | 1 |
| SERIAL_5O2 | 5 | 奇 | 2 |
| SERIAL_6O2 | 6 | 奇 | 2 |
| SERIAL_7O2 | 7 | 奇 | 2 |
| SERIAL_8O2 | 8 | 奇 | 2 |

## A.6　USB 键盘库支持的键盘功能列表

Arduino USB 键盘模拟功能支持的按键如表 A-3 所列。该功能列表是键盘按键与 USB 键盘库中宏定义的一一对应关系表。

表 A - 3　USB 键盘库支持的键盘功能按键

| 按　　键 | 十六进制值(Hex) | 十进制值(Dec) | 说　　明 |
|---|---|---|---|
| KEY_LEFT_CTRL | 0x80 | 128 | 左 Ctrl 键 |
| KEY_LEFT_SHIFT | 0x81 | 129 | 左 Shift 键 |
| KEY_LEFT_ALT | 0x82 | 1309 | 左 Alt 键 |
| KEY_LEFT_GUI | 0x83 | 131 | 左 GUI 键 |
| KEY_RIGHT_CTRL | 0x84 | 132 | 右 Ctrl 键 |
| KEY_RIGHT_SHIFT | 0x85 | 133 | 右 Shift 键 |
| KEY_RIGHT_ALT | 0x86 | 134 | 右 Alt 键 |
| KEY_RIGHT_GUI | 0x87 | 135 | 右 GUI 键 |
| KEY_UP_ARROW | 0xDA | 218 | 方向键上 |
| KEY_DOWN_ARROW | 0xD9 | 217 | 方向键下 |
| KEY_LEFT_ARROW | 0xD8 | 216 | 方向键左 |
| KEY_RIGHT_ARROW | 0xD7 | 215 | 方向键右 |
| KEY_BACKSPACE | 0xB2 | 178 | 退格键 |
| KEY_TAB | 0xB3 | 179 | Tab 键 |
| KEY_RETURN | 0xB0 | 176 | 回车键 |
| KEY_ESC | 0xB1 | 177 | Esc 键 |
| KEY_INSERT | 0xD1 | 209 | Insert 键 |
| KEY_DELETE | 0xD4 | 212 | Delete 键 |
| KEY_PAGE_UP | 0xD3 | 211 | PageUp 键 |
| KEY_PAGE_DOWN | 0xD6 | 214 | PageDown 键 |
| KEY_HOME | 0xD2 | 210 | Home 键 |
| KEY_END | 0xD5 | 213 | End 键 |
| KEY_CAPS_LOCK | 0xC1 | 193 | CapsLock 键 |
| KEY_F1 | 0xC2 | 194 | F1 键 |
| KEY_F2 | 0xC3 | 195 | F2 键 |
| KEY_F3 | 0xC4 | 196 | F3 键 |
| KEY_F4 | 0xC5 | 197 | F4 键 |
| KEY_F5 | 0xC6 | 198 | F5 键 |
| KEY_F6 | 0xC7 | 199 | F6 键 |
| KEY_F7 | 0xC8 | 200 | F7 键 |
| KEY_F8 | 0xC9 | 201 | F8 键 |
| KEY_F9 | 0xCA | 202 | F9 键 |
| KEY_F10 | 0xCB | 203 | F10 键 |
| KEY_F11 | 0xCC | 204 | F11 键 |
| KEY_F12 | 0xCD | 205 | F12 键 |

# A.7　循环冗余检查码

循环冗余检查码简称 CRC,英文全名为 CyclicRedundancyCheck,它以二进制为基础,在传输前先经过计算并且附于数据最后面,接收端接收到数据和 CRC 后,会再计算一次以确认数据的正确性。下面举例简单介绍 CRC 检验原理。

在发送端,先把数据划分为组,假定每组 $k$ 个比特。现假定待传送的数据 $M=101001(k=6)$。CRC 运算就是在数据 $M$ 后面添加供差错检验用的 $n$ 位冗余码,然后构成一个帧发送出去,一共发送 $(k+n)$ 位。在要发送的数据后面加 $n$ 位的冗余码。这 $n$ 位冗余码可以通过以下方法得出:用二进制的模 2 运算进行 $2^n$ 乘 $M$ 的运算,这相当于在 $M$ 后面添加 $n$ 个 0;得到 $k+n$ 位的数除以收发双方事先商定的长度为 $(n+1)$ 位的除数 $p$(实际上是除数和被除数做异或运算),求得商是 $Q$,余数是 $R$($n$ 位,比 $p$ 少一位)。

```
                  110101 ← Q
     p — 1101 │101001000 — M
                  1101
                  1110
                  1101
                   0111
                   0000
                   1110
                   1101
                    0110
                    0000
                    1100
                    1101
                     001 — R
```

在本例中,$M=101001(k=6)$,假定除数 $p=1101(n=3,n$ 比除数 $p$ 少一位,即 $n$ 为 3 位)。经模 2 除法运算后的结果是:商 $Q=110101$(这个商并没有什么用),而余数 $R=001$,这个余数 $R$ 就作为冗余码拼接在 $M$ 之后发送出去,这种为了进行检错而添加的冗余码常称为帧检验序列 FCS,因此加上 FCS 后发送的帧是 101001001(一共 $K+n$ 位)。

在接收端把接收到的数据以帧为单位进行 CRC 检验:把收到的每一帧都除以同样的除数 $P$(模 2 运算),然后检查得到的余数 $R$。如果在传输过程中无差错,那么经过 CRC 检验后得出的余数 $R$ 肯定是 0。但如果出现误码,那么余数 $R$ 仍等于 0 的概率是非常小的。

在上面的例子中,被除数就是我们要发送的数据,除数的选择习惯用多项式来表示,而且这个多项式需要在发送端和接收端提前规定好,比如 CRC.3:$x^3+x+1$,那么这时候除数就是二进制数 1011。

# A.8　Checksum

Checksum：总和检验码，校验和。在数据处理和数据通信领域中，用于校验目的的一组数据项的和。这些数据项可以是数字或在计算检验总和过程中看作数字的其他字符串。

它通常是以十六进制数表示的形式，如：

十六进制串 0102030405060708 的校验和是 24（十六进制）。如果校验和的数值超过十六进制的 FF，也就是 255，就要求其补码作为校验和。

通常用来在通信中，尤其是远距离通信中保证数据的完整性和准确性。

## 1. IP 首部校验和字段

IP 首部校验和字段是根据 IP 首部计算的校验和码，它不对首部后面的数据进行计算。ICMP、IGMP、UDP 和 TCP 在它们各自的首部中均含有同时覆盖首部和数据校验和码。

## 2. IP 首部校验和计算

为了计算一份数据报的 IP 检验和，首先把检验和字段置为 0，然后对首部中每个 16 bit 进行二进制反码求和（整个首部看成是由一串 16 bit 的字组成），结果存在检验和字段中。当收到一份 IP 数据报后，同样对首部中每个 16 bit 进行二进制反码的求和。由于接收方在计算过程中包含了发送方存在首部中的检验和，因此，如果首部在传输过程中没有发生任何差错，那么接收方计算的结果应该为全 1。如果结果不是全 1（即检验和错误），那么 IP 就丢弃收到的数据报。但是不生成差错报文，由上层去发现丢失的数据报并进行重传。

## 3. TCP 和 UDP 校验和计算（两者相同）

校验和还包含一个 96 位的伪首标，理论上它位于 TCP 首标的前面。这个伪首标包含了源地址、目的地址、协议和 TCP 长度等字段，这使得 TCP 能够防止出现路由选择错误的数据段。这些信息由网际协议（IP）承载，通过 TCP/网络接口，在 IP 上运行的 TCP 调用参数或者结果中传递。

伪首部并非 UDP 数据报中实际的有效成分。伪首部是一个虚拟的数据结构，其中的信息是从数据报所在 IP 分组头的分组头中提取的，既不向下传送也不向上递交，而仅仅是为了计算校验和。

这样的校验和，既校验了 UDP 用户数据的源端口号和目的端口号以及 UDP 用户数据报的数据部分，又检验了 IP 数据报的源 IP 地址和目的地址。伪报头保证 UDP 和 TCP 数据单元到达正确的目的地址。因此，伪报头中包含 IP 地址并且作为计算校验和需要考虑的一部分。最终目的端根据伪报头和数据单元计算校验和以验证通信数据在传输过程中没有改变而且到达了正确的目的地址。

以下为计算 Checksum 的代码段：

```
1    static u16_t chksum(void * dataptr, u16_t len)
2    {
3      u32_t acc;
4      u16_t src;
5      u8_t * octetptr;
6
7      acc = 0;
8      octetptr = (u8_t *)dataptr;
9      while (len > 1) {
10       src = ( * octetptr) << 8;
11       octetptr ++ ;
12       src | = ( * octetptr);
13       octetptr ++ ;
14       acc + = src;
15       len . = 2;
16     }
17     if (len > 0) {
18       src = ( * octetptr) << 8;
19       acc + = src;
20     }
21
22     acc = (acc >> 16) + (acc & 0x0000ffffUL);
23     if ((acc & 0xffff0000UL) ! = 0) {
24       acc = (acc >> 16) + (acc & 0x0000ffffUL);
25     }
26
27     src = (u16_t)acc;
28     return ~src;
29   }
```

# A.9　G 代码含义注解

G：标准 G 代码指令，例如移动到一个坐标点。

M：辅助指令，例如打开一个冷却风扇。

G00：快速、非同步运行到指定位置；G0 X10 Y20 F100，从当前位置$(X,Y)$以 100 mm/min 的速度走直线快速运动到$(10,20)$，用与非加工状态下的移动。

G01：同步运行到指定位置；G01 X10 Y20 Z30 E15 F200，从当前位置$(X,Y)$以 200 mm/min 的速度走直线移动到目的点$(10,20,30)$，并会在行进过程中挤出

15 mm 的打印丝,用来加工状态下的移动。

G28:回到原点(Move to Origin);G28 或者 G28 X0 Y72.3,该命令会使机器的电机全部复位到原点(准确地说,是朝着限位开关(endstops)动,直到触发限位开关,停止移动)。需要注意的是,为尽早复位,移动过程会不断加速,而触发限位开关后,会做 1 mm 的往返移动,来保证复位操作的精确度。如果加上坐标值,那么只有被加上的坐标值才会被复位,"G28 X0 Y72.3"只会复位 X 和 Y 方向,而不会对 Z 和 E 方向进行复位(X 和 Y 后面的数字会被忽略处理)。

G29~G32:加热床检查(Bed probing)。

G29:详细位置检查(Detailed Z-Probe),在 3 个不同位置对加热床进行检查。

G30:单一位置检查(Single Z-Probe),在当前位置对加热床进行检查。

G90:使用绝对坐标(Use Absolute Coordinates),该语句开始,所有坐标变成绝对坐标。

G91:使用相对坐标(Use Relative Coordinates),该语句开始,所有坐标变成相对坐标。

G92:设置原点(Set Program Zero),设置当前坐标为绝对零点;G92 或者 G92 X10 E90,设置当前坐标为绝对零点,例如设置机器的 X 坐标 10,喷头 E 坐标 90 为机器绝对零点,不会发生物理运动,没有指定坐标的 G92 命令会重置所有轴到 0。

M0:停止(Stop),会终止任何动作,然后关机。所有电机和加热器都被关掉。

M1:睡眠(Sleep),同 M0。

M17:使能所有步进电机(Enable/Power all stepper motors),所有步进电机可运动。

M18:关闭所有步进电机(Disable all stepper motors),由于惯性或重力,可能会导致某些方向上电机自由移动。

M20:读取 SD 卡(List SD card),所有在 SD 卡根目录的文件都会被读取。

M21:初始化 SD 卡(Initialize SD card)。

M22:弹出 SD 卡(Release SD card),释放 SD 卡,使之无效,SD 卡可被拔出。

M23:选择 SD 卡的文件(Select SD file);M23 test. gcode,SD 卡上 test. gcode 会被选中准备打印;若无此文件,则返回"file open failed"。

M24:开始/继续 SD 卡的打印(Start/resume SD print),开始/继续打印 M23 选定的文件。

M25:暂停 SD 卡打印(Pause SD print),机器在当前位置暂停打印 M23 选定的文件。

M26:设置 SD 卡位置(Set SD position),以字节的方式设置 SD 卡文件位置。

M27:获取 SD 卡打印状态信息(Report SD print status),返回 SD 卡打印状态信息。

M28:保存指令到 SD 卡指定非数字开头的文件中(Begin write to SD card);

M28 test. gcode,文件 test. gcode 在 SD 卡上创建(或覆盖,如果存在),并将发送到机器的所有后续命令写入该文件。

M29:停止 SD 卡保存(Stop writing to SD card);M29 test. gcode,关闭 M28 指令打开的文件 test. gcode,所有发送到机器的后续命令都将正常执行。

M30:删除 SD 卡上指定文件(Delete a file on the SD card);M30 test. gcode,删除 SD 卡上 test. gcode 文件。

M31:输出自上次 M109 指令或 SD 卡开始通信后的时间。

M32:选择文件并开始 SD 打印(Select file and start SD print);M32 test. gcode,SD 卡上 test. gcode 会被选中并开始打印,该语句可在打印过程中使用。

M42:通过 G 代码将 X 引脚更改为 Y 引脚;M42 P10 S11,将打印机程序中引脚 10 的相关定义及程序改为引脚 11。

M80:打开电源(Turn on Power Supply),开始供电。

M81:关闭电源(Turn off Power Supply),停止供电。

M82:设置打印头挤出电机使用绝对坐标模式(Set E codes absolute)。

M83:设置打印头挤出电机使用相对坐标模式(Set E codes relative)。

M84:直到下次运动前,关闭所有步进电机(Disable steppers until next move)。

M85:设置固定定时器参数 S ＜秒＞;M85 S 1,设置固定定时器参数 S 为 1 000 ms。

M92:设置各轴步进电机每运动 1 mm 需要脉冲数(Set axis_steps_per_unit);M92 X 10 Y 20 Z 30 E 40,重新设置 $X$、$Y$、$Z$ 轴和喷头挤出电机每运动 1 mm 分别需要 10,20,30,40 脉冲,脱机保存。

M104:设置打印头温度(Set extruder target temp);M92 S 90,设置打印头挤出机温度为 90 ℃。

M105:获取当前温度(Read current temp),当前温度将立即返回到控制程序。

M106:开启风扇(Fan on),开启喷头挤出电机处散热风扇,风扇转速为 0～255;M106 S 190,开启喷头挤出电机处散热风扇,风扇转速为 190。

M107:关闭风扇(Fan off),关闭喷头挤出电机处散热风扇。

M109:设置打印头温度并等待加热;M106 S 90,设置打印头目标温度为 90 ℃并等待加热到目标温度。

M114:获取步进电机当前位置(Output current position),获取所有步进电机当前位置。

M115:获取固件信息,将固件信息返回到上位机。

M117:显示消息;M117 Hello Word,将 Hello Word 显示到 LCD 显示屏上。

M119:获取限位开关当前状态,将限位开关当前状态返回至控制程序中。

M120:限位开关置高。

M121:限位开关置低。

M140:设置热床温度;M140 S 190,设置热床目标温度为 190 ℃。

M190:设置热床温度并等待加热;M106 S 190,设置热床目标温度为 190 ℃并等待加热到目标温度。

M200:设置线材的直径(Set filament diameter);M 200 1,设置线材的直径为 1mm。

M201:设置最大打印加速度;M 201 X 200 Y 300,设置打印时 $X$ 轴电机运动最大加速度为 200,$Y$ 轴电机运动最大加速度为 300。

M203:设置机器最大移动速度;M 203 X 200 Y 300 Z 400 E 500,设置机器 $X$ 轴电机最大运动为 200 mm/s,$Y$ 轴电机最大运动为 300 mm/s,$Z$ 轴电机最大运动为 400 mm/sec,打印头挤出电机最大运动为 500 mm/s。

M204:设置默认加速度;M 204 S 200 T 300,设置 $X$、$Y$、$Z$ 轴电机默认加速度为 200 mm/s,打印头挤出电机默认加速度为 300 mm/s。

M205:高级设置(设置最小运动速度、最小打印运动速度、最小中断时间以及 $X$、$Y$ 和 $Z$ 轴最大急停速度);M 204 S 200 T 300B 400 X 500 Z 600 E 700,设置各轴最小运动速度为 200 mm/s,最小打印运动速度为 300 mm/s,最小中断时间为 400 mm/s,$X$、$Y$ 轴最大急停速度为 500 mm/s,$Z$ 轴最大急停速度为 600 mm/s,打印头挤出电机最大急停速度为 700 mm/s。

M206:设置归位偏差;M 206 X10 Y 5Z 2,各轴电机执行回零指令后,$X$ 轴电机停在 10 mm,$Y$ 轴电机停在 5 mm,$Z$ 轴电机停在 2 mm。

M220:设置 $X$、$Y$、$Z$ 轴速度因子覆盖百分比;M 220 S 80,打印时 $X$、$Y$、$Z$ 轴电机的移动速度是 G 代码中的 80%。

M221:设置打印头挤出电机速度因子覆盖百分比;M 221 S 90,打印时打印头挤出电机的移动速度是 G 代码中的 90%。

M226:暂停打印指定引脚状态恢复打印;M 226 P 10 S 1,按照与按下暂停按钮相同的方式启动暂停,直到 10 引脚电平置高,恢复打印。

M300:播放提示音;M 300 S 100 P 1000,蜂鸣器以 100 的频率播放提示音,播放 1 s。

M301:设置加热 PID 参数;M 301 P 1 I 2 D 3,设置加热 PID 参数分别为 1,2,3。

M302:冷却打印头到最小温度;M 301 S 20,冷却打印头到 20 ℃。

M303:执行打印头 PID 加热;M 303 S 200,打印头 PID 加热至 200 ℃。

M400:终止所有运动。

M500:保存修改,数据将保存在 EEPROM 上。

M501:从 EEPROM 读取设置。

M502:重置为出厂模式。

M503:读取当前内存中的打印设置。

M600:换料指令,记录当前打印位置,更换打印材料。

M999:暂停打印后重启打印机。

# 参考文献

［1］赵英杰. 完美图解 Arduino 互动设计入门［M］. 北京:科学出版社，2014.

［2］孙骏荣，吴明展，卢聪勇. Arduino 一试就上手［M］. 北京:科学出版社，2012.

［3］陈吕洲. Arduino 程序设计基础［M］. 北京:北京航空航天大学出版社，2014.

［4］GPS 模块使用手册，https://wenku. baidu. com/view/e9e6d13276232f60ddccda 38376 baf1ffc4fe3a2. html，2017.

［5］王运赣，王宣. 3D 打印技术［M］. 修订版. 武汉:华中科技大学出版社，2014.

［6］吴怀宇. 3D 打印:三维智能数字化创造［M］. 北京:电子工业出版社，2015.

［7］徐光柱，何鹏，杨继全，等. 开源 3D 打印技术原理及应用［M］. 北京:国防工业出版社，2016.

［8］Arduino 学习，https://blog. csdn. net/c20081052/article/details/78254752，2017.

［9］Arduino 库介绍，https://www. arduino. cc/en/Reference/Libraries，2017.

［10］吴麒，王诗宓. 自动控制原理［M］. 2 版. 北京:清华大学出版社，2006.

［11］Arduino 红外传感器－ Sharp GP2Y0A02YK 红外测距传感器，https://www. ncnynl. com/archives/201606/82. html，2016.

［12］Arduino＋RFID 读取 IC 卡实验，http://arduino. nxez. com/2018/03/08/arduino－reads-rfid-access-cards. html？variant＝zh-cn，2018.

［13］Arduino 使用人体红外传感器(HC_SR051)实现人体感应灯，https://blog. csdn. net/ling3ye/article/details/53764151，2016.

［14］手机与 Arduino 蓝牙串口通讯实验及完整例程，https://www. arduino. cn/thread-16311-1-1. html，2015.

［15］戈惠梅，徐晓慧，顾志华，等. 基于 Arduino 的智能小车避障系统的设计［J］. 现代电子技术，2014(11):117-120.

［16］潘元骁. 基于 Arduino 的智能小车自动避障系统设计与研究［D］. 西安:长安大学，2015.